U0643231

500kV及以下变压器典型缺陷及原因分析

主　编　邹剑锋　朱成亮

副主编　魏泽民　韩筱慧　牛帅杰　周　刚

中国电力出版社
CHINA ELECTRIC POWER PRESS

内容提要

本书结合 DL/T 572—2021《电力变压器运行规程》、DL/T 573—2021《电力变压器检修导则》、DL/T 574—2020《变压器分接开关运行维护导则》等制度文件，为进一步推进变压器专业建设，提升现场检修人员技能水平，本书将现场出现的缺陷和检修工作以图文并茂的方式进行展现，帮助现场工作人员快速定位缺陷，提高变电检修效率。

本书立足于变压器检修技能业务实际，具有较强的指导性和实用性，共包括八章，分别为概论、铁心结构及缺陷分析、绕组结构及缺陷分析、绝缘结构及缺陷分析、套管结构及缺陷分析、变压器分接开关结构及缺陷分析、油箱、油枕结构及典型缺陷分析和变压器非电量缺陷分析。各章节对变压器各个组成模块进行分析介绍。本书可作为从事检修工作的技术人员和相关管理人员学习参考。

图书在版编目（CIP）数据

500kV 及以下变压器典型缺陷及原因分析 / 邹剑锋，朱成亮主编；魏泽民等副主编 . -- 北京：中国电力出版社，2024.12. -- ISBN 978-7-5198-9316-3

Ⅰ . TM407

中国国家版本馆 CIP 数据核字第 2024SB6443 号

出版发行：中国电力出版社
地　　址：北京市东城区北京站西街 19 号（邮政编码 100005）
网　　址：http://www.cepp.sgcc.com.cn
责任编辑：邓慧都
责任校对：黄　蓓　常燕昆
装帧设计：赵丽媛
责任印制：石　雷

印　　刷：北京雁林吉兆印刷有限公司
版　　次：2024 年 12 月第一版
印　　次：2024 年 12 月北京第一次印刷
开　　本：787 毫米 ×1092 毫米　16 开本
印　　张：19
字　　数：382 千字
定　　价：106.00 元

编委会

编写组

前　言

　　变压器是变电站的主要设备之一，在电力传输过程中起着关键作用。近年来，随着经济的快速发展，社会用电负荷持续增长，变压器的数量越来越多，容量及负荷越来越大；新技术、新材料、新工艺、新装置大量应用，变压器运行环境日益复杂，缺陷数量和缺陷种类也在逐步增加，传统的日常巡视和维护已经无法满足现阶段设备管理的需求，亟需加强变压器缺陷统计、研究和分析，支撑一线运检人员变压器业务开展，满足新型电力系统形势下变压器高质量运检业务要求。

　　本书将理论和实际案例结合，通过图文并茂的形式把理论、缺陷分析和处置方法进行展示，内容翔实、解析细致、通俗易懂。立足于运检现场和变压器检修技能业务实际，对变压器各个组成模块进行分析、介绍并辅以相应的案例分析，可作为从事变压器运维、检修工作的技术技能人员培训用书，也可为相关管理人员提供参考和借鉴。

　　全书共八章，第一章为概述，主要介绍变压器基本原理。第二章至第八章分别介绍了变压器铁心、绕组、绝缘、套管、分接开关、油箱、油枕及变压器非电量装置等运行原理和结构、关键工艺及现场运检维护注意事项等。此外，针对各个组成部分分别用现场检修案例进行说明，便于读者理论与实际相结合，快速掌握变压器检修相关技能。

　　本书编写组由长期扎根于变压器专业生产一线的骨干人员组成，专业技术扎实，具有丰富的运维、检修业务经验。他们为高质量、高水平完成本书的编写提供了有力保障。同时，本书的顺利出版离不开上级领导和行业同仁的大力支持，在此对他们表示由衷地感谢。

　　限于编者经验和水平，加之成书时间仓促，本书编写过程中难免有遗漏或不足之处，敬请广大同仁提出宝贵的意见和建议，以便后续改进。

编者

2024 年 11 月

目 录

第一章

概　述

第一节　变压器的基本工作原理

一、变压器的用途

变压器是借助电磁感应，以相同的频率，在两个或更多的绕组之间，变换交流电压和电流而传输交流电能的一种静止电器。

变压器的用途很广，在国民经济的各部门都广泛应用着各种各样的变压器。从电力系统角度而言，一个电力网将许多发电厂和用户连在一起。发电厂发出的电能往往需经远距离传输才能到达用电地区，在传输的功率恒定时，传输电压越高，则所需电流越小。因为电压降正比于电流，电能损耗正比于电流的平方，所以用较高的输电电压可以大大降低线路的电压降和电能损耗。要制造电压很高的发电机，目前技术上还很困难，所以需用升压变压器将发电机端的电压升高以后再输送出去。一方面，随着输送距离的增加，输电功率的增大，对变压器的容量和电压等级的要求也就越来越高。而电力网内部存在多种电压等级，这就需要用各种规格电压等级和容量的变压器来连接。另一方面，当电能输送到受电端时，又必须用降压变压器将输电线路上的高电压降低到配电系统的电压，然后再经过配电变压器将电压降低到符合用户各种电气设备要求的电压。由此可见，在电力系统中变压器的地位是十分重要的，而且要求其性能好，运行安全可靠。

变压器除了应用在电力系统中，还应用在需要特种电源的工矿企业中。例如：冶炼用的电炉变压器，电解或化工用的整流变压器，焊接用的电焊变压器，试验用的试验变压器，铁路用的牵引变压器。属于变压器类产品范畴的还有互感器、电抗器、消弧线圈等。由于其基本原理和结构与变压器相似，常和变压器一起统称为变压器类产品。它们的用途更为广泛，品种更多。

1

二、变压器的分类

（1）按用途分类，有电力变压器、电炉变压器、整流变压器、电焊变压器、试验变压器、调压变压器，电抗器和互感器等。

（2）按电源输出相数分类，有单相变压器、三相变压器。

（3）按冷却介质分类，有干式变压器、油浸式变压器及充气式变压器。

（4）按冷却方式分类，有油浸自冷式变压器、油浸风冷式变压器、油浸强迫油循环风冷却变压器、油浸强迫油循环水冷却变压器及干式变压器。

（5）按绕组构成分类，有双绕组变压器、三绕组变压器及自耦变压器。

（6）按调压方式分类，有无励磁调压变压器、有载调压变压器。

（7）按铁心结构分类，有心式变压器、壳式变压器。

（8）按中性点绝缘水平分类，有全绝缘变压器、分级绝缘变压器。

（9）按导线材料分类，有铜导线变压器、铝导线变压器。

三、变压器型号及额定参数

（一）变压器型号

变压器的各种分类不能包含变压器的全部特征，需要产品型号把所有的特征均表达出来。变压器产品型号是用汉语拼音的字母及阿拉伯数字组成，每个拼音和数字均代表一定含义，如图 1-1 所示。

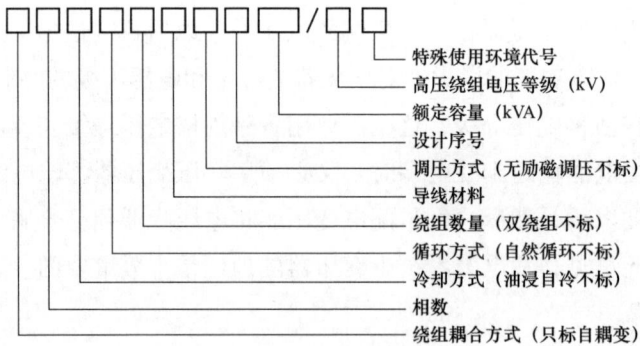

图 1-1　变压器产品型号释义

电力变压器产品型号字母排列顺序及含义，见表 1-1。

表 1-1　　　　　　　　　　电力变压器产品型号字母排列顺序及含义

序号	分类	含义	代表的字母	序号	分类	含义	代表的字母
1	绕组耦合方式	独立自耦	$-$ 0	5	油循环方式	自然循环 强迫油循环 强油导向	$-$ P D
2	相数	单相 三相	D S	6	绕组数	双绕组 三绕组 双分裂绕组	$-$ S F
3	绕组外绝缘介质	变压器油 空气（干式） 气体 成形固体	$-$ G Q C	7	调压方式	无励磁调压 有载调压	$-$ Z
4	冷却装置种类	自冷式 风冷式 水冷式	$-$ F S	8	绕组导线材料	铜 铝	$-$ L

在特殊使用环境的新产品应在产品的基本型号后面加上防护类型代号，见表 1-2。

表 1-2　　　　　　　　　　特殊环境的产品型号代号

特殊使用环境	代表的字母	特殊使用环境	代表的字母
船舶用 高原地区用 污秽地区保护用	CY GY WB	干热带地区用 湿热带地区用	TA TH

电力变压器产品型号举例：

S9—10000/35 表示三相油浸自冷双绕组铜导线、第 9 系列设计、额定容量 10000kVA、高压额定电压等级为 35kV 的电力变压器。

OSFPSZ—150000/220 表示自耦三相强迫油循环风冷三绕组铜导线有载调压、额定容量为 150000kVA、高压额定电压等级为 220kV 的电力变压器。

（二）变压器的额定参数

1. 额定电压

额定电压 U_{1N}/U_{2N}。单位用千伏（kV）来表示，对于三相变压器额定电压均指线电压。

2. 额定电流

额定电流 I_{1N}/I_{2N}。单位用安（A）来表示，对于三相变压器额定电流均指线电流。

3. 额定容量

额定容量 S_N，也就是视在功率。单位用千伏安（kVA）来表示。它与额定电压、额定电流的关系如下：

单相变压器：$S_N = U_{1N}I_{1N}$；$S_N = U_{2N}I_{2N}$。

三相变压器：$S_N = \sqrt{3}U_{1N}I_{1N}$；$S_N = \sqrt{3}U_{2N}I_{2N}$。

变压器额定容量是变压器输出能力的保证值。变压器的额定容量与绕组的额定容量有所区别，双绕组变压器的额定容量即为绕组的额定容量；多绕组变压器应对每个绕组的额定容量加以规定，其额定容量为最大的绕组额定容量。

我国现在变压器的额定容量等级是按 $\sqrt[10]{10}$（≈ 1.26）倍数增加的 R10 优先数系，只有 30kVA 及 63000kVA 以上的与优先数系有所不同。变压器的额定容量等级见表 1-3。

表 1-3 　　　　　　　　　变压器的额定容量等级（详列）　　　　　　　　单位：kVA

10	200	1000	10000	120000
	250	1250	12500	150000
		1600	16000	180000
20		2000	20000	240000
		2500	25000	360000
30	315	3150	31500	
	400	4000	40000	
50	500	5000	50000	
63	630	6300	63000	
80	800	8000	90000	

注　组成三相变压器组的单相变压器为表中数值的 1/3，其余用途的单相变压器与表中数值相同。

4. 额定容量

额定频率 f，单位为赫兹（Hz），我国工频为 50Hz。

5. 空载电流和空载损耗

当变压器二次绕组开路，一次绕组施加额定频率正弦波形的额定电压时，其中所流通的电流称为空载电流 I_0，通常空载电流以额定电流的百分数表示；变压器空载运行时产生的有功损耗为空载损耗 P_0。

6. 阻抗电压和负载损耗

当变压器二次绕组短路，一次绕组流通额定电流而施加的电压称阻抗电压 U_K，通常阻抗电压以额定电压的百分数表示；此时所产生的相当于额定容量与参考温度下的损耗为负载损耗 P_K。

此外，在变压器的铭牌上还给出：相数、接线图与连接组别、运行方式和冷却方式、变压器的总重量、油的总重量等数据。

四、变压器的工作原理

变压器的原理是电磁感应原理，是电生磁、磁生电现象的一个具体应用。其工作原理如下。

变压器是由绕在共同磁路上的两个或两个以上的绕组所构成的，现以单相双绕组变压器为例加以分析。一台最简单的变压器工作原理如图1-2所示。

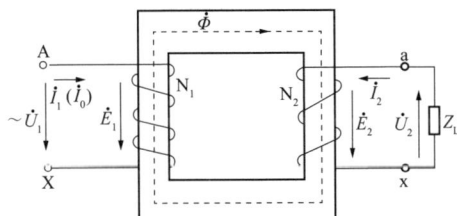

图1-2　变压器工作原理

它由两个匝数不等的线圈绕在同一个闭合铁心上，其中接电源的绕组为一次绕组，匝数为 N_1，接负载的绕组为二次绕组，匝数为 N_2。

将变压器的一次绕组的两端接到电压为 $\dot{U}_1$ 的交流电源上，当二次侧绕组开路时，在 $\dot{U}_1$ 的作用下，变压器一次绕组就有交流电流 $\dot{I}_0$ 流过，$\dot{I}_0$ 称为变压器的空载电流。$\dot{I}_0$ 用于建立空载磁动势 $\dot{F}_0$，$\dot{F}_0=\dot{I}_0 N_1$。磁动势 $\dot{F}_0$ 在铁心中产生交变磁通，该磁通 ϕ 在一、二次绕组中感应出电动势 $\dot{E}_1$、$\dot{E}_2$。当二次侧绕组接上负载时，在 $\dot{E}_2$ 的作用下，二次绕组就有 $\dot{I}_2$ 流过，而一次绕组就由空载时励磁电流 $\dot{I}_0$ 增至 $\dot{I}_1$。

五、变压器的运行原理

在一次绕组加上电压后，变压器就进入了运行状态。本章从变压器空载运行、负载运行、运行特性（电压变化率和效率）、并列运行、不对称运行、空载合闸及突然短路等方面分析变压器的运行原理。

（一）变压器的空载运行

变压器的一次绕组接在交流电源上，而二次绕组开路时运行叫作空载运行，空载运行时由于二次绕组没有电流，因此空载运行是比较简单的，但它却是变压器的一种基本运行状态，因此分析变压器时往往先从空载运行开始。

1.变压器空载运行时的物理情况

单相变压器空载运行示意如图1-3所示。

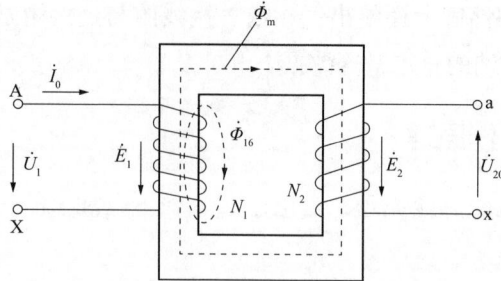

图 1-3　单相变压器空载运行示意

当一次侧加上额定电压 $\dot{U}_1$、额定频率 f 的正弦波形时，图中各物理量的正方向按规定标出。一次绕组在电压 $\dot{U}_1$ 的作用下将有空载电流 $\dot{I}_0$ 流过，并产生相应的空载磁动势 $\dot{F}_0 = \dot{I}_0 N_1$，在 $\dot{F}_0$ 的作用下铁心内将产生磁通。该磁通可分为两个部分，其中主要部分磁通 ϕ_m 是以闭合铁心为路径，它分别与一、二次绕组相交链，是变压器传递能量的主要因素，称它为主磁通；还有另一部分磁通 ϕ_1。它仅和一次绕组相交链而不与二次绕组相交链，主要是通过非磁性介质而形成闭合回路，这部分磁通称为一次绕组的漏磁通。根据磁路欧姆定律，在一定磁动势作用下所产生的磁通大小与磁路的磁阻成反比。由于变压器铁心都是用高导磁材料硅钢片制成的，它的磁导率 μ 为空气的数千倍。因此空载运行时，绝大部分磁通都在铁心中闭合，只有很少部分漏在铁心外面。根据有关试验分析，空载运行时漏磁通仅占全部磁通的 0.1%～0.2%，而 99% 以上是主磁通。

当外加电压为额定频率的正弦波形时，磁通的波形也基本上按正弦规律变化，磁通的正弦规律变化方程为：

$$\phi = \phi_m \sin\omega t$$

根据电磁感应定律，任一交变磁通都将在与其相交链的绕组中感应出感应电动势。因此，主磁通 ϕ_m 将分别在一、二次绕组中感应出电动势 e_1 和 e_2。即

$$e_1 = N_1 \frac{\mathrm{d}\phi}{\mathrm{d}t} = N_1 \omega \phi_m \cos\omega t = -N_1 \omega \phi_m \sin(\omega t - 90^\circ) \qquad (1-1)$$

$$e_2 = N_2 \frac{\mathrm{d}\phi}{\mathrm{d}t} = N_2 \omega \phi_m \cos\omega t = -N_2 \omega \phi_m \sin(\omega t - 90^\circ) \qquad (1-2)$$

感应电动势的有效值为

$$E_1 = \frac{N_1 \omega \phi_m}{\sqrt{2}} = \frac{2\Pi f N_2 \omega \phi_m}{\sqrt{2}} = 4.44 N_1 f \phi_m \qquad (1-3)$$

$$E_2 = \frac{N_2 \omega \phi_m}{\sqrt{2}} = \frac{2\Pi f N_2 \omega \phi_m}{\sqrt{2}} = 4.44 N_2 f \phi_m \qquad (1-4)$$

由以上分析可知，感应电动势有效值的大小分别与主磁通的频率、绕组的匝数及主磁通最大值成正比，电动势的频率与主磁通相同，电动势相位滞后主磁通 90°。

漏磁通只在一次绕组中感应出漏电动势 $E_{1\sigma}$，考虑到漏磁通是通过非铁磁材料闭合

的，磁路不存在磁饱和性质，也就是说，在空载电流与一次侧漏电动势之间存在着线性关系，因此，把漏电动势看作电流在一个电抗上的电压降。即

$$\dot{E}_{1\sigma} = j\dot{I}_0 x_1 \qquad (1-5)$$

其中 x_1 是一次侧漏电抗，变压器空载运行时，近似一个带铁心的电感绕组，其漏电抗就是漏磁电感，因此，漏电动势在相位上落后于空载电流 90°。

另外，空载电流在一次绕组内产生电阻压降 $\dot{I}_0 r_1$，显然电阻压降与空载电流同相位。

归纳起来，变压器空载运行时，各物理量之间的关系如图 1-4 所示。

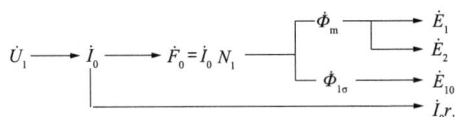

图 1-4 空载运行时的物理量关系

2. 空载电流和空载损耗

空载电流由两部分组成：一个是无功分量 I_μ，它用于建立空载时磁场，即主磁通和一次侧绕组漏磁通；另一个是有功分量 I_{Fe}，它是提供空载时变压器内部的有功损耗。在电力变压器中，空载电流的无功分量远大于有功分量，因此空载电流基本上属于无功性质的电流，通常称为励磁电流。其数值为额定电流的 0.25% ～ 1%，一般变压器的容量越大，空载电流的百分数越小，现在大型变压器空载电流百分数为 0.25% 左右。

空载电流的波形取决于铁心主磁通的饱和程度，在磁通密度较低，即磁路不饱和时，励磁电流与磁通成正比，当铁心中的磁通是正弦波时，励磁电流波形也是正弦波。但当变压器接额定电压时，铁心通常处在近于饱和的情况下工作。若主磁通为正弦波曲线 $\phi = f(t)$，利用非线性的铁心磁化曲线 $\phi = f(i_0)$，可用图解法求得空载电流曲线 $i_0 = f(t)$，其波形为尖顶波，如图 1-5 所示。

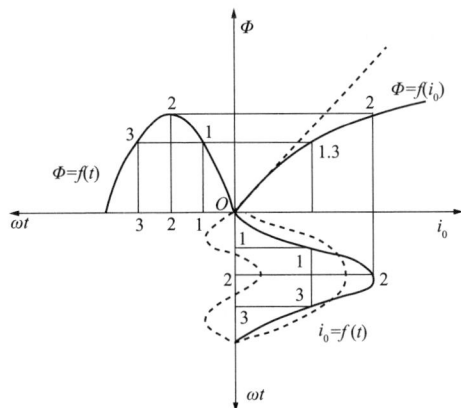

图 1-5 磁路饱和时空载电流波形

通常用一个等效正弦波空载电流代替实际的尖顶波空载电流，这时便可用相量 $\dot{I}_0$ 表示空载电流。将 $\dot{I}_0$ 分解为无功分量 $\dot{I}_\mu$ 和有功分量 $\dot{I}_{Fe}$。$\dot{I}_\mu$ 与主磁通 Φ_m 同相位，$\dot{I}_{Fe}$ 超前主磁通 Φ_m 为 90°，故 $\dot{I}_0$ 超前 Φ_m 一个铁损角 α。

变压器空载时，输出功率为零，但要从电源中吸取一小部分有功功率，用来补偿变压器内部的功率损耗，这部分功率变为热能散发出去，称为空载损耗，用 P_0 表示。

空载损耗包括三部分，第一部分是铁损 P_{Fe}，是交变磁通在铁心中造成的磁滞损耗和涡流损耗；第二部分是一次绕组空载铜损 $P_{Cu} = I_0^2 r_1$，是由空载电流 I_0 流过一次绕组的铜电阻 r_1 而产生的。第三部分是附加损耗 P_{fj}，是由铁心中磁通密度分布不均匀和漏磁通经过某些金属部件而产生的。

因此变压器空载时的损耗就等于这三部分损耗之和，在三部分损耗中铜损所占的分量很小，因此可以忽略不计，而正常的变压器空载时铁损也远大于附加损耗，所以变压器的空载损耗可近似等于铁损。

变压器空载损耗约占额定容量的数值并不大，但因为电力变压器在电力系统中用量很大，且常年接在电网上，所以减少空载损耗具有重要的经济意义。

3. 空载运行的等值电路和相量图

（1）空载运行的等值电路。根据空载时一次侧电动势平衡方程画出变压器空载运行的等值电路，如图 1-6 所示。

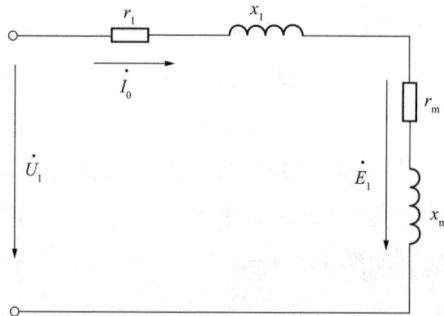

图 1-6　磁路饱和时空载电流波形

一次侧电动势平衡方程为

$$\begin{aligned}
\dot{U}_1 &= -\dot{E}_1 - \dot{E}_{1\sigma} + \dot{I}_0 r_1 \\
&= \dot{I}_0 r_m + j\dot{I}_0 x_m + \dot{I}_0 r_1 + j\dot{I}_0 x_1 \\
&= \dot{I}_0 Z_m + \dot{I}_0 Z_1
\end{aligned} \quad (1\text{-}6)$$

对等值电路分析如下：

1）一次绕组的漏阻抗 $Z_1 = r_1 + jx_1$ 是常数。

2）励磁阻抗 $Z_m = r_m + jx_m$ 不是常数，r_m 和 x_m 随主磁通饱和程度的增加而减少。通

常电源电压 $\dot{U}_1$ 可认为不变，则主磁通基本不变，铁心主磁通的饱和程度也近于不变，故 Z_m 可以认为不变。

3）由于空载运行时铁损远大于铜损，所以 $r_m \gg r_1$；由于主磁通远大于一次绕组漏磁通，所以 $x_m \gg x_1$。故在近似分析中可忽略 r_1 和 x_1。

（2）变压器空载相量图。相量图能直观地反映变压器各物理量之间的相位关系，在分析问题时也常被采用。变压器空载相量图如图1-7所示。

作图步骤如下：

1）在横坐标上作出主磁通 $\varPhi_m$，并选为参考相量。

2）根据 $\dot{E} = -j4.44fN\varPhi_m$ 作出 $\dot{E}_1$ 和 $\dot{E}_2$，它们都滞后于 $\varPhi_m 90°$。

3）空载电流 $\dot{I}_0$ 的无功分量 $\dot{I}_\mu$ 和 $\varPhi_m$ 同相位，有功分量 $\dot{I}_{Fe}$ 超前 $\varPhi_m 90°$，并合成 $\dot{I}_0$ 相量。

4）由 $\dot{U}_1 = -\dot{E}_1 + \dot{I}_0 r_1 + j\dot{I}_0 x_1$，依次作出 $-\dot{E}_1$、$\dot{I}_0 r_1$、$j\dot{I}_0 x_1$，叠加得 $\dot{U}_1$ 相量。

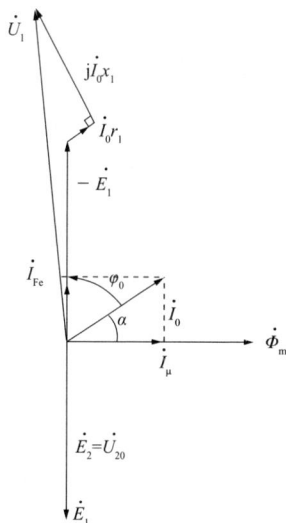

（二）变压器的负载运行

图 1-7 变压器空载相量图

当变压器的一次绕组接到交流电源上，二次绕组的出线端接上负载，二次绕组内就有电流流过的运行状态，称为变压器的负载运行。

1. 变压器负载运行时的物理情况

一次绕组与空载运行时一样，加上额定电压 $\dot{U}_1$、额定频率 f 的正弦波形。二次绕组所接的负载阻抗用 Z_L 表示。图中各物理量的正方向按规定标出。单相变压器负载运行如图1-8所示。

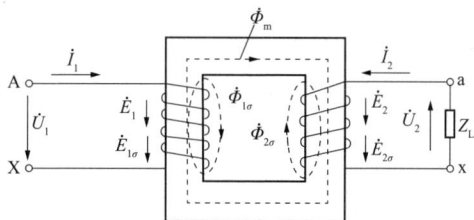

图 1-8 变压器负载运行的示意图

二次绕组接上负载后，二次绕组流过电流 $\dot{I}_2$，建立二次侧磁动势 $\dot{F}_2 = \dot{I}_2 N_1$，这个磁动势也作用在铁心的主磁路上。但由于外加电源电压 $\dot{U}_1$ 不变，主磁通 $\varPhi_m$ 近似保持不变。所以当二次磁动势 $\dot{F}_2$ 出现时，一次侧电流由 $\dot{I}_0$ 变为 $\dot{I}_1$，一次侧磁动势即从 $\dot{F}_0$ 变为 $\dot{F}_1 = \dot{I}_1 N_1$，其中所增加的那部分磁动势，用来平衡二次侧磁动势的作用，以维持主磁通基本不变，此时变压器处于负载运行时新的平衡状态。

负载运行时，$\dot{F}_1$ 和 $\dot{F}_2$ 除了共同建立铁心中的主磁通 Φ_m 以外，还分别产生交链各自绕组的漏磁通 $\Phi_{1\sigma}$ 和 $\Phi_{2\sigma}$，并分别在一、二次侧绕组感应出漏电动势 $\dot{E}_{1\sigma}$ 和 $\dot{E}_{2\sigma}$。同样可以用漏电抗压降的形式来表示一次侧绕组漏电动势 $\dot{E}_{1\sigma}=-j\dot{I}_1x_1$，二次侧绕组漏电动势 $\dot{E}_{2\sigma}=-j\dot{I}_2x_2$，其中 x_2 称为二次绕组漏电抗，它对应于漏磁通 $\Phi_{2\sigma}$，x_2 反映漏磁通 $\Phi_{2\sigma}$ 的作用，也是常数。

此外，一、二次侧绕组电流 $\dot{I}_1$、$\dot{I}_2$ 还分别产生电阻压降 $\dot{I}_1r_1$ 和 $\dot{I}_2r_2$。上述物理量之间的关系如图 1-9 所示。

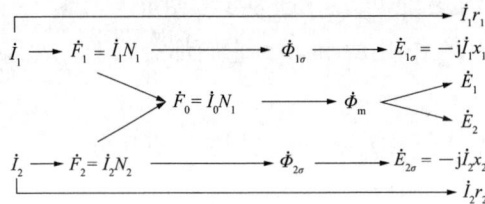

图 1-9　负载运行时物理量关系

2. 负载运行时磁动势和电动势的平衡方程

（1）磁动势平衡方程。根据磁路的基本规律，无论变压器运行在何种状态下，都应满足这些磁路的基本规律，即

$$\Sigma \dot{F} = \Phi R_m \qquad (1-7)$$

式中　$\Sigma \dot{F}$——作用在磁路上的总磁动势；

　　　R_m——主磁通的磁阻。

当变压器空载运行时，由于 $\dot{I}_0=0$，空载磁动势就等于励磁磁动势，磁动势方程为

$$\Sigma \dot{F} = \dot{F}_0 = \dot{I}_0N_1 = \Phi R_m \qquad (1-8)$$

当变压器负载运行时，一、二次侧分别有电流 $\dot{I}_1$ 和 $\dot{I}_2$ 流过。这时有一次磁动势 $\dot{F}_1=\dot{I}_1N_1$ 及二次磁动势 $\dot{F}_2=\dot{I}_2N_2$ 作用在磁路上。由于变压器从空载到负载，铁心中主磁通 Φ_m 基本不变，因而合成磁动势基本也就是空载时的磁动势 $\dot{F}_0$ 即

$$\Sigma \dot{F} = \dot{F}_1 + \dot{F}_2 = \dot{F}_0 \qquad (1-9)$$

$$\dot{I}_1N + \dot{I}_2N_2 = \dot{I}_0N_1 \qquad (1-10)$$

式（1-9）和式（1-10）称为负载运行时的磁动势平衡方程式，一次侧磁动势 $\dot{F}_1$ 中包含了两个分量，一个是 $\dot{F}_0$，用来产生主磁通；另一个用来平衡二次侧磁动势 $\dot{F}_2$ 的影响，从而维持主磁通基本不变。

同时将式（1-10）两边除以 N_1 得到

$$\dot{I}_1 + \dot{I}_2\frac{N_2}{N_1} = \dot{I}_0 \qquad (1-11)$$

$$\dot{I}_1 = \dot{I}_0 + \left(-\frac{\dot{I}_2}{K}\right) = \dot{I}_0 + \dot{I}_{1L} \tag{1-12}$$

$$\dot{I}_{1L} = -\frac{\dot{I}_2}{K} \tag{1-13}$$

式中 $\dot{I}_{1L}$——一次侧电流的负载分量。

上式称为负载运行时电流形式的磁动势平衡方程式，说明一、二次侧能量传递的关系。当变压器空载运行时，二次侧没有功率输出和功率损耗，此时，$\dot{I}_1 = \dot{I}_0$，说明变压器一次侧从电源吸取不大的空载电流，用于建立空载磁场和提供空载损耗所需的电能。当变压器负载运行时，二次侧电流 $\dot{I}_2$ 的增加必然引起一次侧电流 $\dot{I}_1$ 相应地增加，因为一次侧除了从电源吸取 $\dot{I}_0$ 以外，还要吸取一个负载分量电流 $\dot{I}_{1L}$。于是，二次侧对电能需求的变化，就由磁动势平衡关系反映到一次侧。变压器一、二次侧绕组之间，虽然没有电的联系，但借助于磁耦合，实现了一、二次侧绕组间的能量传递和电压、电流的变换。

（2）电动势平衡方程。变压器负载运行时，除了铁心的主磁通以外，还分别有一、二次绕组漏磁通。主磁通 Φ_m 在一、二次绕组分别感应出电动势 $\dot{E}_1$、$\dot{E}_1$，漏磁通 $\Phi_{1\sigma}$ 在一次绕组感应出 $\dot{E}_{1\sigma}$，漏磁通 $\Phi_{2\sigma}$ 在二次绕组感应出 $\dot{E}_{2\sigma}$，一、二次绕组漏电动势 $\dot{E}_{1\sigma}$ 和 $\dot{E}_{2\sigma}$ 分别用漏电抗压降表示 $-\mathrm{j}\dot{I}_1 x_1$ 和 $-\mathrm{j}\dot{I}_2 x_2$。电流分别在一、二次绕组中产生电阻压降 $\dot{I}_1 r_1$ 和 $\dot{I}_2 r_2$。按各物理量的正方向，可列出变压器负载时的一、二次电动势方程式，即

$$\dot{U}_1 = -\dot{E}_1 + \dot{I}_1 r_1 + \mathrm{j}\dot{I}_1 x_1 = -\dot{E}_1 + \dot{I}_1 Z_1 \tag{1-14}$$

$$\dot{U}_2 = \dot{E}_2 - \dot{I}_2 r_2 - \mathrm{j}\dot{I}_2 x_2 = \dot{E}_1 - \dot{I}_2 Z_2 \tag{1-15}$$

$$\dot{U}_2 = \dot{I}_2 Z_L \tag{1-16}$$

$$Z_2 = r_2 + \mathrm{j}x_2 \tag{1-17}$$

$$Z_L = r_L + \mathrm{j}x_L \tag{1-18}$$

式中 Z_2——二次绕组漏阻抗；

Z_L——负载阻抗。

3. 变压器参数的折算及标幺值

（1）变压器参数的折算。在实际变压器中，由于一、二次匝数 N_1、N_2 不相等，使得变压器的分析计算比较复杂。如果能够设法把实际的二次绕组用一个匝数和一次绕组相同的绕组来代替，使电压比为 $K=1$，则变压器的分析计算工作大大简化。用一个与一次绕组匝数相同的等效二次绕组来代替原来的二次绕组，必须做到对变压器的运行不受任何影响。从前面分析可知，二次绕组内的电流是通过它的磁动势去影响一次绕组中的电流的，因此，只要保证二次绕组能产生同样的磁动势，那么从一次侧看过去，效果完全是一样的。只要能产生同样的磁动势，二次绕组的匝数就可以自由选

定了。

把实际的二次绕组用一个与一次绕组匝数相同的等效绕组来代替，就称为二次侧折算或称归算到一次侧，这种方法就称为变压器参数的折算，同样也可以把一次侧折算到二次侧。这只是一种人为处理方法，它既不改变其结构，也不改变其电磁本质。经过折算以后，变压器原来具有的两个电路和一个磁路，就可以简化成一个等效的纯电路问题。

下面来分析二次侧折算到一次侧时，原来二次侧各物理量的变化，在二次物理量的符号上加上"'"表示为该值的折算值。

1）电动势和电压的折算。据折算前后二次磁动势不变的原则，则主磁通不变。折算后二次绕组的匝数与一次绕组相等，因此它们的电动势相等，可得

$$\dot{E}_2' = \dot{E}_1 = K\dot{E}_2 \tag{1-19}$$

同理，二次侧的其他电动势和电压也应按同一比例折算，可得

$$\dot{U}_2' = K\dot{U}_2 \tag{1-20}$$

2）电流的折算。把二次侧电流折算到一次侧，根据折算前后二次侧磁动势不变的原则，可得

$$\dot{I}_2' N_1 = \dot{I}_2 N_2 \tag{1-21}$$

$$\dot{I}_2' = \dot{I}_2 \frac{N_2}{N_1} = \frac{I_2}{K} \tag{1-22}$$

3）阻抗的折算。根据折算前后二次侧绕组电阻上所消耗的铜损不变的原则，可得

$$\dot{I}_2'^2 r_2' = \dot{I}_2^2 r_2 \tag{1-23}$$

$$r_2' = K^2 r_2 \tag{1-24}$$

同理根据功率不变的原则，可得

$$x_2' = K^2 x_2 \tag{1-25}$$

$$Z_L' = K^2 Z_L \tag{1-26}$$

综上所述，把低压侧的各物理折算到高压侧时，凡单位是伏特的物理量折算值等于原值乘以变比 K，凡单位为安培的物理量折算值等于原值乘以 $1/K$，凡单位是欧姆的物理量折算值等于原值乘以 K^2。

（2）标幺值。在电力工程计算中，往往不用各物理量的实际值，而是用实际值与同一单位的某一选定的基值之比称为标幺值，即

$$标幺值 = 实际值 / 基值$$

标幺值是个相对值，没有单位。某物理量的标幺值用原来符号的右下角加"*"号表示。

1）基值的选择。通常取各物理的额定值为基值，具体选择如下。

a. 线电流、线电压的基值，选额定线值；相电流、相电压的基值，选额定相值。

b. 电阻、电抗、阻抗共用一个基值，这些都是一相的值，故阻抗基值 Z_j；应是额定相电压 $U_{N\phi}$ 与额定相电流 $I_{N\phi}$ 之比，即

$$Z_j = U_{N\phi}/I_{N\phi} \tag{1-27}$$

c. 有功功率、无功功率、视在功率共用一个基值，以额定视在功率为基值；单相功率的基值为 $U_{N\phi}I_{N\phi}$，三相功率的基值为 $3U_{N\phi}I_{N\phi}$（或 $\sqrt{3}U_N I_N$）。

d. 变压器有高、低压侧之分，各物理量的基值应选择各自侧的额定值。

2）标幺值的特点。

a. 额定电压、额定电流、额定视在功率的标幺值为 1。

b. 变压器各物理量在本侧取标幺值和折算到另一侧取标幺值，两者相等。例如

$$U_{2*} = U_2/U_{2N} = KU_2/KU_{2N} = U'_2/U_{1N} = U'_{2*} \tag{1-28}$$

c. 某些物理量的标幺值具有相同的数值。例如

$$U_{2*} = \frac{Z_K}{\dfrac{U_{1N}}{I_{1N}}} = \frac{I_{1N}Z_K}{U_{1N}} = U_{K*} \tag{1-29}$$

$$r_{2*} = U_{Kr*} \tag{1-30}$$

$$x_{2*} = U_{Kx*} \tag{1-31}$$

在变压器的分析与计算中，常用负载系数这一概念，用 β 表示，其定义为 $\beta=I_1/I_{1N}=I_2/I_{2N}=S_1/S_N=S_2/S_N$（设二次电压为额定值），可见 $\beta=I_{1*}=I_{2*}=S_{1*}=S_{2*}$。

d. 标幺值乘以 100 可得到以同样基值表示的百分值，同理，百分值除以 100 也可得到相对应的标幺值。例如，$U_K=5.5\%$ 时，其标幺值为 $U_{K*}=0.055$。

4. 负载运行时的等值电路和相量图

（1）等值电路。

1）T 型等值电路。根据折算后的变压器一、二次侧电动势平衡方程，可分别画出一、二次侧的等值电路，如图 1-10 所示。

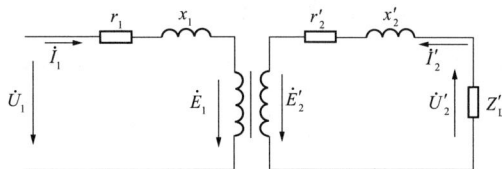

图 1-10　T 型一、二次侧等值电路

由于 $\dot{E}_1=\dot{E}'_2$，故包含这两个电动势的电路可以合并为一条支路。由 $\dot{I}_1=\dot{I}_0+(-\dot{I}'_2)$ 可知，流过这条支路的电流为 $\dot{I}_0$，如图 1-11 所示。

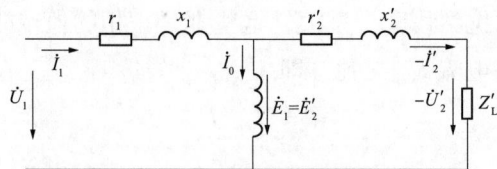

图 1-11　T 型等值电路变换

根据 $-\dot{E}_1 = \dot{I}_0 Z_m = \dot{I}_0 (r_m + jx_m)$，将电动势用励磁阻抗上的压降表示，则得 T 型等值电路，如图 1-12 所示。

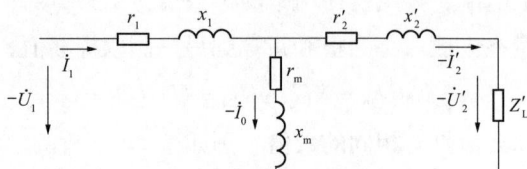

图 1-12　T 型等值电路

2）近似等值电路。T 型等值电路含有串联和并联电路，运算较为麻烦。由于 $Z_m \gg Z_1$，可将 $Z_m = r_m + jx_m$ 支路移到电源端，得近似等值电路，如图 1-13 所示。

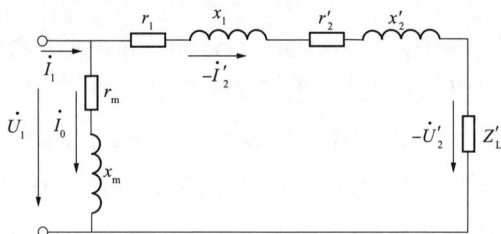

图 1-13　近似等值电路

虽然近似等值电路有一定的误差，但可使计算简化，在工程允许的情况下，可以使用近似等值电路。

3）简化等值电路。变压器的空载电流较小，在有些计算中可忽略不计，即在 T 型等值电路中去掉励磁阻抗的支路，从而得到更为简单的串联电路，称为简化等值电路，如图 1-14 所示。

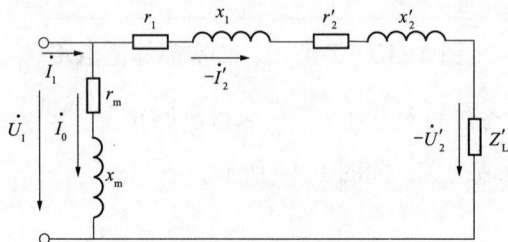

图 1-14　简化等值电路

图中 $r_k=r_1+r_2'$ 称为短路电阻，$x_k=x_1+x_2'$ 称为短路电抗，$Z_k=Z_1+Z_2'$ 称为短路阻抗，可见短路阻抗是一、二次漏阻抗之和，其数值很小，且为常数。在 T 型等值电路中，一般可认为 $r_1=r_2'=\dfrac{r_k}{2}$，$x_1=x_2'=\dfrac{x_k}{2}$。

（2）相量图。用变压器负载时的相量图可表明负载运行时各物理之间的关系，其中感性负载运行相量图如图 1-15 所示。

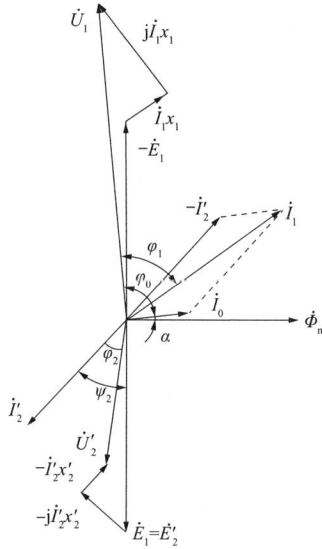

图 1-15　变压器感性负载运行相量图

容性负载运行相量图如图 1-16 所示。

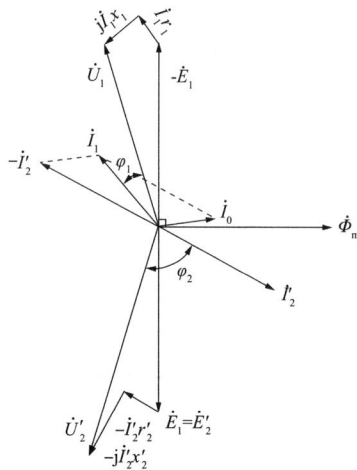

图 1-16　变压器容性负载运行相量图

但变压器一般带感性负载，作相量图的步骤如下：

1）在横坐标上作主磁通 $\dot{\Phi}_m$，并作为参考相量。

2）作 $\dot{E}_1 = \dot{E}'_2$，滞后 $\dot{\Phi}_m 90°$。

3）作 $\dot{I}'_2$ 滞后 $\dot{E}'_2$ 一个 ψ_2 角，ψ_2 由二次侧绕组漏阻抗和负载阻抗决定。

4）在 $\dot{E}'_2$ 相量上叠加 $-j\dot{I}'_2 x'_2$ 和 $-\dot{I}'_2 r'_2$，可得 $\dot{U}'_2$。$\dot{I}'_2$ 和 $\dot{U}'_2$ 之间的相位角 φ_2 为二次侧功率因数角。

5）作 $\dot{I}_0$ 相量超前 Φ_m 铁损角 α。

6）作出 $-\dot{I}'_2$，与 $\dot{I}_0$ 相量相加得 $\dot{I}_1$。

7）作出 $-\dot{E}_1$，并在 $\dot{E}_1$ 相量上叠加 $\dot{I}_1 r_1$ 和 $j\dot{I}_1 x_1$，可得 $\dot{U}_1$。$\dot{I}_1$ 与 $\dot{U}_1$ 之间的相位角 φ_1 为一次侧功率因数角。

简化等值电路的电压方程式为

$$\dot{U}_1 = -\dot{U}'_2 + \dot{I}_1 r_k + j\dot{I}_1 x_k \qquad (1-32)$$

可根据此式作出感性负载时的简化相量图，如图 1-17 所示。

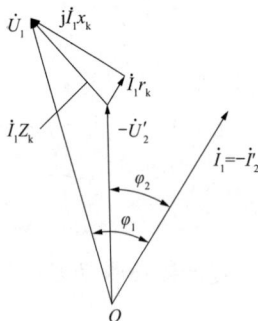

图 1-17　变压器负载运行时的简化相量图

（三）变压器的运行特性

变压器带负载运行时，主要有两个性能：①二次侧电压随负载变化的关系即外特性；②效率随负载变化的关系即效率特性。外特性通常用电压变化率来表示二次侧电压的变化程度，反映变压器的供电质量指标；效率特性反映变压器运行时的经济指标。

二次侧额定电压是指一次侧加额定电压、二次侧空载时，二次侧的电压。电压变化率是指当变压器的一次侧接在额定频率和额定电压的电源时，二次侧额定电压与二次侧带负载时的实际电压之差与相对于二次侧额定电压的百分数，用 ΔU 表示，即

$$\Delta U = \frac{U_{2N} - U_2}{U_{2N}} = 1 - U_{2N*} \qquad (1-33)$$

工程上采用的计算公式，可由变压器简化相量图导出

$$\Delta U = \beta \, (r_{k*} \cos\varphi_2 + x_{k*} \sin\varphi_2) \qquad (1-34)$$

若求额定负载时的电压变化率，可令 $\beta = 1$。

变压器的电压变化率，与变压器的漏阻抗的标幺值的大小、负载的大小及负载的性质有关。当变压器带感性负载时，φ_2 为正值，ΔU 为正值，说明二次侧实际电压 U_2 低于二次侧额定电压 U_{2N}；当变压器带容性负载时，φ_2 为负值，$\sin\varphi_2$ 为负值，当 $|x_{k*}\sin\varphi_2| > |r_{k*}\cos\varphi_2|$ 时，ΔU 为负值，此时二次侧实际电压 U_2 高于二次侧额定电压 U_{2N}。

由上述分析可知，变压器在运行时，二次侧电压将随负载的变化而变化。如果变化范围太大，将给用户带来不利影响，因此必须进行电压调整。电力变压器一般采用改变高压绕组的匝数的方法来调节二次侧电压，可利用无励磁分接开关调压或有载分接开关调压。

变压器在传递功率的过程中，内部会产生铜损和铁损，致使输出功率小于输入功率。输出的有功功率 P_2 与输入的有功功率 P_1 之比称为变压器的效率，用 η 表示。以百分数表示为

$$\eta = \frac{P_2}{P_1} \times 100\% = \frac{P_2}{P_2 + \sum P} \times 100\% \tag{1-35}$$

式中　$\sum P$——变压器内部铁损和铜损之和，即 $\sum P = P_{Fe} + P_{Cu}$。

$$P_2 = U_2 I_2 \cos\varphi_2 \approx U_{2N} I_2 \cos\varphi_2 = \beta U_{2N} I_{2N} \cos\varphi_2 = \beta S_N \cos\varphi_2 \tag{1-36}$$

变压器的铁损近似等于空载损耗，当电源电压和频率不变时，主磁通不变，铁损也基本上不变，故称之为不变损耗，即

$$P_0 = P_{Fe} \tag{1-37}$$

变压器的铜损随负载的大小而变化，称为可变损耗，设额定电流的铜损为 P_K，则

$$P_{Cu} = \beta^2 P_K \tag{1-38}$$

因此，效率的公式为

$$\eta = \frac{\beta S_N \cos\varphi_2}{\beta S_N \cos\varphi_2 + P_o + \beta^2 P_K} \times 100\% \tag{1-39}$$

对于给定的变压器，P_0 与 P_K 的值是一定的，可以通过空载试验和负载试验测定，并标在变压器的铭牌上。可以看出效率 η 与负载大小及功率因数有关。当负载功率因数 $\cos\varphi_2$ 一定时，效率与负载系数 β 有关。求变压器最大效率时的负载系数 β_{max}，可将上式对 β 求导，并使之等于零后可得

$$\beta_{max}^2 P_K = P_0 \tag{1-40}$$

可见，当铜损（可变损耗）等于铁损（不变损耗）时，该情况下的变压器的效率最高。

考虑到电力变压器不是长期运行在额定负载状况下，所以 β_{max} 一般取 $0.5 \sim 0.6$，

故 P_0/P_K 值应在 1/4 ～ 1/3。可见铁损相对的比铜损小，对变压器总的经济效果有利。得最大效率为

$$\eta_{max} = \frac{\beta S_N \cos\varphi_2}{\beta S_N \cos\varphi_2 + 2P_0} \times 100\%$$
（1-41）

（四）变压器的并联运行

变压器并联运行是指将两台或多台变压器的一、二次侧分别接到公共的母线上，同时向负载供电的运行方式。两台三相变压器并联运行的接线如图 1-18 所示。

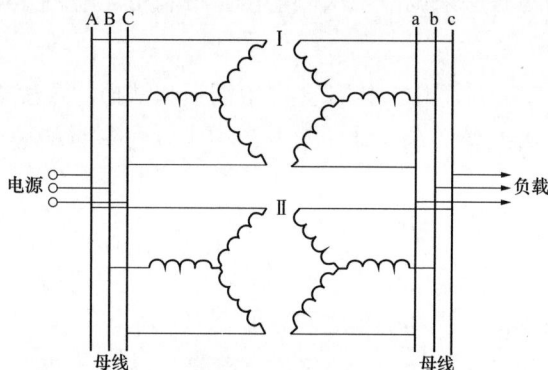

图 1-18 三相变压器并联运行接线

简化表示的单相接线如图 1-19 所示。

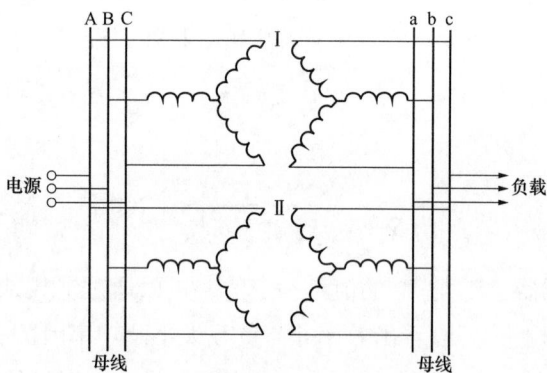

图 1-19 三相变压器并联运行简化表示的单相接线

并联运行有以下优点：

（1）提高供电的可靠性。两台或多台变压器并联运行时，当其中一台变压器发生故障或需要检修时，另一台或几台变压器仍可对用户供电。

（2）减少电能损耗。可根据负载的大小变化，调整投入并联运行变压器的台数，

以减少电能损耗，提高运行效率，保证经济运行。

（3）减少发电厂、变电站的一次性投资。可随着用电量的增加，分批安装变压器，减少了初期投资。

1. 并联运行的条件

变压器并联运行的理想情况是：空载时，各台变压器仅有一次侧的空载电流，一、二次绕组回路中没有循环电流；负载时，各变压器的负载分配与各自的额定容量成正比，使变压器的容量能得到充分利用，且流过各台变压器的负载电流同相位，这样在总的负载电流一定时，各变压器分担的电流最小。

要达到上述理想情况，并联运行的变压器必须具备以下 3 个条件：

（1）联接组标号相同。

（2）电压比相同。

（3）阻抗电压值偏差小于 10%。

2. 不符合理想条件时的并联运行

（1）联接组别不同时并联运行。变压器联结组别不同时，各变压器二次电压相位不同，电压相位差至少有 30°。若并联运行，将在并联运行的变压器间产生很大的循环电流，该电流将远远超过变压器的额定电流，可将变压器烧毁。所以不同联结组别的变压器，绝对不允许并联运行。

（2）变比不等时的并联运行。

1）不带负载时的并联运行。当两台变压器不带负载时并联运行，由于变比不相等，二次侧电压的大小不相等，这个电压差将使两台变压器的绕组间产生循环电流，循环电流用 I_C 表示，得

$$I_C = \frac{U_{21} - U_{22}}{Z_{K1} + Z_{K2}} \tag{1-42}$$

式中　U_{21}、U_{22}——变压器 1 和变压器 2 的二次侧电压；

　　　Z_{K1}、Z_{K2}——变压器 1 和变压器 2 折算到二次侧的短路阻抗。

此时，一次侧不仅有空载电流，还增加了一个与二次侧循环电流相平衡的一次侧循环电流。

2）带负载时的并联运行。两台并联运行的变压器带上负载时，循环电流将叠加在负载电流上，每台变压器的实际电流，分别为各自负载电流和循环电流的合成。得

$$I_{21} = I_{L1} + I_C \tag{1-43}$$

$$I_{22} = I_{L2} + I_C \tag{1-44}$$

式中　I_{21}、I_{22}——变压器 1 和变压器 2 的二次侧实际电流；

　　　I_{L1}、I_{L2}——变压器 1 和变压器 2 的二次侧负载电流。

综上所述，变压器变比不等而并联运行，不带负载时，一、二次侧回路会产生循

环电流。带负载时，使变比小的变压器电流大，可能过载；变比大的变压器电流小，可能欠载。由于循环电流的存在，占据了变压器的一部分容量，并产生额外的损耗。且变比相差越大循环电流就越大。但有时虽然额定电压相同，但实际电压比也会略有差异，所以规定一般并联运行的变压器变比差不应超过 0.5%，最大不得超过 1%。

（3）阻抗电压不等时的并联运行。阻抗电压主要影响并联运行变压器之间的负载分配。在并联运行时，总希望容量大的变压器能多分担一些负载，容量小的变压器可以少分担一些负载，且分担的负载与容量成正比。当不同容量的变压器并联运行时，各变压器都能在额定容量下运行，这是最经济的情况。

根据对并联运行变压器的分析推导证明，可得：当阻抗电压相等时，负载分配就与额定容量成正比；当阻抗电压不等时，则负载分配与阻抗电压成反比，即阻抗电压小，分担的负载大，阻抗电压大，分配的负载小，变压器的容量得不到充分利用。据此可得出计算公式为

$$\frac{S_1}{S_{N1}} : \frac{S_2}{S_{N2}} = \frac{1}{U_{K1}\%} : \frac{1}{U_{K2}\%} \tag{1-45}$$

式中　　　S_1、S_2——变压器 1 和变压器 2 分担的负载容量；

　　　　　S_{N1}、S_{N2}——变压器 1 和变压器 2 的额定容量；

　　$U_{K1}\%$、$U_{K2}\%$——变压器 1 和变压器 2 的阻抗电压。

两台变压器的阻抗电压实际不可能保持相同，所以允许有一定的偏差，但不能相差太大，一般规定不超过 ±10%。

尽管并列运行变压器的短路阻抗相等，但短路阻抗的无功分量和有功分量的比，不同容量的变压器是不一样的，大容量变压器的 X/R 比小容量的 X/R 大，带上负载时，不同容量的变压器的电压降就不一样，相当于出现了电压差，因此变压器并列时的容量也不能差距过大，要求变压器的额定容量比不大于 1∶3。

（五）变压器的不对称运行

变压器的不对称运行主要是指外施电压的不对称与负载不对称的不对称系统。如运行中发生单相短路、二相短路，也是不对称运行情况。这一不对称三相系统可用三个对称三相分量表示，即用三相对称分量法来分析或计算，把不对称三相系统分解成正序分量、负序分量和零序分量三个对称分量。

分析不对称运行特性的正序分量、负序分量与零序分量和空载励磁电流的三个分量既有不同处，也有共同点。主要是相量的旋转频率，不对称运行时三个分量的旋转频率都相同。

分析不对称负载时的关键参数是正序阻抗、负序阻抗和零序阻抗。这些阻抗都是指额定频率与主分接位置时的值。因为变压器属于静止电器，因此正序阻抗等于负序

阻抗，它们的值就是变压器性能参数之一的短路阻抗。

零序阻抗与变压器接法和铁心结构有关。希望零序阻抗小些，这样，允许的负载不平衡程度可大一些。零序阻抗大的变压器要求负载不平衡程度要小些，就是三相负载要接近于平衡，零序阻抗是额定频率下的参数（空载励磁电流的零序分量为 3 次、6 次、…、3n 次额定频率）。

电力系统也有零序阻抗，零序阻抗中最被关心的是零序电抗。电力系统的零序阻抗与变压器的零序阻抗也有关。电力系统零序阻抗的大小决定电力系统中性点绝缘水平。所以，在变压器接法与铁心结构选择时应注意零序阻抗大小。

对 Yyn0 联结的三相三柱铁心的变压器而言，零序阻抗约 50% ～ 60%；同一联结的三相五柱铁心的变压器，零序阻抗约为 10^4%，因此不宜采用这一联结，三相五柱变压器的联结中必须有三角形联结的绕组，以作为零序电流的通道。对 YNd11 的变压器而言，不论铁心为三相三柱还是三相五柱，其零序阻抗略小于正序阻抗或略小于短路阻抗。

另外，Yyn0 联结的三相三柱铁心变压器，零序阻抗还是非线性的，yn 中的零序电流越大，零序阻抗越小；变压器的容量越大，零序阻抗的欧姆值越小。D，yn 联结的零序阻抗则是线性的，即零序阻抗与零序电流大小无关。

Yyn0 变压器在不对称运行时，负载侧中性点电位会发生偏移，负载侧中性点有电流流过，此电流要小于 25% 额定电流，以限制中性点电位的偏移不超过 5%。中性点电位偏移大，有的相的相电压会升高。中性点电位偏移与零序阻抗有关，零序阻抗越小，中性点电位偏移越小，负载不平衡程度就可大些。如 D，yn 联结可允许接单相负载，而 Y，yn 联结不允许接单相负载。

（六）变压器的突然空载合闸

变压器二次侧空载，把一次侧绕组接上电源称为空载合闸。由于变压器内部的线圈和铁心是储存磁场能量的元件，因此变压器在空载合闸的瞬间，电流从零开始到建立起正常空载电流，即变压器磁能从零开始到具有正常的磁能，使能量发生了变化。由于电路的能量不能突变，因此就需要经历一个过渡过程，然后才能到稳定的空载运行状态。空载合闸过程主要表现为变压器磁通变化的过渡过程，在过渡过程中的电流称为励磁涌流，励磁涌流一般认为最大可达额定电流的 6 ～ 8 倍。励磁涌流的大小取决于变压器合闸时的相位以及铁心剩磁的状态。

在变压器空载运行分析中可知，空载变压器稳定状态时，主磁通 Φ_m 相量是滞后外加电压 U_1 相量 90°。当铁心中没有剩磁时，在合闸瞬间，外加电压 U_1 的初相角 $\alpha = 90°$，即电压为最大值，主磁通为零。此时和合闸前铁心中无磁通一样，变压器中的磁场能量没有发生突变，也就不发生过渡过程，合闸后变压器随即进入稳定状态。

如果合闸瞬间外加电压 U_1 的初相角 $\alpha = 0°$ 时，即电压为零，则主磁通为最大值。由于磁场能量不能突变，为了使合闸瞬间磁通仍为零，铁心中必定形成一个反磁通（直流分量磁通）抵消该瞬间的磁通（稳态磁通），而且要求大小相等方向相反。这样，合闸瞬间合成磁通才为零，但在半波周期（0.01s）后合成磁通则为稳态磁通的 2 倍（$2\Phi_m$），如图 1-20 所示。

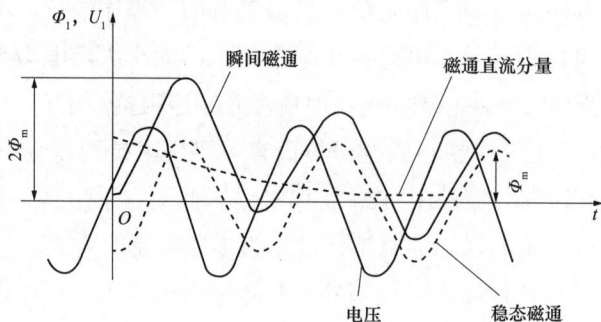

图 1-20　$\alpha = 0°$ 时磁通的变化曲线

2 倍的磁通值使铁心处于非常严重的过饱和状态，由于铁心的磁化曲线是非线性的，所以励磁电流很大，就成为励磁涌流了，如图 1-21 所示。

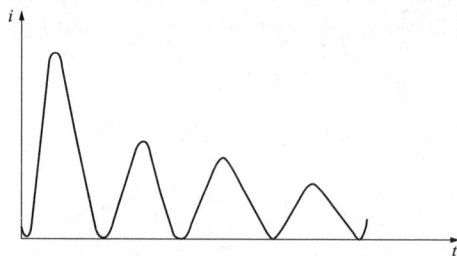

图 1-21　励磁涌流的波形

当铁心有剩磁 Φ_s 且与第一个半波周期的磁通方向一致时，则瞬间磁通将增加至 $2\Phi_m + \Phi_s$，励磁涌流将更大。事实上，由于电压刚好为零时合闸的可能性很小，剩磁也不一定与电压变化方向同相，所以产生这样大的励磁涌流可能性也很小。

由于直流分量磁通是衰减的，励磁涌流也衰减，一般小型变压器只需几个周期就将衰减至正常的稳态励磁电流值，大型变压器的励磁涌流衰减较慢，但一般也不会超过 20s。

励磁涌流维持的时间短，一般对变压器本身没有直接的危害，但可能引起变压器保护误动作，因此继电保护装置应有能躲过空载合闸励磁涌流的机能。

（七）变压器的突然短路

电力系统的变压器在运行中，可能在二次侧发生各种短路故障，在一、二次侧绕组中将产生一个的短路电流，该电流的大小与多种因素有关，例如短路发生的地点、短路发生瞬间的相位、短路阻抗和短路时的系统运行方式等，并随着电力系统容量和单台变压器的容量的增加而增大。由于断路器切断短路电流需要一定的时间，变压器难免要受到短路电流的冲击。一般认为短路时短路电流为额定电流的十几倍至几十倍，这样大的短路电流所产生电动力和热量，将危及变压器的动稳定和热稳定。

变压器短路过程中，强大的短路电流使绕组的损耗增加。由于绕组电阻损耗与电流平方成正比，所以电阻损耗会增加几百倍，同时温度上升很快，短路时间又很短，热量可以认为没有发散，全部用来使绕组升温。但只要短路电流持续的时间不超过变压器允许的热稳定要求，一般情况下热稳定破坏的可能性很小。而电动力与电流平方成正比，则电动力可增加到几百甚至上千倍。绕组在如此大的电动力的作用下有可能失去动稳定性，造成变压器损坏。国内外变压器运行事故表明，短路事故是引起变压器损坏的主要原因之一。

1. 短路电流

变压器发生短路时，变压器原来的稳定运行状态被破坏，需经历一个短暂的过渡过程才能达到新的稳定运行状态，在过渡过程中会出现很大的短路电流。变压器短路有单相接地、两相短路和三相短路三种短路形式，以三相同时短路形式最为严重。一般在计算短路电流时，都以三相同时短路的情况来考虑。设电网容量为无穷大，短路电流不致引起电网电压下降，则突然短路时一次侧电路的微分方程为

$$u_1 = \sqrt{2}\, U_1 \sin\,(\omega t + \alpha) = L_K \frac{\mathrm{d}i_k}{\mathrm{d}t} + i_k r_k \tag{1-46}$$

式中　　α——突然短路时的电源电压 U_1 的初相角；

　　　　i_k——突然短路时电流瞬时值；

　　　　L_K、r_K——短路电感和电阻。

解此微分方程可得短路电流的通解为

$$i_k = -\sqrt{2}\, I_K \cos(\omega t + \alpha) = \sqrt{2}\, I_K \cos\alpha\, e^{-\frac{t}{T_k}} = i_k' + i_k'' \tag{1-47}$$

式中　　i_k'——短路电流稳态分量的瞬时值；

　　　　i_k''——短路电流暂态分量的瞬时值；

　　　　I_k——稳态分量电流有效值；

　　　　T_k——暂态分量衰减的时间常数，$T_k = L_K/r_k$。

由此可见，短路电流的大小与短路时的 u_1 的初相角 α 有关。当 $\alpha=90°$ 时，此时暂态分量 $i_k'' = 0$，表示短路一发生就进入稳态短路电流，短路电流最小。当 $\alpha=0°$ 时，短路电流达到最大值，表达式为

$$i_{k\,max} = \sqrt{2}\, K I_k \tag{1-48}$$

对大型变压器，$K=1.5 \sim 1.8$，对小型变压器，$K=1.2 \sim 1.4$。

$$i_{k\,max*} = \frac{i_{k\,max}}{\sqrt{2}\, I_N} = K \frac{1}{Z_{k*}} \tag{1-49}$$

得 $i_{k\,max*}$ 与 Z_{k*} 成反比，即短路阻抗越小，短路电流越大。一般对于小容量变压器其短路电流约等于额定电流的 30 倍；对于大容量变压器其短路电流等于额定电流的 15 ～ 18 倍。

2. 短路时的电动力

当变压器绕组中通过电流时，由于电流与漏磁场的作用，在绕组上将产生电动力，其大小取决于漏磁场的磁通密度与绕组中电流的乘积，而漏磁通密度也与电流大小成正比，因此电动力与电流的平方成正比。当变压器正常运行时，作用在导线上的电动力很小。但发生突然短路时由于最大短路电流将达到额定电流的几十倍，所以短路时的最大的电动力将为额定时的几百甚至上千倍，可能使变压器的绕组等损坏。

由于漏磁场的分布规律较复杂，为了分析问题方便起见，可以把这一漏磁场分解为轴向（纵向）漏磁与横向漏磁。根据左手定则，轴向漏磁将产生辐向力，而横向漏磁将产生轴向力。

（1）辐向力 F_x。纵向漏磁密度和横向漏磁密度对于不同部位分布并不均匀，在绕组的两端漏磁密度大。在纵向漏磁场中，由于高低压绕组的电流方向相反，短路时作用于高低压绕组上的辐向力将把两绕组推开，从而使外侧的高压绕组受到向外的拉力，内侧的低压绕组受到向高、低压绕组受到的辐向力内的挤压力，如图 1-22 所示。

（2）轴向力。

1）轴向力 F_{y1}。由于漏磁场在绕组端部产生弯曲，横向漏磁场使高低压绕组均产生向内的轴向压力，它是要压缩绕组，且绕组两端承受的作用力，如图 1-23 所示。

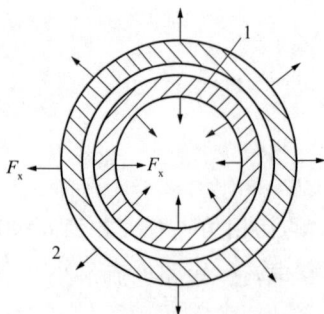

图 1-22　三相变压器并联运行的单相接线图　　图 1-23　绕组的受力情况
1—低压绕组；2—高压绕组

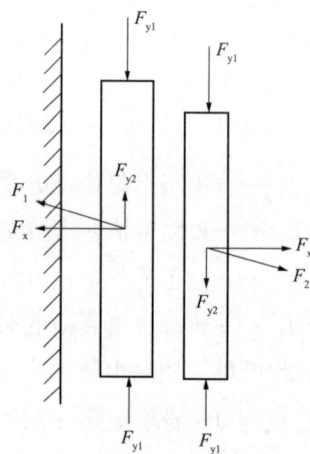

一般内绕组的力大于外绕组，这是由于内绕组紧靠铁心，磁力线的弯曲程度较大之故。

2）轴向力 F_{y2}。变压器的绕组在轴向高度上不一定都对称，这样就会引起磁动势的安匝不平衡，从而产生一个横向漏磁场。在这一横向漏磁场作用下将要产生使两绕组发生轴向相对移动的轴向力 F_{y2}。此力不仅作用于绕组，也作用于铁轭和夹件。假设高压绕组上端低于低压绕组（下端一致），因此安匝不平衡，且辐向力 F_x 与轴向力 F_{y2} 作用各绕组的中部，绕组受的电动力如图 1-23 所示。注意实际情况是轴向力 F_{y2} 作用于每一个线饼上的。

总的轴向力为 F_{y1} 与 F_{y2} 的叠加，F_{y1} 的作用是分别压缩高低压绕组，F_{y2} 对低压绕组是使绕组向上顶的，F_{y2} 对高压绕组是使绕组向下压。反之，低压绕组向下压，高压绕组向上顶。高低压绕组之间始终存在一个相对移动的轴向力 F_{y2}。通常，由于端部漏磁场弯曲引起的轴向力 F_{y1}，要比由于安匝不平衡所引起的轴向力 F_{y2} 小得多，故有时往往可以忽略 F_{y1} 而只考虑 F_{y2}。如果轴向力 F_{y2} 过大，就可能造成绕组损坏或压紧绕组用的部件损坏，最后导致变压器不能继续运行。

3. 变压器短路损坏的主要形式

从变压器短路损坏统计和分析发现，多数变压器的低压绕组损坏较严重。短路损坏的主要形式是绕组失稳变形，并导致其绝缘损坏，造成匝间（饼间）短路，进而变压器被烧毁。

变压器短路电动力的破坏作用，有的表现为绕组压紧件变形损坏，严重时铁心夹件上钢肢板被顶弯或压钉肢板脱落，压钉弯曲、位移，端部层压纸（木）板崩裂，引线支架断裂损坏等。还有的表现为绕组变形，内绕组被压弯，外绕组被拉松动或拉断；线饼在轴向发生变形，线饼之间的油间隙距离变小，垫块发生位移等造成饼（匝）间绝缘击穿等，使变压器烧毁。

另外，绕组变形的累积效应也会导致绕组失稳。变压器多次短路冲击后，即使没有立即发生绝缘击穿，但绕组也有可能已经产生多次累积变形，这种变形使绕组的机械强度和绝缘强度降低，当再次遭受并不大的过电流或过电压，甚至在正常运行时的铁磁谐振过电压作用下，也有可能导致绝缘的击穿。所以在有些非短路使变压器烧毁事故中，可能隐藏着绕组累积变形故障的因素。

4. 提高变压器抗短路能力的技术措施

为了确保变压器在短路的允许持续时间内仍能安全、可靠运行，应从设计、制造和运行方面共同采取措施，提高变压器抗短路能力。

（1）设计方面。

1）电磁计算方面要求计算的结果应尽量能正确反映绕组的实际受力状态，并确保设计裕度。

2）尽量达到各绕组安匝平衡，上下对称，并严格控制绕组高度和装配位置，从根本上减少轴向力。

3）内绕组内衬高强度的硬纸筒，纸筒与铁心间应填实撑紧，并加密圆周方向上的撑条根数。

4）适当增加压钉数量，并合理布置压钉位置。

5）增加铁轭夹件和压板的强度，防止局部结构失稳和变形。

6）改进低压绕组的结构，大力提高低压绕组端部抗短路能力。

7）绕组导线尤其是换位导线应控制其宽厚比，对轴向力较大的绕组，宜采用自粘式导线，提高绕组自身的强度。

（2）制造方面。

1）所有绝缘垫块应进行预密化处理，使垫块的收缩率降低到最低限度。

2）绕组要求"三紧"，即绕组要绕紧、撑紧、压紧，并采用线圈整体套装工艺，使线圈成为一个坚实的整体。

3）对新开发的变压器应通过突发短路试验来验证其真实的抗短路能力。

（3）运行方面。

1）选型应选用已顺利通过突发短路试验的变压器，并合理选择变压器的短路阻抗。

2）降低出口和近区短路故障的概率。提高变压器二次母线部分的绝缘水平，对硬母线一般尽量加装绝缘套，对重要变压器的二次侧母线，可考虑采用全密封，以防止小动物短路和其他意外短路。对 6～10kV 电缆出线或短架空线尽量不投自动重合闸，以避免事故的扩大。提高断路器的性能，防止发生拒分等。

3）限制短路电流的大小，当最高电压等级环网后次级电压网应采取分层分区的运行方式，或在变电站的几台变压器采取分列运行方式。

4）提高继电保护装置的可靠性和快速性，缩短短路电流的作用时间。

5）提高运行管理水平，防止误操作造成的短路冲击。

6）积极开展电力变压器绕组变形测试，加强变压器的适时监测和检修水平，以防止变形的积累演变成绝缘事故，并要避免变压器在经历出口短路后未经任何试验和检查就投运。

第二节　变压器的运行巡视策略

一、运行规定

（一）一般规定

（1）变压器不应超过铭牌规定的额定电流运行。

（2）在 110kV 及以上中性点有效接地系统中，变压器高压侧或中压侧与系统断开时，在高—低或中—低侧传输功率时，应合上该侧中性点接地刀闸可靠接地。

（3）变压器承受近区短路冲击后，应记录短路电流峰值、短路电流持续时间。

（4）变压器在正常运行时，本体及有载调压开关重瓦斯保护应投跳闸。

（5）变压器下列保护装置应投信号：

1）本体轻瓦斯；

2）真空型有载调压开关轻瓦斯（油中熄弧型有载调压开关不宜投入轻瓦斯）；

3）突发压力继电器；

4）压力释放阀；

5）油流继电器（流量指示器）；

6）顶层油面温度计；

7）绕组温度计。

（6）油浸（自然循环）风冷变压器风冷装置。有人值班变电站，强油循环风冷变压器的冷却装置全停，宜投信号；无人值班变电站，条件具备时宜投跳闸。

（7）变压器本体应设置油面过高和过低信号，有载调压开关宜设置油面过高和过低信号。

（8）运行中变压器进行以下工作时，应将重瓦斯保护改投信号，工作完毕后注意限期恢复：

1）变压器补油，换潜油泵，油路检修及气体继电器探针检测等工作。

2）冷却器油回路、通向储油柜的各阀门由关闭位置旋转至开启位置。

3）油位计油面异常升高或呼吸系统有异常需要打开放油或放气阀门。

4）变压器运行中，将气体继电器集气室的气体排出时。

5）需更换硅胶、吸湿器，而无法判定变压器是否正常呼吸时。

（9）当气体继电器内有气体聚集时，应先判断设备无突发故障风险，不会危及人身安全后，方可开展取气，并及时联系试验。

（10）运行中的压力释放阀动作后，停运设备后将释放阀的机械、电气信号手动复位。

（11）现场温度计指示的温度、控制室温度显示装置、监控系统的温度基本保持一致，误差一般不超过5℃。

（12）强油循环结构的潜油泵启动应逐台启用，延时间隔应在30s以上，以防止气体继电器误动。

（13）强油循环冷却器应对称开启运行，以满足油的均匀循环和冷却。工作或者辅助冷却器故障退出后，应自动投入备用冷却器。

（14）强油循环风冷变压器，在运行中，当冷却系统发生故障切除全部冷却器时，变压器在额定负载下可运行20min。20min以后，当油面温度尚未达到75℃时，允许上升到 75℃，但冷却器全停的最长运行时间不得超过 1h。对于同时具有多种冷却方式（如 ONAN、ONAF 或 OFAF），变压器应按制造厂规定执行。冷却装置部分故障时，变压器的允许负载和运行时间应参考制造厂规定。

（15）油浸（自然循环）风冷变压器，风扇停止工作时，允许的负载和运行时间，应按制造厂的规定。油浸风冷变压器当冷却系统部分故障停风扇后，顶层油温不超过 65℃时，允许带额定负载运行。

（16）油浸（自然循环）风冷变压器的风机应满足分组投切的功能，运行中风机的投切应采用自动控制。

（17）运行中应检查吸湿器呼吸畅通，吸湿剂潮解变色部分不应超过总量的 2/3。还应检查吸湿器的密封性需良好，吸湿剂变色应由底部开始变色，如上部颜色发生变色则说明吸湿器密封性不严。

（18）变压器安装的在线监测装置应保持良好运行状态，定期检查装置电源、加热、驱潮、排风等装置。

（19）有载调压变压器并列运行时，其调压操作应轮流逐级或同步进行。

（20）在下列情况下，有载调压开关禁止调压操作：

1）真空型有载开关轻瓦斯保护动作发出信号时；

2）有载开关油箱内绝缘油劣化不符合标准；

3）有载开关储油柜的油位异常；

4）变压器过负荷运行时，不宜进行调压操作；过负荷 1.2 倍时，禁止调压操作。

（21）有载分接开关滤油装置的工作方式：

1）正常运行时一般采用联动滤油方式；

2）动作次数较少或不动作的有载分接开关，可设置为定时滤油方式；

3）手动方式一般在调试时使用。

（二）运行温度要求

除了变压器制造厂家另有规定外，油浸式变压器顶层油温一般不应超过表 1-4。当冷却介质温度较低时，顶层油温也相应降低。

表 1-4　　　　　　油浸式变压器顶层油温在额定电压下的一般限值　　　　　　单位：℃

冷却方式	冷却介质最高温度	最高顶层油温
自然循环自冷（ONAN）、自然循环风冷（ONAF）	40	95
强迫油循环风冷（OFAF）	40	85
强迫油循环水冷（OFWF）	30	70

（三）负载状态的分类及运行规定

（1）变压器存在较为严重的缺陷（例如：冷却系统不正常、严重漏油、有局部过热现象、油中溶解气体分析结果异常等）或者绝缘有弱点时，不宜超额定电流运行。

（2）正常周期性负载。

1）在周期性负载中，某环境温度较高或者超过额定电流运行的时间段，可以通过其他环境温度较低或者低于额定电流的时间段予以补偿。

2）正常周期性负载状态下的负载电流、温度限值及最长时间见表1-5。

表1-5 变压器负载电流和温度最大限值

负载类型		中型电力变压器	大型电力变压器
正常周期性负载	电流（标幺值）	1.5	1.3
	顶层油温限值（℃）	105	105
	绕组热点温度及纤维绝缘材料接触的金属部件的温度（℃）	120	120
	其他金属部件的热点温度（与油、聚酰胺纸、玻璃纤维材料接触）（℃）	140	140
长期急救周期性负载	电流（标幺值）	1.5	1.3
	顶层油温（℃）	115	115
	绕组热点温度及纤维绝缘材料接触的金属部件的温度（℃）	140	130
	其他金属部件的热点温度（与油、聚酰胺纸、玻璃纤维材料接触）（℃）	160	160
短期急救负载	电流（标幺值）	1.8	1.5
	顶层油温（℃）	115	115
	绕组热点温度及纤维绝缘材料接触的金属部件的温度（℃）	160	160
	其他金属部件的热点温度（与油、聚酰胺纸、玻璃纤维材料接触）（℃）	180	180

（3）长期急救周期性负载。

1）变压器长时间在环境温度较高，或者超过额定电流条件下运行。这种运行方式将不同程度缩短变压器的寿命，应尽量减少这种运行方式出现的机会；必须采用时，应尽量缩短超过额定电流运行时间，降低超过额定电流的倍数，投入备用冷却器。

2）长期急救周期性负载状态下的负载电流、温度限值及最长时间见表1-5。

3）在长期急救周期性负载运行期间，应有负载电流记录，并计算该运行期间的平均相对老化率。

（4）短期急救负载。

1）变压器短时间大幅度超过额定电流条件下运行，这种负载可能导致绕组热点温度达到危险的程度，使绝缘强度暂时下降，应投入（包括备用冷却器在内的）全部冷却器（制造厂另有规定的除外），并尽量压缩负载，减少时间，一般不超过0.5h。

2）短期急救负载状态下的负载电流、温度限值及最长时间见表1-5。

3）在短期急救负载运行期间，应有详细的负载电流记录，并计算该运行期间的相对老化率。

（四）运行电压要求

（1）变压器的运行电压不应高于该运行分接电压的105%，并且不得超过系统最高运行电压。

（2）对于特殊的使用情况（例如变压器的有功功率可以在任何方向流通），允许在不超过110%的额定电压下运行。

（五）紧急申请停运规定

运行中发现变压器有下列情况之一，运维人员应立即汇报调控人员申请将变压器停运，停运前应远离设备：

（1）变压器声响明显增大，内部有爆裂声。

（2）严重漏油或者喷油，使油面下降到低于油位计的指示限度。

（3）套管有严重的破损和放电现象。

（4）变压器冒烟着火。

（5）变压器正常负载和冷却条件下，油温指示表计无异常时，若变压器顶层油温异常并不断上升，必要时应申请将变压器停运。

（6）变压器轻瓦斯保护动作，信号多次发出。

（7）变压器附近设备着火、爆炸或发生其他情况，对变压器构成严重威胁时。

（8）强油循环风冷变压器的冷却系统因故障全停，超过允许温度和时间。

（9）其他根据现场实际认为应紧急停运的情况。

二、巡视规定

（一）例行巡视

（1）本体及套管。

1）运行监控信号、灯光指示、运行数据等均应正常。

2）各部位无渗油、漏油。

3）套管油位正常，套管外部无破损裂纹、无严重油污、无放电痕迹，防污闪涂料无起皮、脱落等异常现象。

4）套管末屏无异常声音，接地引线固定良好，套管均压环无开裂歪斜。

5）变压器声响均匀、正常。

6）引线接头、电缆应无发热迹象。

7）外壳及箱沿应无异常发热，引线无散股、断股。

8）变压器外壳、铁心和夹件接地良好。

9）35kV及以下接头及引线绝缘护套良好。

（2）分接开关。

1）分接挡位指示与监控系统一致。三相分体式变压器分接挡位三相应置于相同挡位，且与监控系统一致。

2）机构箱电源指示正常，密封良好，加热、驱潮等装置运行正常。

3）分接开关的油位、油色应正常。

4）在线滤油装置工作方式设置正确，电源、压力表指示正常。

5）在线滤油装置无渗漏油。

（3）冷却系统。

1）各冷却器（散热器）的风扇、油泵、水泵运转正常，油流继电器工作正常。

2）冷却系统及连接管道无渗漏油，特别注意冷却器潜油泵负压区出现渗漏油。

3）冷却装置控制箱电源投切方式指示正常。

4）水冷却器压差继电器、压力表、温度表、流量表的指示正常，指针无抖动现象。

5）冷却塔外观完好，运行参数正常，各部件无锈蚀、管道无渗漏、阀门开启正确、电机运转正常。

（4）非电量保护装置。

1）温度计外观完好、指示正常，表盘密封良好，无进水、凝露，温度指示正常。

2）压力释放阀、安全气道及防爆膜应完好无损。

3）气体继电器内应无气体。

4）气体继电器、油流速动继电器、温度计防雨措施完好。

（5）储油柜。

1）本体及有载调压开关储油柜的油位应与制造厂提供的油温、油位曲线相对应。

2）本体及有载调压开关吸湿器呼吸正常，外观完好，吸湿剂符合要求，油封油位正常。

（6）其他。

1）各控制箱、端子箱和机构箱应密封良好，加热、驱潮等装置运行正常。

2）变压器室通风设备应完好，温度正常。门窗、照明完好，房屋无漏水。

3）电缆穿管端部封堵严密。

4）各种标志应齐全明显。

5）原存在的设备缺陷是否有发展。

6）变压器导线、接头、母线上无异物。

（二）全面巡视

全面巡视在例行巡视的基础上增加以下项目：

（1）消防设施应齐全完好。

（2）储油池和排油设施应保持良好状态。

（3）各部位的接地应完好。

（4）冷却系统各信号正确。

（5）在线监测装置应保持良好状态。

（6）抄录主变油温及油位。

（三）熄灯巡视

（1）引线、接头、套管末屏无放电、发红迹象。

（2）套管无闪络、放电。

（四）特殊巡视

（1）新投入或者经过大修的变压器巡视。

1）各部件无渗漏油。

2）声音应正常，无不均匀声响或放电声。

3）油位变化应正常，应随温度的增加合理上升，并符合变压器的油温曲线。

4）冷却装置运行良好，每一组冷却器温度应无明显差异。

5）油温变化应正常，变压器（电抗器）带负载后，油温应符合厂家要求。

（2）异常天气时的巡视。

1）气温骤变时，检查储油柜油位和瓷套管油位是否有明显变化，各侧连接引线是否受力，是否存在断股或者接头部位、部件发热现象。各密封部位、部件有否渗漏油现象。

2）浓雾、小雨、雾霾天气时，瓷套管有无沿表面闪络和放电，各接头部位、部件在小雨中不应有水蒸气上升现象。

3）下雪天气时，应根据接头部位积雪融化迹象检查是否发热。检查导引线积雪累积厚度情况，为了防止套管因积雪过多受力引发套管破裂和渗漏油等，应及时清除导引线上的积雪和形成的冰柱。

4）高温天气时，应特别检查油温、油位、油色和冷却器运行是否正常。必要时，可以启动备用冷却器。

5）大风、雷雨、冰雹天气过后，检查导引线摆动幅度及有无断股迹象，设备上有无飘落积存杂物，瓷套管有无放电痕迹及破裂现象。

6）覆冰天气时，观察外绝缘的覆冰厚度及冰凌桥接程度，覆冰厚度不超 10mm，冰凌桥接长度不宜超过干弧距离的 1/3，放电不超过第二伞裙，不出现中部伞裙放电现象。

（3）过载时的巡视。

1）定时检查并记录负载电流，检查并记录油温和油位的变化。

2）检查变压器声音是否正常，接头是否发热，冷却装置投入数量是否足够。

3）防爆膜、压力释放阀是否动作。

（4）故障跳闸后的巡视。

1）检查现场一次设备（特别是保护范围内设备）有无着火、爆炸、喷油、放电痕迹、导线断线、短路、小动物爬入等情况。

2）检查保护及自动装置（包括气体继电器和压力释放阀）的动作情况。

3）检查各侧断路器运行状态（位置、压力、油位）。

第三节 变压器的检修周期及检修项目

一、例行检查与维护

（一）不停电检查周期、项目及要求

不停电检查周期、项目及要求见表 1-6。

表 1-6 不停电检查周期、项目及要求

序号	检查部位	检查周期	检查项目	要求
1	变压器本体	必要时	温度	（1）顶层油温度计、绕组温度计的外观完整，表盘密封良好，温度指示正常。 （2）测量油箱表面温度，无异常现象
			油位	（1）油位计外观完整，密封良好。 （2）对照油温与油位的标准曲线检查油位指示正常
			渗漏油	（1）法兰、阀门、冷却装置、油箱、油管路等密封连接处，应密封良好，无渗漏痕迹。 （2）油箱、升高座等焊接部位质量良好，无渗漏油现象
			异声和振动	运行中的振动和噪声应无明显变化，无外部连接松动及内部结构松动引起的振动和噪声；无放电声响
			铁心接地	铁心、夹件外引接地应良好，接地电流宜在 100mA 以下
2	冷却装置	必要时	运行状况	（1）风冷却器风扇和油泵的运行情况正常，无异常声音和振动；水冷却器压差继电器和压力表的指示正常。 （2）油流指示正确，无抖动现象
			渗漏油	冷却装置及阀门、油泵、管路等无渗漏
			散热情况	散热情况良好，无堵塞、气流不畅等情况
3	套管	必要时	瓷套情况	（1）瓷套表面应无裂纹、破损、脏污及电晕放电等现象。 （2）采用红外测温装置等手段对套管，特别是装硅橡胶增爬裙或涂防污涂料的套管，重点检查有无异常
			渗漏油	（1）各部密封处应无渗漏。 （2）电容式套管应注意电容屏末端接地套管的密封情况
			过热	（1）用红外测温装置检测套管内部及顶部接头连接部位温度情况。 （2）接地套管及套臂电流互感器接线端子是否过热
			油位	油位指示正常
4	吸湿器	必要时	干燥度	（1）干燥剂颜色正常。 （2）油盒的油位正常
			呼吸	（1）呼吸正常，并随着油温的变化油盒中有气泡产生。 （2）如发现呼吸不正常，应防止压力突然释放

序号	检查部位	检查周期	检查项目	要求
5	无励磁分接开关	必要时	位置	（1）挡位指示清晰、指示正确。 （2）机械操作装置应无锈蚀
			渗漏油	密封良好，无渗油
6	有载分接开关	必要时	电源	（1）电压应在规定的偏差范围之内。 （2）指示灯显示正常
			油位	储油柜油位正常
			润滑油	开关密封部位无渗漏油现象
			操作机构	（1）操作齿轮机构无渗漏油现象。 （2）分接开关连接、齿轮箱、开关操作箱内部等无异常
			油流控制继电器	（1）应密封良好。 （2）无集聚气体
7	开关在线滤油装置	必要时	运行情况	（1）在滤油时，检查压力、噪声和振动等无异常情况。 （2）连接部分紧固
			渗漏油	滤油机及管路无渗漏油现象
8	压力释放阀	必要时	渗漏油	应密封良好，无喷油现象
			防雨罩	安装牢固
			导向装置	固定良好，方向正确，导向喷口方向正确
9	气体继电器	必要时	渗漏油	应密封良好
			气体	无集聚气体
			防雨罩	安装牢固
10	端子箱和控制箱	必要时	密封性	密封良好，无雨水浸入、潮气凝露
			接触	接线端子应无松动和锈蚀、接触良好无发热痕迹
			完整性	（1）电气元件完整。 （2）接地良好
11	在线监测装置	必要时	运行情况	（1）无渗漏油。 （2）工作正常

（二）停电检查周期、项目及要求

停电检查周期、项目及要求见表1-7。

表 1-7 停电检查周期、项目及要求

序号	检查部位	检查周期	检查项目	要求
1	冷却装置	1～3 年或必要时	振动	开启冷却装置，检查是否有不正常的振动和异音
			清洁	（1）检查冷却器管和支架的脏污、锈蚀情况，如散热效果不良，应每年至少进行 1 次冷却器管束的冲洗。 （2）必要时对支架、外壳等进行防腐（漆化）处理
			绝缘电阻	采用 500V 或 1000V 绝缘电阻表测量电气部件的绝缘电阻，其值应不低 1MΩ
			阀门	检查阀门是否正确开启
			负压检查	台关闭冷却器电源一定时间（30min 左右）后，检查冷却器负压区应无渗漏现象。若存在渗漏现象应时处理，并消除负压现象
2	水冷却器	1～3 年或必要时	运行状况	（1）压差继电器和压力表的指示是否正常。 （2）冷却水中应无油花。 （3）运行压力应符合制造厂的规定
3	电容型套管	1～3 年或必要时	瓷件	（1）瓷件应无放电、裂纹、破损、脏污等现象，法兰无锈蚀。 （2）必要时校核套管外绝缘爬距，应满足污秽等级的要求
			密封及油位	套管本体及与箱体连接密封应良好，油位正常
			导电连接部位	（1）应无松动。 （2）接线端子等连接部位表面应无氧化或过热现象
			末屏接地	末屏应无放电、过热痕迹，接地良好
4	充油套管	1～3 年或必要时	瓷件	（1）瓷件应无放电、裂纹、破损、脏污等现象，法兰无锈蚀。 （2）必要时校核套管外绝缘爬距，应满足污秽等级的要求
			密封及油位	套管本体及与箱体连接密封应良好，油位正常
			导电连接部位	（1）应无松动。 （2）接线端子等连接部位表面应无氧化或过热现象
5	无载励磁分接开关	1～3 年或必要时	操动机构	（1）限位及操作正常。 （2）转动灵活，无卡涩现象。 （3）密封良好。 （4）螺栓紧固。 （5）分接位置显示应正确一致

续表

序号	检查部位	检查周期	检查项目	要求
6	有载励磁分接开关	1～3年或必要时	操动机构	（1）两个循环操作各部件的全部动作顺序及限位动作，应符合技术要求。 （2）各分接位置显示应正确一致
			绝缘测试	采用500V或1000V绝缘电阻表测量辅助回路绝缘电阻应大于1MΩ
7	其他	1～3年或必要时	气体继电器	（1）密封良好，无渗漏现象。 （2）轻、重瓦斯动作可靠，回路传动正确无误。 （3）观察窗清洁，刻度清晰
			压力释放阀	（1）无喷油、渗漏油现象。 （2）回路传动正确。 （3）动作指示杆应保持灵活
	其他	1～3年或必要时	压力式温度计、热电阻温度计	（1）温度计内应无潮气凝露，并与顶层油温基本相同。 （2）比较压力式温度计和热电阻温度计的指示，差值应在5℃之内。 （3）检查温度计接点整定值是否正确，二次回路传动正确
			绕组温度计	（1）温度计内层无潮气凝露。 （2）检查温度计接点整定值是否正确
			油位计	（1）表内部无潮气凝露。 （2）浮球和指针的动作是否同步。 （3）应无假油位现象
			油流继电器	（1）表内部无潮气凝露。 （2）指针位置是否正确，油泵启动后指针应达到绿区，无抖动现象
			二次回路	（1）采用500V或1000V绝缘电阻表测量继电器、油温指示器、油位计、压力释放阀二次回路的绝缘电阻应大于1MΩ。 （2）接线盒、控制箱等防雨、防尘是否良好，接线端子有无松动和锈蚀现象
8	油流带电的泄漏电流	必要时	中性点（330kV及以上变压器）	开启所有油泵，稳定后测量中性点泄漏电流，应小于3.5μA

二、检修策略

推荐采用计划检修和状态检修相结合的检修策略，变压器检修项目应根据运行情况和状态评价的结果动态调整：

（1）运行中的变压器承受出口短路后，经综合诊断分析，可考虑大修。

（2）箱沿焊接的变压器或制造厂另有规定者，着经过试验与检查并结合运行情况，判定有内部故障或本体严重渗漏油时，可进行大修。

（3）运行中的变压器，当发现异常状况或经试验判明有内部故障时，应进行大修。

（4）设计或制造中存在共性缺陷的变压器可进行有针对性大修。

（5）变压器大修周期一般应在 10 年以上。

第二章

铁心结构及缺陷分析

第一节　结构及分类

一、铁心的作用和形式

（一）铁心的作用

变压器是根据电磁感应原理制造的，磁路是电能转换的媒介。铁心就是变压器的磁路部分，主要作用是导磁，由磁导率很高的电工钢片（硅钢片）制成。它把一次电路的电能转变为磁能，又由自己的磁能转变为二次电路的电能。

另外，铁心是变压器的内部骨架，铁心的夹紧装置不仅使磁导体成为一个机械上完整的结构，而且在其上面套有带绝缘的线圈，支持着引线，并几乎安装了变压器内部的所有部件。铁心的重量在变压器各部件中重量最大，在干式变压器中占总重量的 60% 左右；在油浸式变压器中，由于在变压器油和油箱，重量的比例稍有下降，占40% 左右。

（二）铁心的形式

变压器的铁心（即磁导体）是框形闭合结构。其中套线圈的部分称为心柱，不套线圈只起闭合磁路作用的部分称为铁轭。铁心有两大基本结构，即壳式和心式。

壳式铁心。壳式铁心一般是水平放置的，铁心的截面是矩形，每柱有两旁轭，铁心包围了线圈，所以称为壳式铁心，如图 2-1 所示。这种铁心的硅钢片规格少，铁心坚固方便，漏磁通有闭合回路，附加损耗小，耐受冲击电压水平高。但与其匹配的矩形线圈制造困难，短路时线圈易变形，硅钢片用量多。

心式铁心。心式铁心一般是垂直放置的，铁心截面

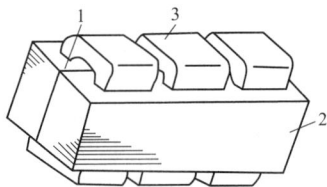

图 2-1　壳式铁心

1—铁心柱；2—铁轭；3—绕组

为分级圆柱形，线圈包围心柱，所以称心式铁心柱。硅钢片规格较多，绑扎和夹紧要求较高。但与其匹配的圆筒形线圈制造方便，短路时稳定性较好。一般来说，铁心是由剪切后的硅钢片叠装而成的，称为叠铁心结构。由于出现了成卷硅钢片，为了充分利用磁性的取向性能，产生了硅钢片卷绕而成的卷铁心结构。卷铁心虽然具有导磁性能和空载性能好等优点。但线圈需要用专用设备绕制，故不可能做得太大，只适于小型变压器、互感器和调压器。我国目前生产和使用的绝大多数铁心是心式叠铁心。

常见的心式叠铁心和卷铁心的结构特征和适用范围见表 2-1。

选择铁心结构时，主要是考虑使空载电流和空载损耗小、噪声低、电压波形保证正弦波形。

表 2-1　　　　常见的心式叠铁心和卷铁心的结构特征和适用范围

形式	图形	结构特征	适用范围
单相两柱式叠铁心		心柱与铁轭在同一垂直平面内，以交叠方式叠积，两柱均套绕组，以串、并联结线引出。结构简单而紧凑，工艺装备少，但叠积工作量大。它是目前被广泛应用的基本结构	适用于单相的各种变压器和互感器
三相三柱式叠铁心		结构上比上一种多了一个心柱，三柱绕组各自为一相引出。它是三相变压器的典型结构	适用于三相的各种变压器
单相单柱旁轭式叠铁心		中间为心柱，两边为旁轭，轭的截面为心柱截面一半，也称中柱式铁心，附加损耗小。实际上类似单相壳式结构	适用于高压大型变压器、高压试验变压器等
三相三柱旁轭式叠铁心（五柱铁心）		中间为三个心柱，两边旁轭截面为心柱的$\left(\frac{1}{2}\sim\frac{1}{\sqrt{3}}\right)$。常用于大容量三相变压器中。另外，三相三绕组电压互感器等必须要有旁轭，以作为零序磁通回路等用。三相三柱旁轭式铁心的高度较低，可降低运输高度	适用于三相大容量变压器、三相三绕组电压互感器等
单相环形卷铁心		用带料电工钢片连续卷成，磁通符合轧制方向，导磁性能好，但绕组须用专用设备在其上直接绕制。它是卷铁心最简单的结构	适用于电流互感器、接触式调压器
单相两柱式卷铁心		用不同宽度的电工钢带连续卷成阶梯形截面的两柱式铁心。绕组须用专用设备绕制，所以常把这种铁心切成两半，形成单相 C 型卷铁心或设计成上铁轭可打开的结构，以便于套装绕组	适用于小型单相变压器和互感器

选择铁心结构时，主要是考虑使空载电流和空载损耗小、噪声低、电压波形保证正弦波形。

二、铁心的材料

（一）铁心材料的性能要求

当铁心内的磁通作周期性变化时，铁磁材料的磁偶极子的排列也随着作周期性变化，并产生磁滞现象，而磁滞现象所产生的损耗叫做磁滞损耗，它是随着铁磁材料的材质系数、磁通密度、磁通变化频率及体积的增大而增大。由交变磁通在铁磁材料中形成的感应涡流所产生的损耗，叫做涡流损耗，它是随着铁磁材料的电导率、片厚、磁通密度及体积的增大而增大。另外，涡流产生磁通会削弱铁心内的主磁通。铁磁材料在磁通变化时，总是要产生磁滞损耗和涡流损耗的，因而会使铁心产生有功损耗并发热。如果采用一般的普通薄铁片作铁心，则磁滞损耗很大，且因电阻率小，也会产生较大的涡流。所以作为电力变压器用的铁心材料必须具有以下的性能。

（1）具有低的铁损。变压器的铁损包括磁滞损耗和涡流损耗，通常磁滞损耗和涡流损耗用一个损耗系数来表示铁损的大，损耗系数是指频率为 50Hz、磁通密度的变化为正弦波时，在每 1kg 硅钢片中所产生的损耗，用 $P_{15/50}$、$P_{17/50}$ 等来表示。例如 $P_{17/50} = 1.4$（W/kg）的含义是在 50Hz 时，磁通密度最大值为 1.7T 时，1kg 硅钢片的铁损值为 1.4W。一定的频率和磁感应强度下，如果铁心材料具有低的铁损，即单位重量铁心材料产生的磁滞和涡流损耗低，则铁心的总损耗也降低。

（2）具有高的磁导率。因为在一定的磁场强度下，磁导率越高，传递等量磁通所需材料越少，铁心的体积和重量越小。在单位重量损耗一定的情况下，铁心的总损耗也就越小。另外，还可节约导线和降低导线电阻所引起的损耗。

为了达到上述两个要求，可在铁中加入少量的硅，从而成为硅钢片。硅的渗入使钢片的性能发生了根本性的变化，即减少磁滞损耗；增大了电阻率，使涡流损耗也降低；同时又可提高磁导率；延长因长期使用带来的磁性变坏的老化作用。

（二）硅钢片的分类

硅钢片按加工方法分热轧硅钢片和冷轧硅钢片两种，而冷轧硅钢片又可分无取向和有取向两种，有取向冷轧硅钢片有明显的方向性。冷轧硅钢片和热轧硅钢片两者的性能比较见表 2-2。

表 2-2   冷轧硅钢片和热轧硅钢片两者的性能比较

序号	冷轧硅钢片	热轧硅钢片
1	磁饱和点较高，可达 1.89T 左右	磁饱和点较低，只有 1.45T 左右
2	在相同磁通和频率下，单位损耗小，单位励磁容量小	单位损耗大，单位励磁容量大
3	方向性强，当磁力线方向与硅钢片轧制方向一致时，损耗最小；垂直时，损耗最大。为了减少变压器的角部损耗，故做成斜接缝，或采用环形铁心	方向性不十分明显，可不做成斜接缝
4	对机械加工敏感，冲剪、压毛、敲打对其磁性能影响特别明显，往往需要经过退火处理后，性能才能恢复	对机械加工对其磁性能影响不大。无须退火处理
5	使用时需要在硅钢片表面再涂一层绝缘漆	在生产过程中表面已形成一层绝缘层，无须再涂绝缘漆

为了减少磁滞损耗和涡流损耗，使硅钢片的性能不断提高。1885 年匈牙利发明的变压器铁心是用钢丝绕制的，而后的变压器铁心是用普通钢板制造的；1900 年出现了热轧硅钢片；1934 年出现了经多次冷轧退火，而且具有方向性的低损耗冷轧硅钢片；1968 年采用特殊无机绝缘涂层，得到了高导磁冷轧硅钢片，现代变压器的铁心就是采用这些冷轧硅钢片制成的。

（三）硅钢片的绝缘和厚度

（1）硅钢片的绝缘。硅钢片的绝缘在变压器铁心中起着很重要的作用，它把硅钢片之间绝缘，避免片间金属接触，限制涡流只能在一片硅钢片内循环，增加了涡流回路的电阻，从而达到减少涡流损耗的片间绝缘较低或损坏时，就会导致铁心内涡流增加而引起损耗增加，并使铁心发热，从这方面而言，在绝缘膜不增加的情况下，片间绝缘电阻越大越好。但若将片间绝缘做得过大，铁心就不能认为是等电位，必须把各片均连接起来接地，否则片间将出现放电现象，这是不方便、不可取的。现在铁心用绝缘材料做油道时，就需要用短接片把油道两侧的硅钢片连接起来。但在一般情况下，还是希望片间绝缘电阻适当大一些，在标准测量方法情况下一般在 $70\Omega \cdot cm^2$ 左右。

硅钢片间绝缘不仅能减少涡流损耗，而且还可阻止硅钢片的氧化，以免表面粗糙变差，厚度增加，造成叠片系数降低，有效横截面减少而铁损增加。

总之，硅钢片表面有了一定绝缘电阻的绝缘层后，能减少铁心的损耗。

目前电力变压器采用的冷轧硅钢片的绝缘是无机绝缘涂层，它是在冷轧硅钢片生产过程中，经过磷酸盐处理法、氧化处理法和综合化学处理法后，使硅钢片表面生成

1.5～3μm 厚的无机涂层，所以不再需要另外涂漆。而在以前使用热轧硅钢片时，必须要涂漆来保证片间的绝缘。采用无机绝缘涂层的硅钢片它的绝缘性、耐腐蚀性、耐击穿电压、耐高温性能和表面光洁程度都比以前的绝缘层更优越。

（2）硅钢片的厚度。由于涡流损耗与硅钢片的厚度的平方成正比，即截面厚度增加一倍，涡流损耗将增加 4 倍。为了减少涡流损耗以及由此引起主磁通的削弱。硅钢片的厚度应减薄，这样单位损耗越低。但硅钢片厚度过薄，一方面增加了铁心制造的工作量，使铁心叠装困难。另一方面在铁心直径相同时，用较薄的硅钢片叠装的铁心，其有效截面因绝缘涂层增加而减小，降低了叠片系数。所以目前电力变压器使用的硅钢片厚度通常在 0.23～0.30mm，厚度在 0.35mm 及以上硅钢片已趋淘汰。

另外，由于铁心在剪切、冲压、搬运等过程中会产生某些机械应力。这种内应力对于方向性不强的热轧硅钢片来说，影响不大；但对有取向的冷轧硅钢片而言，则由于机械加工产生的内应力对晶粒取向所破坏，从而会使硅钢片导磁率降低，铁损增大。为了恢复其原有的特性，必须进行退火。尤其对于需要保持弹性应力的卷铁心，则退火更为需要。

（四）硅钢片的型号

硅钢片型号的字母和数字都分别代表各自的含义，现将硅钢片新型号意义注释如图 2-2 所示。

表示铁损，数字是 50Hz，1.7T 时单位铁损的 100 倍
表示高磁感材料
表示取向（Q：有取向，W：无取向）
表示厚度，数字是毫米厚度的 100 倍

图 2-2　硅钢片型号注释

例如：30Q130 表示为冷轧有取向硅钢片，最大单位铁损 $P_{17/50} = 1.33$（W/kg），厚度为 0.30mm。

另外，日本的硅钢片型号表示方法为：Z 代表新日铁，RG 代表川崎，H 代表高磁感材料，其他数字的含义同上。如：30Z40、30ZH120、30RG120、30RGH120。

（五）硅钢片磁通密度的选择

选择硅钢片磁通密度需考虑以下几点：

（1）由于硅钢片有磁饱和现象，如果选用的磁通密度太高，空载电流和空载损耗都会增大，因此，磁通密度要选择在饱和点以下，一般电力变压器冷轧硅钢片可取

1.7T 左右；热轧硅钢片可取 1.45T 以下。

（2）要考虑电力变压器有过励磁 5% 时，可以在额定容量下连续运行，过励磁 10% 时应能在空载下运行。

（3）要考虑铁心的温升，正常运行中，铁心的磁通密度取得越高，铁心的温升也就越高。

（4）实际上铁心中的磁通密度分布并不是均匀的，铁心中心部分的磁通密度比较低，铁心边缘部分的磁通密度比较高，且越靠外侧磁通密度越高。这是因为铁心内的涡流产生去磁效应而引起的，即硅钢片中部的磁通被排挤到边缘，这种效应也叫磁通的排挤效应。因此，在选择铁心磁通密度时还应考虑铁心内磁通密度的均匀程度。

（六）叠片系数和填充系数

（1）叠片系数。叠片系数是指铁心的有效截面 S_y 与几何截面 S_j 之比值，用 K_d 表示

$$K_d = S_y / S_j \qquad (2-1)$$

式中　K_d——大小取决于硅钢片的厚度、平整度、片间绝缘厚度和铁心的夹紧程度，一般为 0.94 左右。

（2）填充系数。铁心柱的净截面 S_1（除去绝缘层和间隙）与铁心柱外接圆截面 S_0 之比称为填充系数或利用系数，用 K_c 表示

$$K_c = S_1 / S_0 \qquad (2-2)$$

式中　K_c——数值与绝缘种类、硅钢片的厚度及铁心的结构有关。

（七）非晶合金材料

为了进一步降低空载损耗，各国均积极开发新型变压器铁心材料，现已研制出非晶合金材料，非晶合金材料主要是铁硼系列合金。其主要优点是在相同容量下空载损耗可以减少 2/3～3/4，温升小，是无取向材料，故可采用直接接缝。但饱和磁通密度低，小于 1.5T，用非晶合金材料制成的铁心的体积较大，重量较重，且价格较高，所以目前只能用在小型配电变压器上。

三、铁心的截面和心柱的直径

（一）铁心的截面

变压器铁心截面分为心柱截面和铁轭截面。心柱截面形状与线圈截面形状是互相适应的。在选定心柱截面时，应遵守三个原则：

（1）心柱填充系数（利用系数）要高，也就是心柱的几何截面与其外接圆面积之比要大。

（2）铁心加工和装配容易。

（3）在心柱夹紧时，要防止局部变形而超差。常用心柱截面的特征和适用范围见表 2-3。

表 2-3   常用心柱截面的特征和适用范围

种类	形状	图形	截面特征	适用范围
1	矩形截面		铁心片种类少，宽度只有一种尺寸，剪切、叠积和装配均很简单，填充系数可近于100%，但需配以矩形线圈，因而国内很少采用	适用于矩形线圈的各种变压器
2	多级圆形截面		是用得最广泛的心柱截面形状。级数越多，截面越接近于圆形，填充系数越大，理论上可近于100%，但级数增多，铁心片的规格多，加工、叠积困难	广泛用于各种变压器
3	多级椭圆形截面		是多级圆形截面的变种，铁心宽度比厚度小，缩小了心柱的中心距，从而也可降低铁轭的高度，铁心重量和尺寸可以减小	可用于小型变压器

铁轭截面形状可以自由些，但要易于装配和便于引线，且应等于或大于心柱截面。现在采用斜接缝铁心，铁轭截面往往与心柱截面形状相同，或者是级数与级宽相同，这是叠积要求所决定的。常用的铁轭截面的特征和适用范围见表 2-4。

表 2-4   常用的铁轭截面的特征和适用范围

种类	形状	图形	截面特征	适用范围
1	矩形截面		心柱截面为矩形，铁轭截面也为矩形。在心柱为其他截面时，铁轭截面也可以为矩形，但为了减小心柱与铁轭的磁通分布的不均匀性，矩形铁轭截面要放大10%以上	适用范围心柱截面为矩形的变压器或其他的小型变压器

种类	形状	图形	截面特征	适用范围
2	截面倒多级 T 形倒 T 形		倒多级 T 形截面用于斜接缝铁心，与心柱截面相同，既降低了框内沿磁通密度，又缩短了心柱小级的片长，节省材料。倒 T 形截面只用于直接缝铁心，铁轭片种类少，但要比心柱截面放大 5%～10%	倒多级 T 形可用于斜接缝的中小型变压器，倒 T 形截面多用于以前的中小型变压器
3	截面正多级 T 形正 T 形		是多级圆形截面的变种，铁心宽度比厚度小，缩小了心柱的中心距，从而也可降低铁轭的高度，铁心重量和尺寸可以减小	可用于小型变压器
4	多级圆形截面		使用情况同上。但是可利用小级处的较大空间引出内线圈的引线，它们的缺点是心柱各小级的片长增加，浪费材料	分别用于直、斜接缝的高电压、大容量变压器
5	多级椭圆形截面		铁轭截面与心柱截面完全相同，磁通分布均匀，在采用冷轧电工钢片时应该这样，是现代变压器的主要铁轭截面形状与椭圆形心柱截面相配合的一种铁轭截面，另外在有旁轭的铁心中，铁轭的截面必须小于心柱的截面，当各级相对应时，一定做成多级椭圆形截面	用于心柱截面为椭圆形的和旁轭式铁心的变压器

（二）心柱的直径

多级圆形心柱外接圆直径作为心柱的直径，变压器的每柱容量 S_z（kVA）与心柱的直径 D 有关，存在 D 与 S_z 的 1/4 次方成比例关系，即

$$D = k_p \sqrt[4]{S_z} \qquad (2-3)$$

半经验系数 k_p 是与硅钢片和导线材料性质有关的值，见表 2-5。而每柱容量是变

压器额定容量折算到双绕组后的计算容量除以心柱数的值，见表2-6（其中三相三柱包括有旁轭）。

表2-5 冷轧硅钢片的半经验系数 k_p

变压器绕组的导线材料	铝	铜
单、三相双绕组变压器	$50 \sim 54$	$53 \sim 57$
单、三相三绕组变压器和自耦变压器	$48 \sim 52$	$51 \sim 55$

表2-6 每柱容量 S_z 与额定容量 S_n 的关系

心柱数绕组数	双绕组	三绕组容量比		双绕组自耦	三绕组自耦	
		100/100/100	100/100/50		100/100/100	100/100/50
单相二柱	$S_z=S_n/2$	$S_z=3S_n/4$	$S_z=5S_n/8$	$S_z=k_qS_n/2$	$S_z=(2k_q+1)S_n/4$	$S_z=4(k_p+1)S_n/8$
三相三柱	$S_z=S_n/3$	$S_z=S_n/2$	$S_z=5S_n/12$	$S_z=k_qS_n/3$	$S_z=(2k_q+1)S_n/6$	$S_z=4(k_p+1)S_n/12$

折算到双绕组的容量是：三绕组变压器把三个线圈容量相加再除以2就折算到双绕组变压器的容量；而自耦变压器折算时，自耦线圈额定容量还需乘以效益系数 k_q。

$$k_q = (U_1 - U_2)/U_1 \qquad (2-4)$$

其中，U_1 和 U_2 为自耦联结的高、中压线圈的额定电压。

四、铁心的叠积形式和叠积图

（一）铁心的叠积形式

现代电力变压器都是由冷轧硅钢片叠积组成，因此在铁心片叠积时，一要保证不减弱硅钢片的性能，二要在机械结构上对整体铁心有利。铁心的叠积形式按心柱和铁轭是否在一个平面内而分为两类：各个接合处的接缝在同一垂直平面内的称为对接；心柱和铁轭之间是一层一层互相交错叠接的称为搭接，心柱和铁轭的叠积形式如图2-3所示。

对接式的心柱和铁轭间可能短路，需要垫绝缘垫，且在要机械上没有联系，对夹紧结构的可靠性要求高。因此，现代铁心不采用对接的叠积形式。

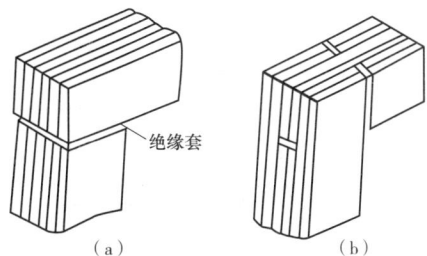

图2-3 心柱和铁轭的叠积形式

（a）对接式；（b）搭接式

搭接式的心柱与铁轭的硅钢片的一部分交替地搭接在一起，使接缝交替遮盖，从而避免了对接式的缺点，是现代叠积铁心的唯一形式。

（1）搭接的接缝结构。铁心是由硅钢片叠积而成的。接缝形式决定了铁心电磁性能、材料利用率和加工的难易程度。

当接缝与硅钢片的轧制方向平行或垂直时称为直接缝，否则称为斜接缝。接缝在边柱角处的称为边柱角接缝，在中柱上、下端的称为中柱角接缝。常见铁心边柱角的结构特征和适用情况见表 2-7，中柱角的结构特征和适用情况见表 2-8。

表 2-7 　　　　　　　　　　常见铁心边柱角的结构特征和适用情况

种类	接缝形式	图形	结构特征和使用情况
1	直接缝		剪切简单，叠片方便，搭接面积占角部面积的 100%，结构强度好，但对沿轧制方向磁性能好的冷轧取向硅钢片而言，搭接面积越大，磁通偏离轧制方向越长，磁性越坏，故只能用于热轧电工钢片中
2	混合接缝（半直半斜）		直接缝和斜接缝在铁心叠层中交替出现，心柱片和铁轭片宽度一致时，斜接缝为 45°，搭接面积占角部的 50%，磁性能比直接缝有明显的改善，结构可靠，剪切和叠片方便，硅钢片利用率可达 100%
3	标准斜接缝（带尖斜接缝）		铁心片为纯 45°斜角片，铁轭外侧有尖角伸出（亦可去掉尖角），但角部内侧有与尖角相同的空穴，局部提高了磁通密度，搭接面积受尖角大小影响，剪切方便，电硅钢片利用率高，是广泛采用的形式。容量大时去掉尖角，叠片质量好
4	台阶斜接缝（带台斜接缝）		铁心片是 45°带台阶的斜角片，其台阶正好填补了标准斜接缝的三角空穴，因而磁通分布均匀。但台阶剪切需要成形剪刀，精度要求高。目前台阶宽度有 5、10、15、25mm 等几种，硅钢片利用率稍差，是广泛采用的接缝形式
5	中柱拼接斜接缝		铁心片的角度 α 不是 45°，通常用以下几种角度搭配：如 35°/55°、30°/60° 或 42°/48° 交错搭接，剪切稍复杂，搭接面积也小，国内未曾采用过

表 2-8　　　　　　　　　　常见铁心中柱角的结构特征和适用情况

种类	接缝形式	图形	结构特征和使用情况
1	直接缝		中柱角为直接缝时，无论是中柱磁通流向铁轭，还是边柱磁通流经铁轭，在中柱角搭接处均偏离冷轧取向硅钢片的轧制方向，磁性能不好，故只用于热轧硅钢片。其他特征也和边柱角直接缝相同
2	混合接缝（半直半斜）		中柱角采用混合接缝的效果比边柱角时为差。因为只有当中柱磁通为最大，向铁轭左右分流 1/2 时才有利；而当中柱磁通为零时，有 87% 磁通沿铁轭闭合穿过直接缝；边柱磁通为最大时，又全部穿过直接缝。这时中柱片为平行四边形，剪切和材料利用率均好
3	标准斜接缝（带尖斜接缝）		对中柱和边柱磁通的流动均有利。为了尽可能使边柱磁通在中柱角处沿轧制方向流通，在心柱与铁轭等截面时，最好是中柱片进入轭中 1/2 左右为好。这时，虽然没有尖角伸出铁心，但却具有内侧的空穴，硅钢片在不断铁轭片时利用率差
4	台阶斜接缝（带台斜接缝）		磁性能与标准斜接缝相同，消除了三角形空穴，叠积时定位好，台阶 a 的宽度和其他特征与标准斜接缝类似，加工要用定型刀具，精度要求高
5	相交斜接缝（变角斜接）		材料利用率高，磁性能好，加工性好，特别适用于大型变压器铁心，可解决柱宽料窄的问题。由于没有台阶限制，有利于叠装，接缝小且均匀。但叠装费工，技术水平要求高，是较理想的接缝形式

由上面分析可知，现在铁心材料采用冷轧有取向硅钢片时，铁心叠积图的接缝全部采用斜接缝是完全必要的，应尽量减少直接缝数。由实验得知，当采用一般冷轧硅钢片时接缝形式与变压器的性能有如下关系：

空载损耗（标幺值）：直接缝为 1，斜接缝为 0.6～0.75。

空载电流（标幺值）：直接缝为 1，斜接缝为 0.3～0.45。

一般三相三柱铁心叠积图上的接缝总数为 6 个或 7 个。当全斜接缝时，铁轭不断的中柱角折线接缝算一个接缝，故接缝数为 6 个，铁轭片断开时接缝总数为 7 个。当不为全斜接缝时，则以斜接缝数为分子，接缝总数以分母来命名叠积图的接缝。例 6/7 接缝，即指斜接缝数为 6 个，接缝总数为 7 个。

（2）阶梯接缝。为了减少接缝处铁损过分集中而造成局部过热，国外已在铁心上采用阶梯接缝，又称为步进接缝，把各层之间的叠积接缝向纵向或横向错开，避免铁心在某一个剖面上接缝集中。采用这种接缝比普通接缝的空载损耗和噪声都在明显下降。使铁心在磁通密度相同的情况下，可减少铁心材料的重量，因而大大地提高了变压器的技术经济指标。

（3）每层叠片的数量。铁心叠装时，每层叠片的数量一般为 1～3 片。数量越多，接缝处气隙的截面越大，接缝处引起的磁通密度畸变也越大，由于磁通密度畸变，使接缝处部分硅钢片磁通密度增大，引起铁心损耗增加。

从理论上讲，采用一片一叠最好，这样会增加铁心叠积的工作量。对于小容量的铁心有可能做到，但是对于大容量的铁心，还要考虑到插装上铁轭的工艺要求，有可能插装不到位，反而使空载电流和损耗增加，故一般采用两片一叠。

混合叠积是近年来在国外对中等容量变压器铁心采用的一种新方法。即对铁心总厚度约 1/3 的中心部分（主级）一片一叠，接下来的 1/3 是两片一叠，最靠外侧的 1/3 采用三片一叠。总的叠积工作量并不增加多少，但可取得显著降低铁损和空载电流的效果。

实践证明，铁心中的磁通密度分布不是均匀的，铁心磁通密度中心部分低，越靠铁心外侧磁通密度越高。降低铁损的方法之一就是使铁心各部分的磁通密度分布趋于均匀。采用变更每叠片数的方法，可调整磁路的磁阻，从而可调节磁通密度的分布。中间部分采用一片一叠后磁阻降低，使磁通密度增加；采用三片一叠磁阻增加，可使磁通密度减少。

（二）铁心叠积图

反映铁心中每层叠片的布置和排列方式的图称为铁心叠积图。几种常见的单、三相铁心叠积图如图 2-4 所示。

对于小型铁心，为了增加机械强度，采用不断轭铁心片；为了剪切方便，可采用标准斜接缝（有尖角）的结构；为了减少废料，可采用半直半斜接缝结构；大型铁心均采用断轭的全斜接缝的结构形式；三相五柱式全斜接缝铁心可降低铁心的高度，便于运输。

五、铁心的紧固

铁心的紧固是使整个铁心构成一个坚实的整体，主要是为了能承受器身起吊时的重量及变压器在发生短路时所产生的电动机械力，同时也可以防止变压器在运行中，由于硅钢片松动而引起的振动噪声。另外要求铁心的夹紧结构钢件应与铁心本体绝缘，不能形成交链主磁通的短路匝。

（一）心柱的夹紧

（1）用撑板、撑条楔紧。它是在线圈内的绝缘纸筒和心柱之间用木质或纸质撑板及圆形撑条楔紧铁心，如图 2-5（a）所示。此种方法主要用于小型变压器的心柱夹紧。

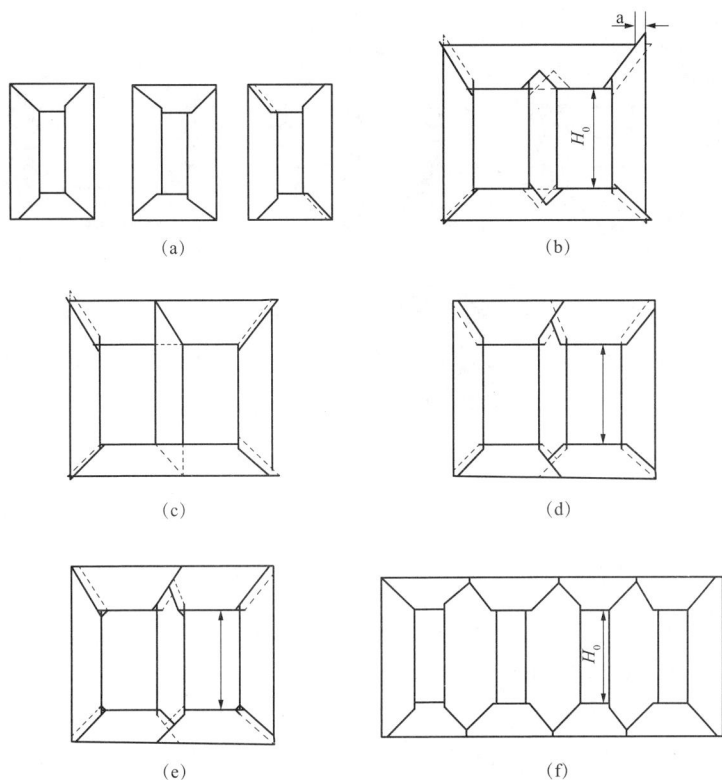

图 2-4　常见的单、三相铁心叠积图

（a）全斜接缝单相二柱式铁心叠积图；（b）三相三柱式标准全斜接缝不断轭铁心叠积
图；（c）三相三柱半直半斜接缝铁心叠积图；（d）三相三柱式带拐全斜接缝断轭铁心叠
积图；（e）三相三柱式全斜接缝断轭铁心叠积图；（f）三相五柱式全斜接缝铁心叠积图

（2）用夹紧螺杆夹紧。它是通过铁心片预先冲成的孔穿以螺杆进行夹紧，采用这种夹紧方法要特别注意绝缘，且性能不好，现已被淘汰，如图 2-5（b）所示。

（3）采用环氧树脂玻璃黏带绑扎夹紧

此种方法是用 0.1mm 厚 25（或 50）mm 宽环氧树脂玻璃黏带在心柱上，每隔一定距离包扎数层，然后在 105～120℃ 的温度下干燥 8～12h，使环氧树脂固化而成，如图 2-5（c）所示。此方法是大型变压器最常见的心柱夹紧方法，使铁心心柱的截面积得到了充分利用，并且没有夹紧结构与铁心的绝缘不良问题。

另外，在三相五柱式铁心的旁轭夹紧时，有时也用金属钢带夹紧，但必须做到此钢带与铁心绝缘，钢带不能将旁轭闭合，避免形成短路匝。

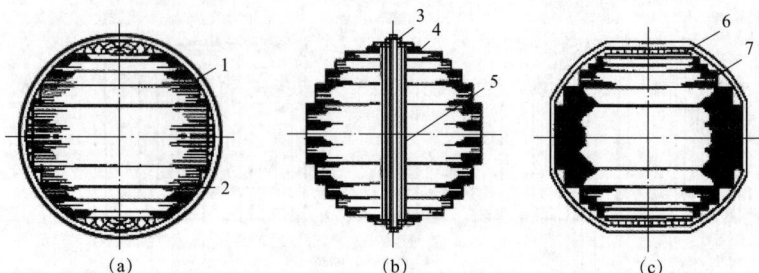

图 2-5　心柱的夹紧

（a）用撑板、撑条楔紧；（b）用夹紧螺杆夹紧；（c）用环氧树脂玻璃粘带绑扎

1—硬纸筒；2—楔柱；3—螺杆；4—绝缘垫圈；5—绝缘管；6—夹板；7—玻璃粘带绑扎

（二）铁轭的夹紧

铁轭的夹紧就是先用上、下夹件将各自的上、下铁轭夹紧，然后再将上夹件与下夹件拉紧。要将两块上夹件（或下夹件）夹紧，分别要在夹件的中部和两端进行夹紧。将上夹件与下夹件拉紧，可用拉螺杆或拉板拉紧。

1. 穿心螺栓夹紧

穿心螺栓夹紧的结构如图 2-6 所示。它是将铁轭与夹件间形成一个坚固的整体，具有很强的机械强度，但也暴露出以下几个问题：①在铁轭中需要冲孔，使铁轭局部截面积减少，增大了磁密和损耗；②在穿心螺栓穿过铁轭时，在其表面一定要套用可靠的绝缘管，以防止穿心螺栓与铁心片短路。运行中若发生绝缘管破损或穿心螺栓与夹件间的绝缘垫破损时，将造成铁心片间短路或铁心接地；③较粗的穿心螺栓在主磁通作用下，还会产生涡流损耗。

所以这种结构在 20 世纪 80 年代及以前使用，现在已被无孔绑扎夹紧方式代替。

2. 无孔绑扎夹紧

由于穿心螺栓夹紧结构存在不足之处，目前夹件中部夹紧采用无孔绑扎夹紧结构。它主要有钢拉带夹紧（见图 2-7）和环氧树脂玻璃拉带夹紧（见图 2-8）两种结构。采用钢拉带夹紧时，钢拉带与铁轭之间必须绝缘，上、下两条钢拉带不能将铁轭闭合，以免形成短路匝。

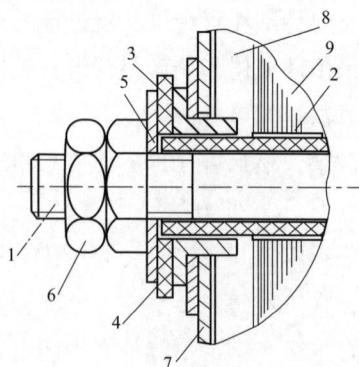

图 2-6　穿心螺栓夹紧结构

1—穿心螺栓；2—绝缘管；3—钢座套；4—绝缘垫；
5—钢垫圈；6—螺母；7—夹件；8—夹件绝缘；9—铁轭

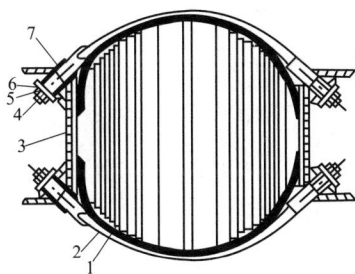

图 2-7　钢拉带夹紧

1—绝缘纸板；2—钢拉带；3—夹件；4—紧
固螺母；5—垫圈；6—绝缘垫；7—绝缘管

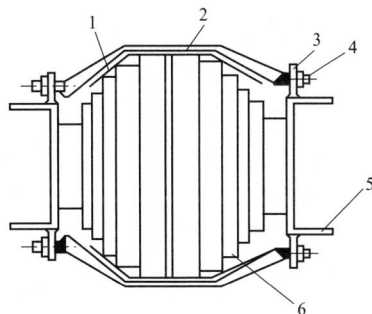

图 2-8　环氧树脂玻璃拉带夹紧

1—绝缘纸板；2—环氧树脂玻璃拉带；3—槽
形弯板；4—U 形螺栓；5—夹件；6—铁轭

3.夹件的两端夹紧

上、下铁轭两个角是铁心片的对接处，光靠夹件中部夹紧是不够的，还需要在夹件的两端进行夹紧。夹件的两端夹紧方法有方铁夹紧、旁螺杆夹紧和侧梁夹紧结构三种。

采用方铁夹紧结构需要在铁轭的两边冲出一个方孔，会影响冷轧硅钢片的性能，增加损耗，因此现代大型电力变压器取消方铁结构而用侧梁结构进行紧固，中小型变压器则用旁螺杆夹紧夹件的两端。

4.上夹件与下夹件的拉紧

为使铁心所有紧固件形成坚实的框架结构，铁心上、下夹件之间需要有机械联系，这种机械联系是整个铁心机械紧固的枢纽。中、小型铁心上、下夹件通常采用螺杆结构。而中、大型变压器则采用拉板结构，拉板是贴在铁心最小级的表面，并与铁心最小级的硅钢片绝缘，用非磁性钢板（不锈钢板），有时为了减少涡流，在拉板中间开长形的槽孔。拉板是靠销轴将上下夹件连接成一体。

从上面分析可知，铁心紧固的形式较多，但目前使用的主要有三种：孔铁轭螺杆、拉螺杆夹紧铁心结构，如图 2-9 所示；无孔绑扎、拉螺杆夹紧铁心结构，如图 2-10 所示；无孔绑扎、拉板夹紧铁心结构，如图 2-11 所示。

（三）线圈的压紧和压板

一般压紧线圈的压板有钢压板和绝缘压板两种。

对于钢压板结构要采用开口的钢压板（环形状），它具有机械强度强的优点。钢压板与压钉间必须有良好的绝缘，否则钢压板与开口两侧压钉经上夹件会形成短路匝，同时纵向漏磁通将在钢压板上形成涡流损耗。

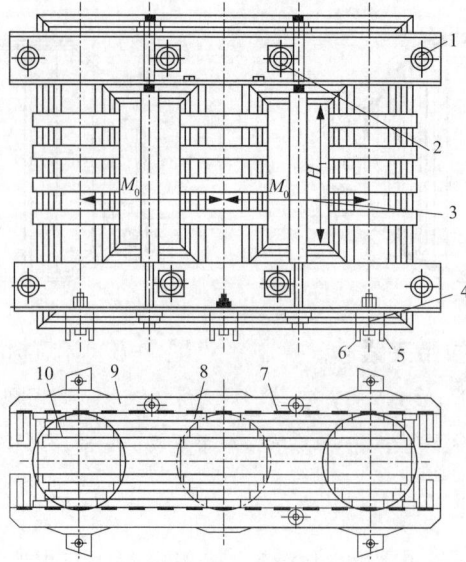

图 2-9 有孔铁轭螺杆、拉螺杆夹紧铁心结构

1—旁螺杆（或方铁）；2—铁轭螺杆；3—拉螺杆；4—木垫块；5—垫脚绝缘；6—垫脚；

7—夹件绝缘；8—接地片；9—夹件；10—铁心

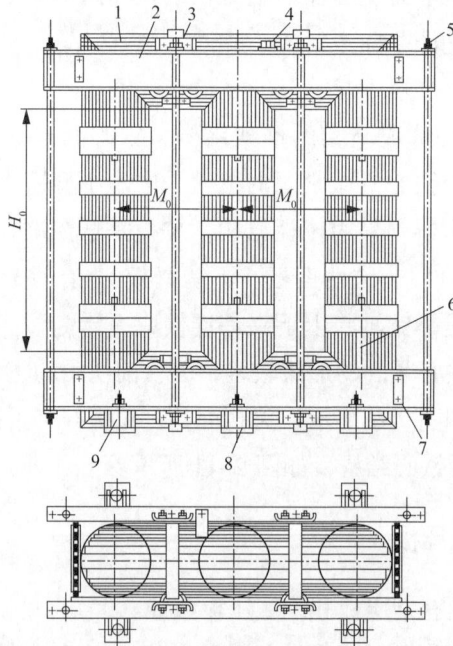

图 2-10 无孔绑扎、拉螺杆夹紧铁心结构

1—铁心；2—上夹件；3—拉带及 U 形螺杆；4—接地体及螺栓；5—吊螺杆；

6—夹板；7—下夹件；8—垫脚及绝缘；9—木垫块

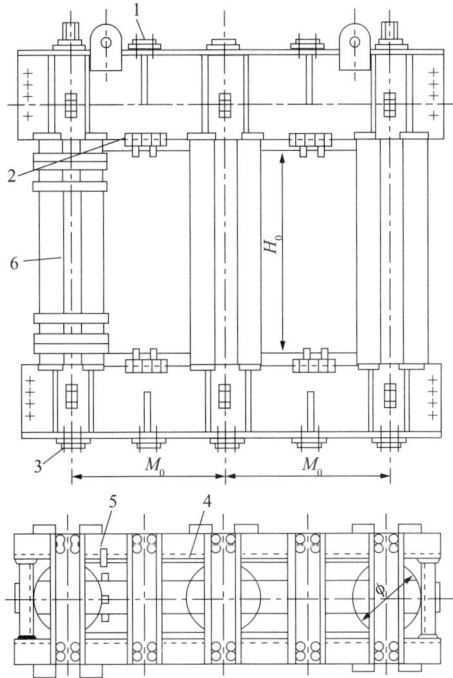

图 2-11　无孔绑扎、拉板夹紧铁心结构

1—上梁；2—拉带结构；3—垫脚纸槽；4—夹件绝缘；5—接地片装配；6—拉板

　　绝缘压板采用厚的层压纸板制成，无短路环流问题，因此压板可以做成三相整体。且无漏磁通产生涡流损耗和发热的问题。但在制作和运行要能保证其机械强度。

　　不论钢压板还是绝缘压板，对线圈施加压力的方式大体有三种形式：普通压钉、弹簧压钉和无压钉结构，其结构如图 2-12 所示。

　　普通压钉是目前使用最广泛压紧线圈的结构，在压钉与压板之间还要加上绝缘的压钉碗。绝缘的压钉碗对于钢压板结构是起压钉与钢压板之间的绝缘作用，而对于绝缘压板则是起增大压钉的接触面积的作用，压钉布置上要求使各线圈都能受到均衡的压力。

　　在大型变压器中也有采用油压缓冲式弹簧压钉的结构，但由于它所占据的轴向空间大，并且制造精度要求高，所以它在应用上受到一定的限制。

　　有些国外产品采用无压钉结构，它是在上夹件肢板与压板之间直接加入绝缘垫块来压紧线圈，从而取消了压钉。

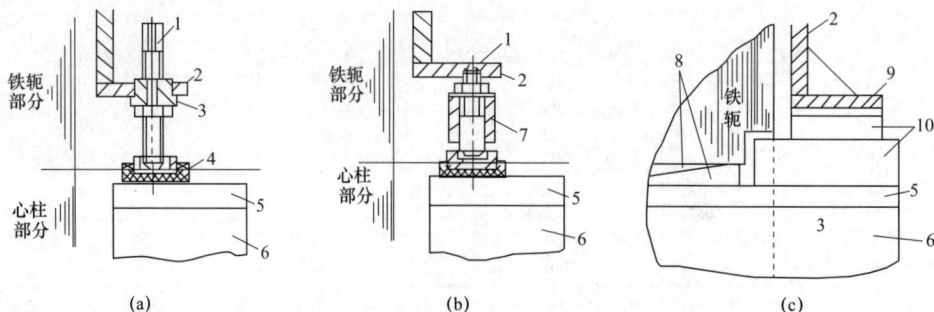

图 2-12　压紧线圈的结构

（a）普通压钉；（b）弹簧压钉；（c）无压钉结构

1—压钉；2—夹件；3—压钉螺帽；4—压钉碗；5—压板；6—绕组；7—弹簧；

8—楔子；9—磁屏蔽；10—压块

六、铁心的绝缘和接地

（一）铁心的绝缘

铁心的绝缘有两种，即铁心片间绝缘和铁心片与结构件间的绝缘。从上面分析可知，铁心片间的绝缘是把心柱和铁轭的截面分成许多细条形的截面，使磁通垂直通过这些小截面时，感应出的涡流很小，产生的涡流损耗也很小。

铁心片与其夹紧结构件的绝缘是防止与结构件短接和短路。铁心片间短路将在被短路的铁心片间形成环流，是不允许的，因此铁心片与所有夹紧结构件之间必须绝缘。但结构件间形成短路回路是顺着磁通方向而不交链磁通，或者交链磁通很小，则影响不大。如拉螺杆（或拉板）与夹件形成的闭合回路，交链磁通小又不同相；而夹件和旁螺杆（或侧梁）形成的闭合回路虽是交链部分磁通，但环流不经过铁心，且可作为 3 次谐波电流通路，因此它们之间不需要绝缘。

（二）铁心的接地

铁心及其金属结构件在线圈的交变电场作用下，由于所处的位置不同，感应出的悬浮电位也不同。虽然它们之间的电位差不大，但也会通过很小的绝缘距离而产生悬浮放电。这种悬浮放电是断续的，放电后两点电位相同，即停止放电；再产生电位差，再放电。断续放电的结果使变压器油分解，并容易将固体绝缘损坏，导致事故的发生。为了避免上述情况的出现，铁心及其金属结构件必须接地，使它们同处于零电位。铁心如有穿心螺栓，由于电容耦合作用，事实上与铁心是等电位的，不必单独接地。

目前，广泛采用铁心中的某片间插入一接地片的方法接地，尽管每片铁心片间有绝缘膜，仍然可认为整个铁心是电容接地。

如果铁心有两点或两点以上接地，则铁心中磁通变化时就会在接地回路中有感应出环流。这些环流将引起空载损耗增大，铁心温度升高。若两个接地点间包含的铁心片越多，短接的回路越大，环流也越大。当环流足够大时，将烧毁接地片或铁心产生故障。因此，铁心必须接地，且只能一点接地。

遵循铁心一点接地原则，目前采用铁心接地不外引、铁心接地外引和铁心接地与夹件接地同时外引三种不同的接地结构。需要说明的是现在铁心中的上下夹件、拉板（或拉螺杆）、钢压板等夹紧结构件都是由金属连接相通的。

铁心接地不外引结构是将铁心接地线直接与上夹件相连接，并通过油箱接地，这种结构适用于小型变压器。

铁心接地外引结构是将铁心接地线通过 10kV 套管从油箱中引出并接地，一般来说，这种结构的上夹件、钢压板等金属夹紧件都是通过下夹件与油箱相连接。若铁心有另一点接地时，环流通过正常铁心接地点、铁心接地线、接地体、油箱、（夹紧结构件）、另一铁心接地点形成闭合回路的。采用这种结构便于测量环流和铁心的绝缘，可以不用吊心就能发现铁心多点故障，并有利于故障的处理。铁心接地外引的另一种结构是夹紧结构件与油箱是绝缘的，用一接地片将铁心和上夹件并联后再由套管引出接地。这种结构存在不足之处是当铁心片与夹紧结构件有另一点相连时，外引的接地线中不能测量出环流，也无法测量出铁心与夹紧结构件之间的绝缘情况，不能及时准确地发现这种类型的铁心多点接地。

铁心接地与夹件接地同时外引是一种新的铁心接地形式，它要求夹紧结构件必须与油箱绝缘，铁心和上夹件接地线由两个套管分别引出油箱并接地。这样便于区分铁心与油箱之间的绝缘不良和铁心与夹紧结构件之间的绝缘不良。

接地片为 0.3mm 厚的紫铜片，宽度为 20、30mm 或 40mm，深度一般不小于70mm，铜带表面要搪锡，以减少接触电阻。

七、铁心的散热

变压器在正常运行时，铁心由于存在铁损会产生热量，且铁心重量和体积越大产生的热量越多。一般来说，变压器油温度在 95℃ 以上容易老化，所以铁心表面的温度应尽量控制在此温度以下，这就需要铁心的散热结构将铁心产生的热量能快速散发出去。散热结构主要是为了增加铁心的散热面，它主要有以下两个形式。

（一）铁心油道

铁心温升过高时，可以分割铁心截面的尺寸。分割截面的厚度，可以增加横向油道，分割硅钢片的宽度，可以增加纵向油道。

油道的宽度应该保证变压器油能通畅流动，根据经验一般取 45 ～ 55mm。油道的布置应尽可能缩短油路和增大进油量，以改进冷却效果。为此，上下铁轭的油道为垂直布置，心柱和旁轭的油道为倾斜 45°，并使油流从内向外。横向油道过去多用 6mm 的钢条点焊在硅钢片上或用硅钢片挤压成槽形。为了降低损耗，目前多用 6mm×12mm 的高密度纸板条粘接在硅钢片上制成，如图 2-13 所示。另外，也有国外厂家采用小圆柱形瓷片黏结在硅钢片上制成油道，这种方法能有效地避免由于油道堵塞引起局部过热的问题。

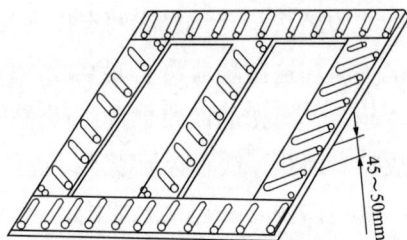

图 2-13　铁心的油道

对双框式的纵向油道，则由能使油流垂直通过的垫板制成，或由铁心片在叠积时制成。其两半框心柱的横向油道则分别自下而上向两边倾斜。

（二）铁心的气道

干式变压器的铁心是空气冷却，为了保证铁心温度不超过允许的值，常在铁心柱及铁轭中安装气道，气道撑条一般为 20mm 铁心中的气道，采用 2mm 厚的黄铜板弯成 U 形，然后用铆钉固定在黄铜板上，如图 2-14 所示。

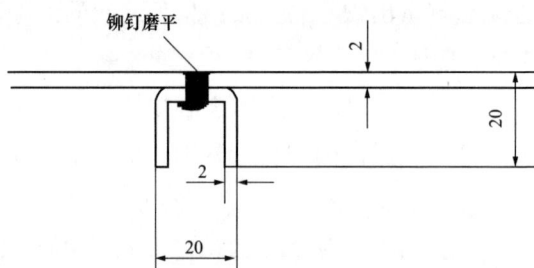

图 2-14　铁心气道图示

八、铁心的磁屏蔽与接地屏

大型变压器漏磁通产生的附加损耗的影响不能忽略。目前，效果较好的方法是增加磁屏蔽，使漏磁通易于集中在磁屏蔽内流通，以减少直接通过夹件时引起的损耗增加。

以下夹件为例，除了夹紧铁轭功能外，又能支撑绕组的底部。容量不大的变压器，可采用整块托板结构，如图 2-15 中虚线所示。当变压器容量较大时，绕组端部的漏磁通会大量穿入下夹件上的绕组托板，会增加结构损耗并使该部位局部过热，因此常采用分别独立的支撑结构，如图 2-15 实线所示。对于大型变压器来说，有时需要采用低磁钢板制造夹件或局部支板采用低磁钢板。但是最有效的方法是采用夹件磁屏蔽，这样不仅可以适当增加对绕组的支撑面积，增强其抗短路能力，同时还可以使绕组端部的漏磁通通过磁屏蔽形成回路，因而避免了夹件产生较大的结构损耗。

夹件磁屏蔽由冷轧取向硅钢片粘接而成，用胶木螺钉固定在下夹件的肢板上，要求保证磁屏蔽与夹件有一点电气连接，在距铁轭较近处加绝缘，如图 2-16 所示。

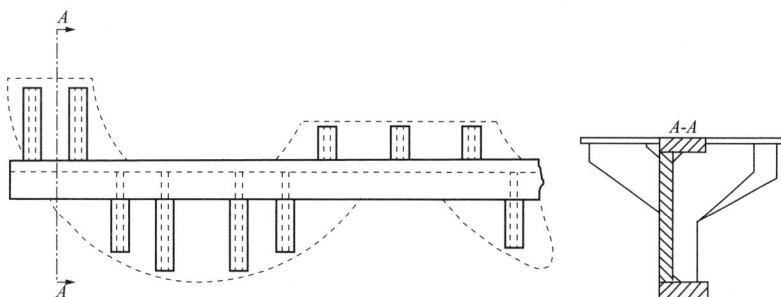

图 2-15　下夹件的绕组支撑结构

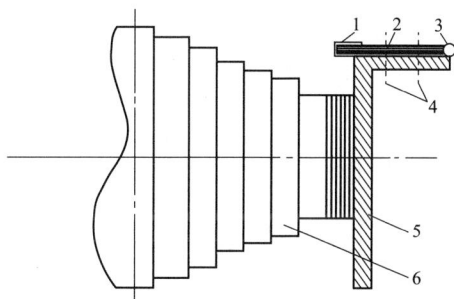

图 2-16　下夹件磁屏蔽的结构

1—绝缘角环；2—磁屏蔽；3—改善电场的电屏；4—胶母螺栓、螺母；5—下夹件；6—下铁轭

同理，上夹件的相应部位也要安装磁屏蔽。与油箱磁屏蔽配合使用，可以较好地减少特大型变压器的夹件和油箱的附加损耗。

近些年来生产的大型变压器，出于降低局部放电量的要求，常在铁心柱表面装设接地屏，以屏蔽铁心柱表面的棱角。通常它是由粘贴在绝缘纸板上的多条铜带组成并围绕在铁心柱的表面，注意应是开口环，不能构成短路匝，把各条铜带连接后外引或直接插入铁心柱中进行接地。

第二节　关键工艺

一、制造工艺

（一）质量保证措施

严格按以下要求进行叠装：

（1）铁心摆底前，彻底清理工作场地，对所使用的滚转台、凳子等工装设备进行彻底清理，确保无尘土异物；摆底时所使用的工装工具必须擦拭干净后方可拿到工作台上使用，无关物件一律不得放在工作台上。

（2）板料必须经检验合格后转运。

（3）每天开工前清理工作场地及工作台。

（4）用于铁心装配的所有零部件均应清洁、干净，符合图纸及相关技术文件并附有上道工序的合格证。

（5）若夹件上有螺纹孔，铺台面前应用丝锥将每一个丝孔攻丝清理。

（6）叠片前用吸尘器将夹件、绝缘件、工装工具清理一遍，除尘后用塑料薄膜遮盖好临时存放待用。

（7）打底时，滚转台承载梁及承载支架的选用及铁心的起立操作严格按照工艺规范执行，承载支架装配好后，用水平尺测量各承载梁支架，确保所有承载支架在同一水平面上，如有偏差，可用绝缘纸板加以调节，以保证铁心起立后的垂直度。

（8）叠装应按相应的叠积图纸和相关的工艺文件规定进行叠积，确保接缝及所有几何尺寸在公差范围之内。

（9）铁心叠装完成后，清理铁心卫生，无异物后在硅钢片切口面刷涂专用 AB 胶，以防止铁心生锈、片间短路；铁心柱台阶处按图纸规定位置放置相应尺寸的圆撑条，从而使铁心柱具有良好的圆整度，绑扎后受力均匀，夹紧铁心。

（10）铁心装配后，其夹件肢（托）板、拉板、拉带等与铁心柱（轭）边缘的沿面距离和油隙距离应符合相关技术文件规定。铁心只有一点可靠接地，接地通过接地引线，接地引线插入铁心叠片间深度符合图纸要求。

（11）铁心绝缘装配完工后要测量绝缘电阻符合规定值；铁心起立后复测绝缘电阻值与起立前相比应无明显变化。在铁心制造的全过程中加强对硅钢片的保护，轻拿轻放，不可摔片、不可折片等。

（12）下箱定位孔、铁心直径、总厚、垂直度、垫脚、撑板、磁屏蔽及其他零部件装配严格按现行技术标准、工艺和图纸进行控制。

（13）铁心起立前将油道用胶带纸粘好，下铁轭用布盖好防止起立时灰尘异物掉入下铁轭内。

（14）铁心绑扎前将铁心表面清理干净。

（15）各工序在操作过程中严格按 QC 卡填写要求如实做好记录。

（16）各工序要加强自、互检力度，车间加强对互检员的考核力度。

（17）结构件、绝缘件的验收及存放：

1）结构件严格按照图纸及有关文件规定进行检查，所有螺孔内部不得有金属及其他异物，合格后验收签字；摆放要整齐并覆盖严实，不得落入尘土异物。使用时擦拭干净后安装，摆底后剩余夹件等及时覆盖，留做后用。

2）绝缘件转到车间时应对其外观进行检查，发现有毛刺等应立即退回绝缘。所收绝缘件应放在专用料架上，料架应干净无尘土异物，其他物件不得与其混放，并用塑料布盖好。使用时用专用料车送到现场，不得直接接触地面或工装台面，并确保绝缘件干净后使用，不得戴脏的手套拿绝缘件，剩下的绝缘件必须拿回库内存放，不得在现场放置，避免受潮或落上灰尘。

3）螺栓、垫圈、撑条等由仓库领回后，根据明细用量，分类擦拭干净后用塑料袋包装好，存在库内，安装时拿到现场，并按上述要求使用。

（二）铁心叠装注意事项

（1）铁心采用不叠上铁轭技术进行叠铁，上下轭液压升降台以及柱片液压升降台。

（2）铁心叠铁前注意验收金属件不涂漆面。

（3）铁心叠装过程中的装配工艺、绝缘电阻控制程序、清洁管理要求等按现行相关工艺规范执行。

（4）铁心在叠装过程中所有工装的使用（主要包括滚转台、定位工具等）参照铁心制造工艺规范的相关内容。

二、绑扎工艺

铁心心柱往往采用 PET 带绑扎和钢带临时绑扎两种工艺。

（一）PET 带打包

该种打包方式所使用的设备为 PET 带打包机，该工具需要良好的保养和经常的校准以保证提供正确的拉紧力。在无带运作时，手持工具打开 PET 带装入位置的进给轮，用金属丝刷清洁旋转的进给轮。遵守由该工具供应商提供的手册中工具使用与维修的规则。

1. 安全规则

为避免任何严重的人员伤害，必须遵守下列安全规则：

（1）只有接受过培训的人员才能使用工具。

（2）保持工作区域的整洁和明亮。

（3）每天检查和清洁工具。

（4）当你处于不适合的操作位置时不要使用工具。

不正确的操作工具或在装料的位置有锋利的尖角可导致带子在拉紧时破裂，并能够造成工具和带子一起猛烈地飞向你的面部。注释：因为 PET 带将保留在铁心上，注意铁心直径的增加（即注意控制铁心叠厚）以免心柱与线圈内径间隙过小。

2. 正确焊接

（1）焊接区域必须有少许熔化的聚酯材料溢出带子外。焊接时间因此必须按照由工具供应商提供的操作手册来定。

（2）首次使用工具之前，建议通过一些 PET 带样品的拉紧试验来调整焊接时间，达到带子拉力约 75%。

3. 在心柱上使用 PET 带

（1）工具必须放置在平坦的表面上。在中柱和旁柱上打 PET 带时可将工具放在拉板或铁心侧面主级的位置上。

（2）PET 带必须放在与心柱轴向垂直的位置上，并各自平行。

（3）依照叠积台上心柱支撑的间距和放置，可以有必要沿着心柱重新布置 PET 带，不能减少所需带子的数量。

（4）铁心柱绑扎采用 PET 带（1.27mm×19mm），在截面直径 ≥ 500mm 铁心，距下铁轭上表面约 80～100mm 开始绑扎 PET 带，起始位置连续绑扎三道，然后间隔 85mm 绑扎二道，直到上铁轭主级以下 100～120mm 位置，在该位置绑扎三道，纯间距 82～95mm。截面直径 ≤ 500mm 铁心时，按直径 ≥ 500mm 以上铁心绑扎步骤，各位置都减少一道绑扎。（图纸有明确规定的，按照图纸要求进行绑扎）

（5）为正确操作拉紧和焊接工具，例如在工具中 PET 带的放置，应仔细阅读工具供应商提供的工具使用说明书。

（6）在焊接加工开始时必须彻底地拉紧带子。（见工具操作说明）。在工具移开后，带子必须紧贴心柱上以提供铁心可靠地绑扎。在工具移开后，任何没有拉紧或松开的 PET 带子必须剪断并重新打带。

（二）钢带临时绑扎

在打 PET 之前打钢带，钢带间距 300mm 左右。

在钢带上安置好钢带锁头。推动钢带穿过钢带锁头约 500mm，并折回至钢带锁头下侧的斜面边缘附近,则可固定钢带头。

在每个钢带下面放置一纸板条(T=1mm,B=40mm,L= 心柱周长 + 100mm),避免损害芯片。

用钢带绑扎铁心。安装最上和最下的钢带尽可能靠近铁轭。注意钢带不要造成铁心~拉板之间的短路。

推动钢带穿过钢带锁头,并用手拉紧钢带。钢带尾部通过钢带锁头后面折叠来"锁定"。钢带的自由端必须至少有 150mm 的长度以供气动拉紧器的夹持。

对心柱进行加压,拉紧钢带,按照工具目录中的气动拉紧器使用的拉力。检查所有钢带的折弯部分全部压在钢带下。这对于防止在紧固过程时的打滑很重要的。拧紧钢带锁头上的两颗螺钉。不要将钢带自由端剪去。

三、剪切工艺

硅钢片的剪切分为纵剪和横剪。专用工艺设备包括:硅钢片纵剪线、乔格横剪线、600 横剪线、400 横剪线、行车、放料架、剪刀等,以及检测工具直尺、卷尺、卡尺、千分尺等。

(一)质量保证措施

(1)对有关工序进行培训,对纵剪、乔格横剪工序重点进行培训。培训内容:质量意识教育、设备操作规程、工艺规范、技术标准、现场卫生要求等。

(2)纵剪、乔格横剪、600 横剪、400 横剪每天在下料、剪切前对设备进行全面检修、调试,剪切前设备、工装、工具等必须运行、使用正常,并擦拭干净,确保无尘土异物。

(3)纵剪对硅钢片牌号、外观质量、波浪、毛刺、宽度、不直度等严格按标准进行控制;所剪切的卷料必须符合标准要求,无灰尘。在原包料上料前需检查仔细。

(4)横剪切前应该确认卷料合格、无尘土,对切片长度、角度、毛刺、波浪、过剪、剪片数量、收料参差不齐、料板、板料清洁、覆盖及存放等质量指标严格按工艺、技术标准进行控制。尤其是所用料板必须擦拭干净后使用,每板料剪切完检验合格后,必须用塑料布及时覆盖,避免落入灰尘。对于上料前有锈迹的去锈,并涂防锈液。

(5)各工序在操作过程中严格按 QC 卡填写要求如实做好记录。

(6)各工序要加强自、互检力度,车间加强对互检员的考核力度。

（二）卷料检查

（1）检查所有的硅钢片原包料都必须有质量保证书；且对于每卷卷料，在证明书上应报告确定的铁损和表面绝缘；验证供应商识别标签上的重量是否正确。

（2）按照铁心片条料单核对硅钢片型号、卷料宽度尺寸等。

（3）检查卷料包装应有一定的机械强度，且牢固不松散。

（4）检查已拆包的卷料包装的内层是否有防水层和干燥剂；卷料最外层料头和最内层料尾处应用胶带纸粘牢。

（5）卷料应该干净、无油、无生锈、无出块、毛刺、碎裂、波浪以及机械损伤等；表面无刮擦和锈迹、绝缘无伤痕；边缘无裂纹、缺口和可见缺陷；且每一卷的两端光滑平整。若有疑问，标记出卷号及生产批号进行讨论是否需要退货处理。

（6）仔细检查并测试侧面纵剪切口位置有无细如发丝类的毛刺。铁心卷料拆包后，在吊入生产场地的同时，将卷料圈第一层的接缝用胶带粘牢固定，使其在今后的吊运过程中不至于内圈松散。

（三）硅钢片纵剪

（1）硅钢片纵向剪切前，仔细计算单台产品所需硅钢片卷料长度，做好材料计划，宽、窄料配制开卷。

（2）拆去包装后的硅钢片要确认其表面平整、无波浪、无弯曲、无折边、无斑点、无锈迹等缺陷，漆膜牢固无脱落漆现象。

（3）用千分尺测量片厚，厚度公差小于 ±0.01mm。由卷料切口向内侧至少 16mm 处测量，且间隔 100mm，每卷做 3 ~ 5 次测量。

（4）根据硅钢片的宽度，调整滚刀间的距离，窄料布置在外面，宽料布置在里面，上下两滚刀的间隙控制在 0.01 ~ 0.02mm，两刀刃靠拢时，先用 0.03mm 的塞尺作间隔，靠上后抽去，再用 0.02mm 的塞尺塞入，然后再靠紧，不允许两刀刃直接相碰。

（5）调整完成后启动滚剪机，观察设备运行状况。如正常，就以点动方式手动送样料硅钢片试剪，样料可选废硅钢片。试剪 2m 长。然后对已被剪的样料检测宽度、毛刺、波浪度，如不符合技术要求，应查找原因，认真调整排除毛病，直到合格后，才能正式开剪。

（6）经检查合格后，将剪开的条料分别通过分料装置，张紧、压毛装置，再将条料的首端放入收卷机的撑模槽内绕几圈，边缘应整齐。

（7）正式剪切：开启纵剪生产线所有设备，速度由缓而增。滚剪机与收卷机应注意随时调整，滚剪机与开卷机两者之间的速度应匹配。

（8）剪切 20m 后停机检查波浪度和不直度是否符合要求。若检查合格，则继续开机剪切。

（9）硅钢片的镰刀弯：宽度大于 150mm 钢带（片）应测量镰刀弯，任意 2000mm 长度的钢带（片）的镰刀弯应不超过 0.90mm。

（10）浪波度：波高 h、波长 L，$h/L \leqslant 0.015$。

（11）硅钢片宽度公差：0 至负 0.2mm。

（12）收卷后的条料用胶带将片尾固定，整卷条料的断口喷涂防锈液，待防锈液晾干后，用工业塑料薄膜对整卷条料进行紧密缠绕包裹以防潮防尘，并做好标示。

（四）硅钢片横剪

（1）将相应片宽的卷料装上剪切线的开卷头上，将开卷头张紧；测量卷料的宽度是否与图纸要求相符，一般在 0 至负 0.2mm 偏差范围内。

（2）将开卷头上的卷料片头装入剪切线，要是卷料头不齐或不平整，须将不平不齐不好的部位剪去，再装入边导。

（3）据剪切线的说明书与生产订单，选择生产程序，输入生产数据。

（4）启动自动生产程序，并于第一个步进结束之后，检测铁心片的各项尺寸。

（5）当卷料用完而生产程序未完成时，从剪切线中将尾料拿出，放入废料箱内，将新的卷料装上，片料装入剪切线后继续自动生产方式，在第 1 个步进之后，检测铁心片的各项尺寸。

（6）为防止在铁心叠片时出现"硅钢片卷起调头"的现象，要注意硅钢片各步进孔冲要一致，不要错位。

（7）当卷料未用完，而生产程序已结束，则需将卷料的信息使用记号笔登记在卷料上，并将卷料的片头用胶布粘好。

（8）在第一个循环之后，检测硅钢片的长边长度、定位孔的间距、定位孔对边的距离、硅钢片中心线长度、孔冲的毛刺、剪切边的毛刺。尺寸公差：长度公差 ±0.5mm，孔冲与剪切毛刺应在 0.02mm 以内，V 冲深度偏差 ±0.5mm，V 冲中心（在长轴方向）偏差 ±0.5mm。

（9）片料横剪后落放到铁心片料架上并盖好蓝布或塑料薄膜，铁心片叠好后在边缘表面均匀喷涂上或刷上防锈液，保护硅钢片的切口，并封好塑料薄膜，用专用油性笔标识硅钢片的宽度和长度。

（五）片料防锈和除锈

准备好干净的喷壶或油漆刷子、可存放防锈液的小桶，以及手套等。

1. 涂刷防锈液的一般规定

（1）在涂漆之前必须很好地用棉纸清洁切口表面，特别注意切口表面若有油渍和油脂，应用棉纸蘸无水酒精擦拭。

（2）当横剪线取下片料后，及时在横剪的片料端面上涂刷防锈液。

（3）插完上铁轭后，及时在纵剪的切口上涂刷防锈液。

（4）涂刷防锈液时只需用喷壶均匀喷洒一层防锈液，只要不造成液体积聚流淌溢出即可，或用油漆刷子沾上防锈液，当油漆刷子无防锈液下滴时再进行涂刷。

（5）所有涂层区域必须很好地涂刷覆盖，铁心片上的溢出液体要清除。

（6）在涂刷防锈液之前需对地面做好防护。

2. 卷料与片料的除锈

当铁心片切口不慎生锈后，应及时及早除锈。卷料除锈方法如下。

（1）用钢丝刷或砂纸轻轻擦拭生锈的切口，同时用吸尘器清除锈屑；

（2）必须很好地用棉纸清洁切口表面；

（3）除锈完毕后，及时刷上防锈液，避免再次生锈。

片料除锈注意不要伤及其他铁心级片料的漆膜，同时清除锈屑；除锈完毕后，及时刷上防锈液，避免再次上锈。

（六）安全事项

（1）开机前应检查设备的控制系统、传动部分、刀口等，确认正常后方可开机。

（2）发现刀片的刃口磨钝、受损、毛刺增大时应及时换刀。

（3）铁心片在加工、运输时小心轻拿轻放，不准脚踏及碰撞。

（4）操作者精神必须集中，注意物品及手不可误入刀口之下。

（5）同一台产品必须使用同一牌号硅钢片，不可混料使用，如一定要用必须经有关人员批准方可使用。

（6）剪切完的硅钢片码放整齐后，用塑料布或布盖好防尘。

（7）操作者离开设备时必须停机。

（8）操作时应该注意运转状况，注意安全防止事故发生。在生产过程中发现存在任何安全隐患，应及时向上级主管汇报。

（9）在进行生产操作时必须佩戴安全帽（特别是进行行车操作时）。

（10）定期润滑保养设备，穿戴好劳动保护用品，避免划伤、割伤、砸伤。

第三节 典型案例分析

一、220kV XX 变电站 10kV 2 号电抗器异常事件

（一）事件概况

2022 年 9 月 220kV ×× 变电站 10kV 2 号电抗器开关跳闸，生产指挥中心人员工业视频查看 2 号电抗器区域有严重发热及烟雾。

现场检查 2 号电抗器过流 Ⅱ 段动作，保测装置跳闸指示灯亮，2 号电抗器开关及电抗器尾开关均处于分闸位置，一次设备检查发现 2 号电抗器 C 相电抗器本体三相均有明显烧灼痕迹。2 号电抗器本体有明显严重发热痕迹，室内有刺激性气味，无明显进水痕迹。经运检部专业意见，现场申请将 2 号电抗器改检修，进一步隔离故障，并立即安排 2、3、8 号电抗器返厂解体分析。耐压试验结果显示较出厂交接试验下降严重（试验交接试验绝缘大于 10000MΩ），已全部退出 AVC。

（二）设备信息

10kV2 号电抗器设备型号：BKSC-6000/10，出厂日期：2018 年 11 月，运行环境：户内单独房间布置。

（三）原因分析

将 2 号电抗器改检修后，打开电抗器网门检查发现，电抗器本体三相均有明显严重发热痕迹，本体尾部连接排断裂。结合解体反馈，对 2、3、8 号电抗器更换线圈、绝缘件、紧固件，引线位置对应的铁轭，铁心位置增加绝缘挡板。

二、某特高压站 3 号主变压器 GOE 套管吊检后色谱异常

（一）事件概况

6 月 20 日，某特高压站 3 号主变压器 GOE 套管吊检后顺利复役，复役后第一次取油样跟踪检测发现油中出现微量乙炔（0.06μL/L 左右），持续跟踪未见明显增长，截至 6 月 11 日，乙炔值为：A 相 0.07μL/L、B 相 0.04μL/L、C 相 0。

后续对该站 3 号主变压器开展带电检测，超声波局部放电、高频局部放电均未见异常。3 号主变压器耐压、局部放电试验前后油样均合格，站内油色谱在线监测未见异常，乙炔含量为 0。

试验人员对 3 号主变压器开展带电检测，主要试验项目为主变压器高频局部放电检测、超声波局部放电检测。

（1）高频局放电检测。对 3 号主变压器 A、B、C 三相本体铁心、夹件接地电流进行高频局部放电检测，检测图谱如图 2-17 ～图 2-19 所示，检测结果未见明显异常信号。

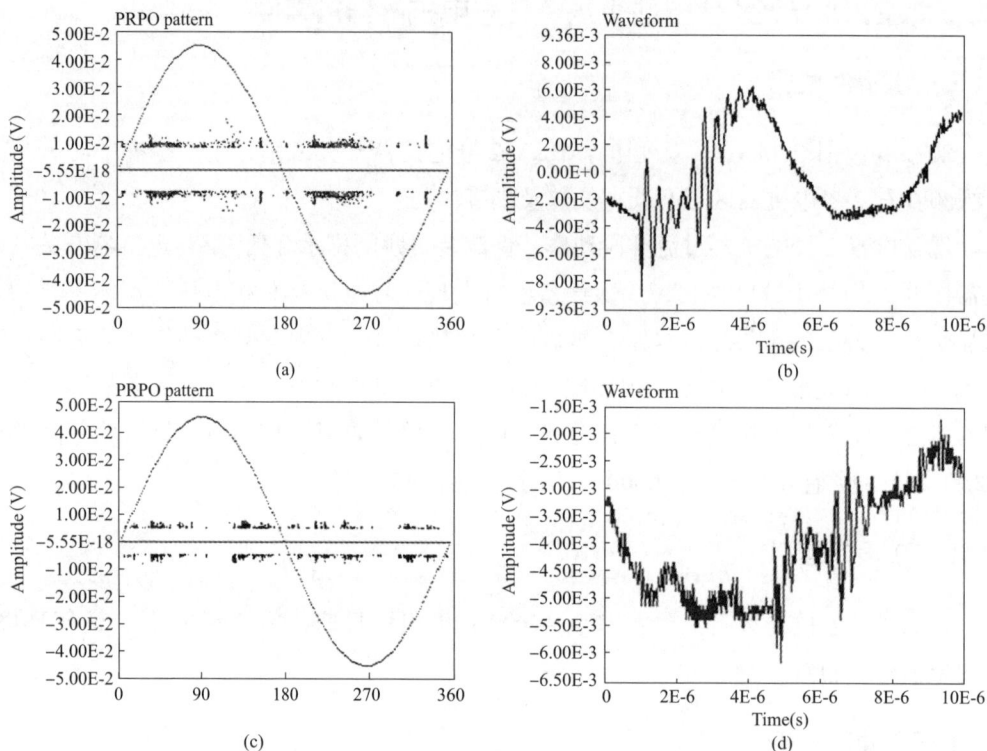

图 2-17　3 号主变压器 A 相本体铁心、夹件高频局部放电检测图谱

（a）A 相铁心高频电流 PRPD 图谱；（b）A 相铁心脉冲电流波形；

（c）A 相夹件高频电流 PRPD 图谱；（d）A 相夹件脉冲电流波形

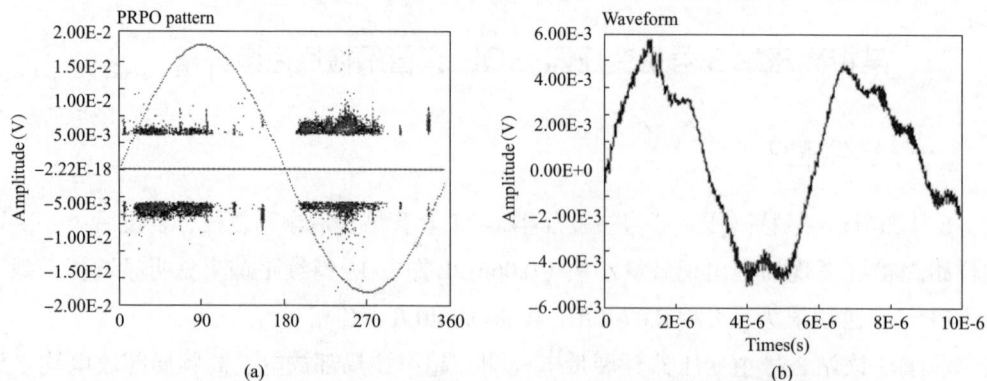

图 2-18　3 号主变压器 B 相本体铁心、夹件高频局部放电检测图谱（一）

（a）B 相铁心高频电流 PRPD 图谱；（b）B 相铁心脉冲电流波形

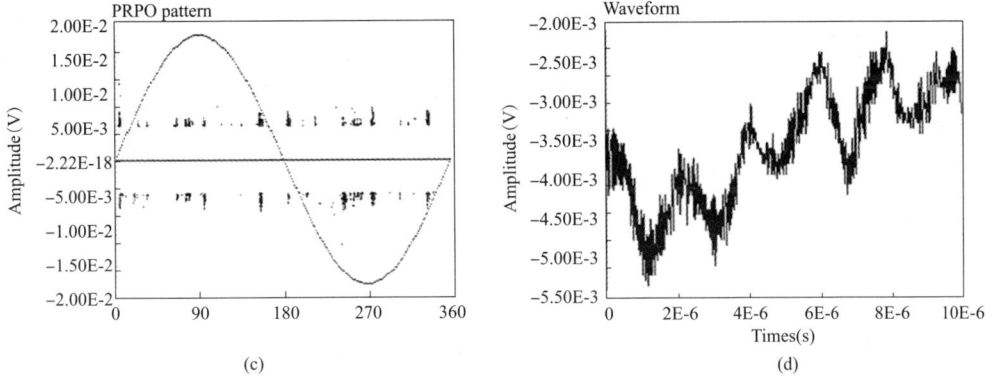

图 2-18 3 号主变压器 B 相本体铁心、夹件高频局部放电检测图谱（二）

（c）B 相夹件高频电流 PRPD 图谱；（d）B 相夹件脉冲电流波形

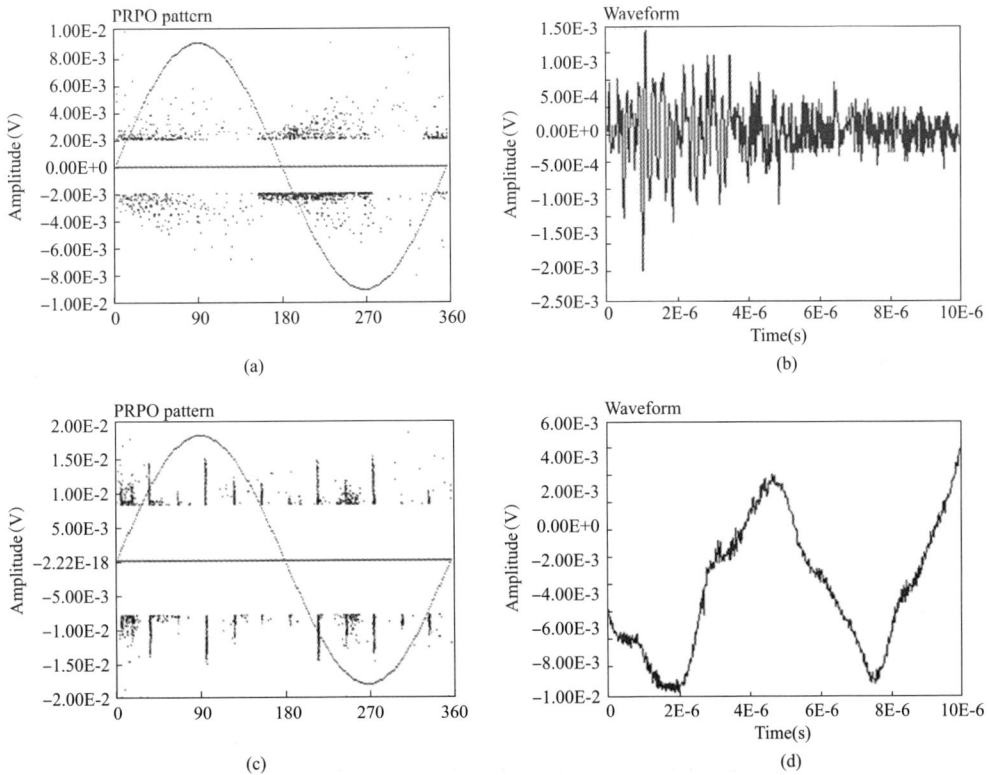

图 2-19 3 号主变压器 C 相本体铁心、夹件高频局部放电检测图谱

（a）C 相铁心高频电流 PRPD 图谱；（b）C 相铁心脉冲电流波形；

（c）C 相夹件高频电流 PRPD 图谱；（d）C 相夹件脉冲电流波形

（2）超声波局部放电检测。对 3 号主变压器 A、B、C 三相高压套管升高座进行超声波局部放电检测，检测图谱如图 2-20 ～ 图 2-22 所示，检测结果未见明显异常信号。

有效值
0.232mV
2mV

峰值
0.436mV
4mV

频率成分1
0.012mV
0.5mV

频率成分2
0.008mV
0.5mV

（a）

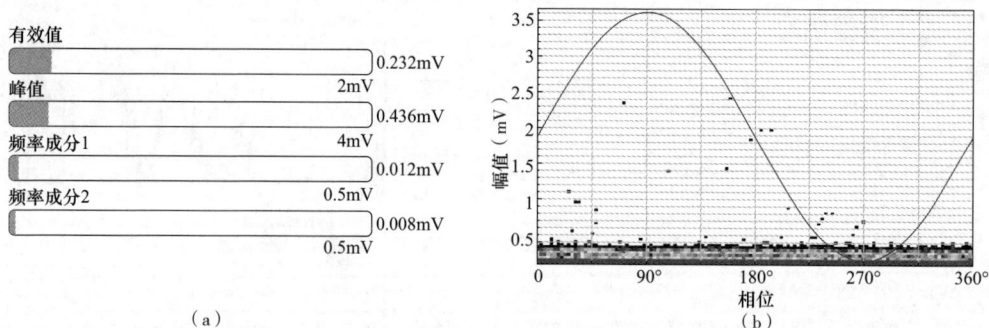

（b）

图 2-20　4 号主变压器 A 相高压套管升高座超声波局部放电检测图谱

（a）连续模式；（b）相位模式

有效值
0.276mV
2mV

峰值
0.497mV
4mV

频率成分1
0.013mV
0.5mV

频率成分2
0.033mV
0.5mV

（a）

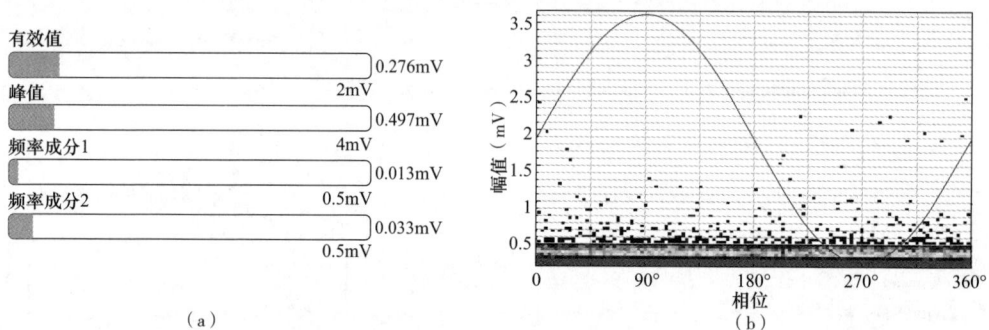

（b）

图 2-21　4 号主变压器 B 相高压套管升高座超声波局部放电检测图谱

（a）连续模式；（b）相位模式

有效值
0.229mV
2mV

峰值
0.399mV
4mV

频率成分1
0.011mV
0.5mV

频率成分2
0.013mV
0.5mV

（a）

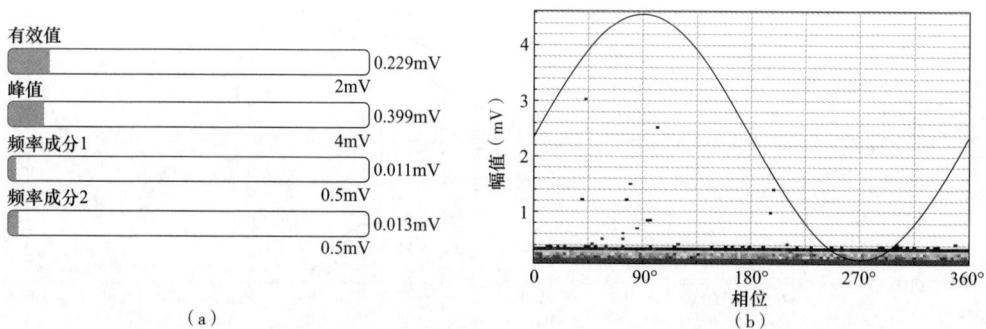

（b）

图 2-22　4 号主变压器 C 相高压套管升高座超声波局部放电检测图谱

（a）连续模式；（b）相位模式

（3）结论。综合上述检测项目，此次该站 3 号主变压器带电检测情况如下：

1、3 号主变压器 A、B、C 三相本体高频局部放电检测未见明显异常。

2、3 号主变压器 A、B、C 三相高压套管升高座超声波局部放电检测未见明显异常。

（二）设备信息

该站 3 号主变压器 A、B、C 相为 2014 年 3 月生产，2015 年 9 月投运，型号 ODFPS–1000000/1000。

（三）原因分析

综合油色谱跟踪及带电检测情况，乙炔含量在 0.06μL/L 左右，且未见明显增长，各项试验均未见异常。初步分析认为乙炔异常原因可能与主变压器检修后复役启动过程中的铁心振动等过程有关，涉及主绝缘可能性较小，可继续跟踪运行。

（四）后续处理

（1）继续加强油色谱在线、离线监测跟踪，加强在线油色谱精度校验，色谱异常增长时缩短离线检测周期。

（2）持续加强 3 号主变压器油色谱异常跟踪，分析色谱异常原因，必要时开展带电检测。

（3）明确 3 号主变压器色谱异常跟踪运维建议，提供色谱含量和产气速率的预警值，并做好应急预案。

三、某特高压站高抗缺陷

（一）事件概况

2020 年 2 月 26 日，某特高压站一线路 B 相高抗乙炔异常增长，12 时离线检测值为 4.28μL/L，截至 29 日下午，最大值为 10.98μL/L（上部）。三比值：1、0、0 和 1、2、0。故障类型：电弧放电和电弧放电兼过热。2020 年 1 月 13 日～2 月 26 日，运行 46 天的数据，总烃绝对产气率 17.75mL/d > 12mL/d，总烃相对产气速率 38.63% > 10%。

2020 年 1 月 23 日，该线 A 相高抗 X 柱铁心、夹件接地电流分别为 391mA、358mA，较上次测量值 32.9mA、81.3mA 明显增大。该线高抗 A 相 X 柱铁心夹件接地电流相位差为 164.6°，其他相铁心夹件接地电流相位差 360°。A 相 X 柱铁心夹件引下线合并后接地电流测试值为 117mA，与正常状态下单独的铁心夹件接地电流值之和基本一致。说明铁心夹件接地引下线中存在方向相反的环路电流。初步判断铁心夹件内部存在绝缘不良，与外部接地点构成环路。按油色谱绝对量分析，3 月 11 日～4 月 13 日三比值编码均为 002，对应故障类型为高温过热（大于 700℃）。

2020 年 5 月 1 日，特高压某站某线 B 相高抗在线监测乙炔值由零突增至 2.7μL/L，现场油色谱离线分析，离线乙炔值为 7.07μL/L，紧急拉停。5 月 1 日 9:30，离线值

7.07μL/L；5 月 1 日 12:30，离线值 8.62μL/L，三比值 022，故障类型：高温过热。线路高抗的地屏铜带及铁心夹件搭接如图 2-23 所示。

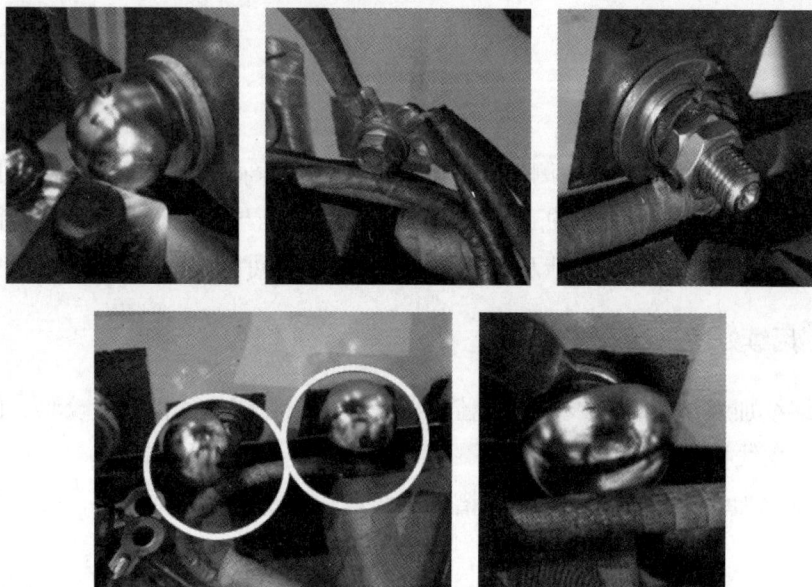

图 2-23　线路高抗的地屏铜带及铁心夹件搭接

（二）设备信息

该设备型号为 BKD-240000/1100，额定容量：240000kvar，额定电压：$1100/\sqrt{3}$ kV。

（三）原因分析

（1）地屏铜带放电及断裂缺陷。由于铜和纸的线膨胀系数不同，干燥过程中绝缘纸沿铁心半径方向收缩导致铜带褶皱，电抗器在电压波动下振动加剧，地屏铜带受力加剧。振动导致电场畸变趋于严重，褶皱处局部产生放电，这与铜条上均存在零星点状游离碳痕迹相吻合。

（2）地屏铜带过热老化。铜带过热现象应为铁心饼间气隙漏磁通导致。过热铜带（特别是中部出线位置过热铜带），在电应力、热应力、机械应力的综合作用下，更易出现熔融断裂。断裂铜带由于等电位性破坏产生悬浮电位，在各种应力的持续作用下，进一步产生持续性或间歇性的放电，导致乙炔异常增长。

（3）铁心夹件搭接过热。该高抗上部磁屏蔽装配工艺不良，与上铁轭水平距离过近且无有效固定和绝缘措施。长期运行过程中压钉松动，在振动和电磁力作用下磁屏蔽发生位移，与上铁轭接触形成通路，接触方式为面接触（存在多点接触），最终导致接触部位发热烧蚀产气。

第三章

绕组结构及缺陷分析

绕组是构成与变压器、电抗器、调压器等变电设备标注规定电压值相对应的电气线路的一组线匝。绕组环绕在铁心柱外部，构成变压器的电气回路，是变压器的核心部件。绕组的功能是将一个交流系统的电压和电流转化成另一个交流系统的电压和电流，两个交流系统的电压和电流的转化关系，即电压比和电流比是由成对绕组之间的匝数比确定的。变压器的绕组按功能分为高压绕组、中压绕组、低压绕组、分接（调压）绕组、一次绕组（从电源处接受电能的绕组）、二次绕组（向负载侧供给电能的绕组）、自耦绕组（公共绕组与串联绕组之和）、励磁绕组、补偿绕组、移相绕组、网侧绕组、阀侧绕组、附加绕组等，由带绝缘的铜（或铝）导线和绝缘零部件组成，都是圆筒形且与套装绕组的铁心柱同心。绕组的绕向（导线缠绕的方向）包含左绕向和右绕向两种，绕向决定着变压器一次绕组和二次绕组、三次（如果有）绕组之间的相位关系。除电抗器外，成对的绕组组成一次和二次工作关系，三相绕组的出线端头以适当的方式连接起来，构成星接和三角形或其他连接形式。绕组的结构十分紧凑，既有绝缘要求、机械强度要求，还有散热要求等。

变压器绕组产生的损耗就是变压器的负载损耗，不同工况下的负载损耗是指各工况下参与运行的绕组的损耗之和（含引线损耗）。负载损耗包括以下三部分：绕组直流电阻损耗、交变漏磁通穿过绕组导线时产生的涡流损耗；处在绕组漏磁场的引线、夹件、油箱等金属部件中产生的杂散损耗，这三部分损耗绕组自身的损耗最大，即绕组直流电阻损耗占比最大。降低变压器负载损耗的主要手段就是寻找减少电阻损耗的方法，比如：寻找电阻率较低（或电导率较高）的导线材料，减少绕组的线匝数，加大每匝导线的横截面积等，但这些措施都应该考虑与其他参数配合、与其他材料的消耗相协调。变压器类产品使用的导线都是外包绝缘或漆包的导线。

第一节　绕组结构与分类

一、变压器绕组分类

绕组主要分为层式、饼式和箔式三大类。

（一）层式绕组

层式绕组俗称圆筒式绕组，层式绕组的绝缘导线沿绕组轴向一匝一匝连续绕制、按平面紧密排列，形似一个圆筒。层式绕组分为单层层式绕组和多层层式绕组，多层层式绕组层与层之间设有冷却油道或以绝缘纸隔开，相邻层绕制紧密。层式绕组的绝缘导线可以沿绕组轴向多根并绕，也可以沿绕组辐向多根并绕，但辐向并绕的绝缘导线根数一般不超过两根。为防止并联绕制的绝缘导线间因匝链漏磁通差异产生环流，必要时还需对并绕的绝缘导线采取换位措施。层式绕组结构简单，连续绕制，操作方便，对绝缘水平较低的多个绕组可以一起绕制，不需分开绕制，如配电变压器，电压等级较低、容量较小的电力变压器普遍采用。对于绝缘水平低于 110kV 等级且容量不大的变压器，可以采用多层圆筒式绕组绕制高压绕组；调压绕组经常采用轴向并绕的单层层式绕组或多层层式绕组；有记录记载，国外 500kV 250MVA 电力变压器的高压绕组也曾采用过多层层式绕组，不过高压绕组采用多层层式绕组时层间绝缘需要根据层间电压进行加强和特殊处理。层式绕组的特点是结构紧凑，生产效率高，耐受冲击过电压性能好，但其机械强度差。层式绕组如图 3-1 所示。

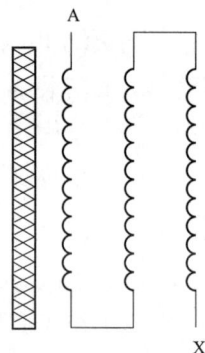

图 3-1　层式绕组

（二）饼式绕组

饼式绕组又称盘式绕组，饼式绕组由导线一匝接一匝地沿绕组辐向（径向）连续绕制，形似一个空心圆饼（圆环），绕好一饼后连续绕制第二个饼，线饼的线匝由里向外连续绕制的称为正饼，由外向内连续绕制的称为反饼，正饼和反饼成对排列，许多个正饼和反饼沿绕组轴向排列就组成了饼式绕组。饼式绕组的每饼线匝数和绕组的总饼数与产品容量、电压等级、阻抗电压、线匝并联导线数等有关，由设计工程师确定。饼式绕组散热性能好，机械强度高，适用范围大，但耐受冲击过电压性能较圆筒式绕组要差。饼式绕组包括连续式绕组、纠结式绕组、插入屏绕组、螺旋式绕组等，应用于各种电压等级的产品。连续式绕组、纠结式绕组、插入屏绕组还可以做成全绝缘和分级绝缘两种形式，全绝缘绕组的匝绝缘从第一匝到最后一匝厚度是一样的；分级绝缘的绕组匝绝缘根据绕组电位梯度和场强分布情况分区域选择不同厚度的匝绝缘，电位梯度大、电场强度高的区域选择厚绝缘，电位梯度小且均匀的区域选择薄一些的匝绝缘。饼式绕组如图 3-2 所示。

（三）箔式绕组

箔式绕组由金属箔（铜箔或铝箔）或金属薄板（铜或铝）沿绕组辐向（径向）一层层连续绕制而成，每一层为一匝，层与层之间用绝缘薄膜隔开，金属箔的宽度等于绕组轴向的电抗高度，箔式绕组可以是单匝，也可以是多匝。箔式绕组如图 3-3 所示。

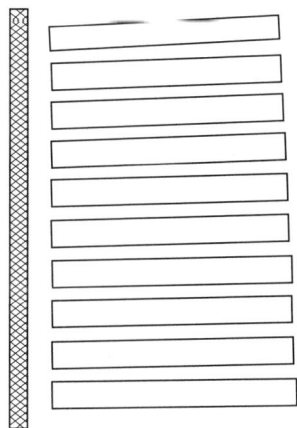

图 3-2　饼式绕组　　　　图 3-3　箔式绕组

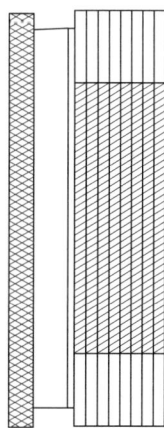

二、变压器绕组形式

绕组形式主要根据绕组容量、电流、绝缘水平、冲击水平、绕组匝数、机械强度、温升等来选择，导线种类、并联根数、截面形状等，对选择绕组形式有一定影响。

变压器的绕组按照它们之间的安排方式分为同心式和交叠式两种基本形式。同心式绕组的排列方式按绕组由内向外排列的顺序同心地套在铁心柱上，绕组与铁心之间、绕组与绕组之间以同心绝缘纸板筒和撑条隔开，同心式绕组如图 3-4 所示。

交叠式绕组其排列方式，是沿铁心高度方向将高压绕组和低压绕组交替排列，并且是沿绕组总高度中心线对称排列，高压绕组与低压绕组之间用绝缘纸板圈和绝缘垫块隔开，整个绕组与铁心之间用绝缘纸筒的撑条隔开。交叠式绕组也是同心圆形绕组，只是绕组的排列方式不是同心排列而已。交叠式绕组如图 3-5 所示。

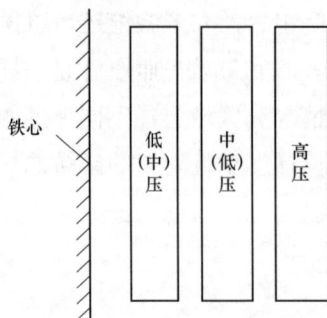

图 3-4　同心式绕组　　　　图 3-5　交叠式绕组

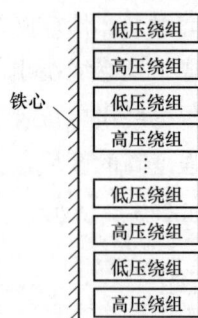

（一）圆筒式绕组

圆筒式绕组又称层式绕组，是典型的同心式绕组，由单根或多根导线并联沿绕组轴向连续绕制而成；沿绕组的辐向（又称径向）方向，根据绕制的层数不同分为单层式、双层式、多层式及分段式圆筒式绕组。

多根并联的导线可以是沿绕组轴向并联排列，也可以是沿绕组辐向并联排列，轴向并联的导线在绕制单层圆筒式绕组时不需进行换位，在连续绕制多层圆筒式绕组时可在层间过渡位置处换位；辐向并联的导线在绕组绕制过程中必须换位，导线换位的次数和换位的位置与并联的导线根数有关。

为了满足多层绕组之间的绝缘要求，层与层之间设置分级绝缘或不分级绝缘。分级绝缘是指连续绕制的两层绕组之间，在内层向外层升层位置附近的电位差小，层间绝缘要求薄一些，而在绕组的另一端层与层之间的电位是两层之间的电位差，需要较强的绝缘，因此层间绝缘的截面是一个三角形；层间绝缘厚度一样则是不分级绝缘。还有特殊的多层绕组分段式结构，除了层间绝缘外还有分段间的段间绝缘。层式绕组绝缘示意图如图 3-6 所示。

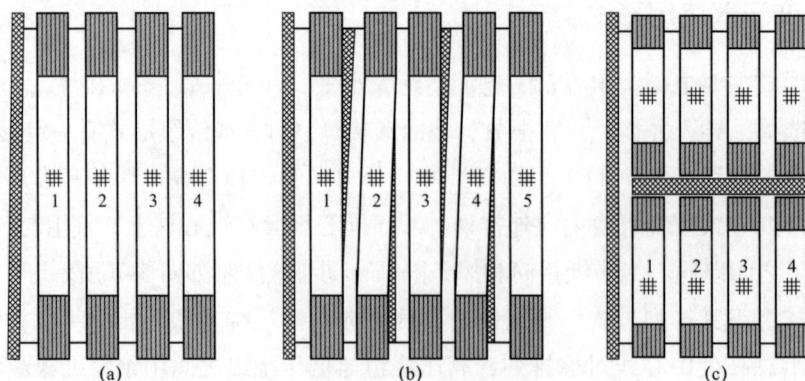

图 3-6　层式绕组绝缘示意图

（a）层间不分级绝缘；（b）层间分级绝缘；（c）分段式多层绕组段间绝缘

为了使多层绕组内部具有较好的散热性能，在线层之间需要设置纵向冷却油隙。对于电压不高、容量不大的变压器，高、低压绕组可以一起绕制，不需分开绕制后再装配。圆筒式绕组适合于配电变压器、小型电力变压器、特殊变压器和调压绕组的绕制。

（二）箔式绕组

箔式绕组是以铝箔或铜箔作为导体绕制成的绕组，是圆筒式绕组的特殊形式。一层一匝的箔式绕组，金属箔的宽度等于绕组轴向的电抗高度，一层一匝连续绕制多匝箔式绕组，层与层之间是匝与匝之间的关系。每层单匝的多层箔式绕组适用于电压低、匝数少、电流大的绕组。还有一种用于匝数较多的高压绕组的箔式绕组，金属箔的宽度由箔式绕组轴向电抗高度和沿绕组轴向分配的串联连接的线饼饼数以及线饼与线饼之间的绝缘高度来确定，多个线饼可以同时绕制，饼间有绝缘垫块构成饼间绝缘，绕制完成再进行串联连接，多饼箔式绕组是饼式绕组的特殊形式。箔式绕组金属箔的厚度由绕组承载的电流、金属箔宽度和导线截面积确定。当箔式绕组承载更大的电流时，需要采用金属板（铜板或铝板）绕制箔式绕组。箔式绕组空间利用率高，可自动绕制，生产效率高，而被干式变压器、配电变压器、容量较小的中小型电力变压器、工业用动力变压器等的低压绕组和干式变压器的高压绕组变压所采用。箔式绕组如图3-7所示。

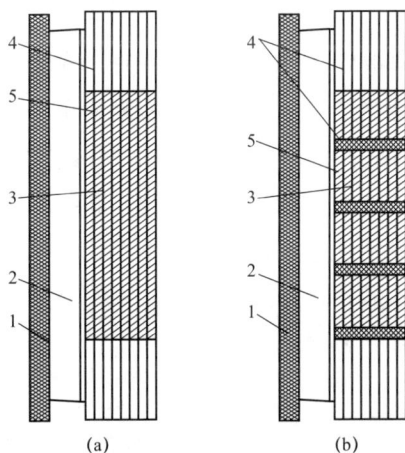

图3-7 箔式绕组

（a）多层箔式绕组；（b）多饼箔式绕组

1—纸筒；2—油隙撑条；3—绝缘薄膜；4—绝缘端圈；5—金属箔

（三）连续式绕组

连续式绕组是由多个线饼沿绕组轴向串的同心式绕组，奇数线饼的导线从外侧向内侧依次排列，称为反饼；偶数线饼的导线从内侧向外侧依次排列，称为正饼。一个反饼和一个正饼成对组成一个双饼单元，多个成对的双饼单元串联，构成完整的连续式绕组。连续式绕组的线饼数必须是偶数，正、反饼之间通过翻绕法实现饼与饼之间的过渡。连续式绕组示意图如图 3-8 所示。

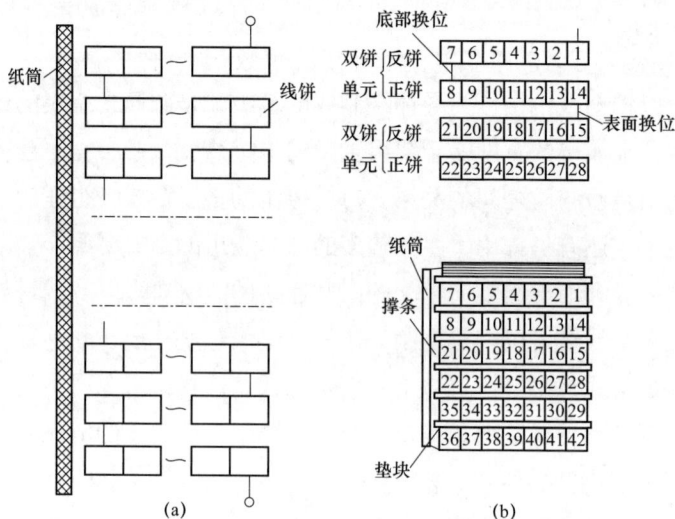

图 3-8　连续式绕组示意图

（a）连续式绕组线匝排列；（b）连续式绕组断面图

连续式绕组由两根或两根以上导线并联绕制时，为避免并联导线之间因匝链的漏磁通量不同产生环流引起绕组过热，需在反饼内侧和正饼外侧两个线饼过渡连接处进行换位，换位跨过两个线饼之间用于饼间绝缘和散热的油隙垫块隔开的空间。两根导线并联绕制时可以做到完全换位，超过两根导线并绕制时则不能完全换位，大容量连续式绕组并联导线数一般不超过8根。在绕组设计和制造中，尽可能地实现并联导线完全换位，尤其是超过4根并联导线的场合，不完全换位要控制在最小范围内，连续式绕组并联导线换位如图 3-9 所示。

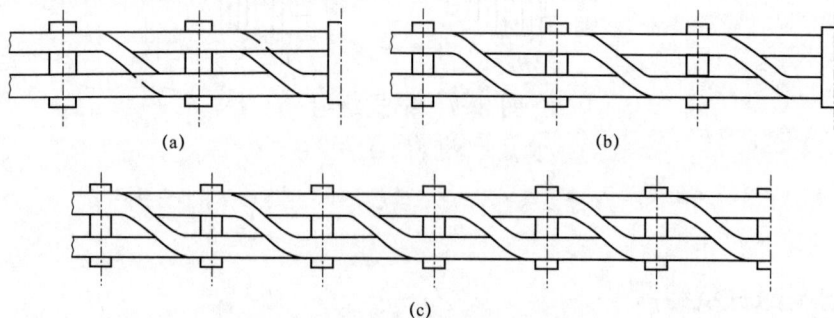

图 3-9　连续式绕组并联导线换位

（a）两根导线并绕；（b）三根导线并绕；（c）六根导线并绕

连续式绕组的变化形式有半连续式绕组和双连续式绕组。半连续绕组的一对正、反饼之间，或相邻的两个双饼单元之间不设冷却油道，用1mm厚的绕组隔开起到绝缘作用。半连续式绕组一般用在绝缘水平要求不高、绕组匝数和线饼较多、绕组温升不高的场合，半连续式绕组可以多根导线并联绕制，换位原理和方法同连续式绕组换位相似。

双连续式绕组由两个电压、电流、导线、匝数、线饼数相同的连续式绕组并联组成，两个并联的绕组必须同时绕制，并联绕制的两个线饼具有相同的电位和相同的阻抗。双连续式绕组适用于绕组匝数和单个连续式绕组线饼不多、电流比较大、绕成一个绕组时线饼温升较高的场合。当绕组温升允许的情况下，为了提高铁窗填充率，两个并联线饼之间可以同半连续绕组一样放置绝缘纸圈而省去一个散热油道。双连续式绕组如图3-10所示，双连续式绕组可以多根导线并联绕制，换位原理和方法与连续式绕组换位相似。

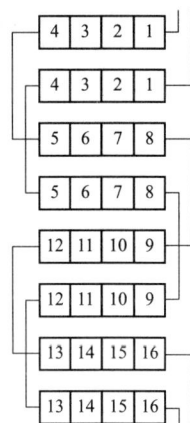

图 3-10　双连续式绕组

连续式绕组具有较好的机械强度和散热性，但承受冲击过电压的能力较差，连续式绕组的纵向电容较小，耐受雷电冲击过电压的性能较低，当受到雷电冲击时起始电压分布很不均匀，首端部分的线饼电位梯度较高，容易发生匝间或饼间击穿事故。连续式绕组适用于110kV以下电压等级的高压绕组。

（四）纠结式绕组

当变压器的绕组受到雷电冲击过电压的作用时，人们总希望在雷电冲击电压作用的初始阶段，绕组的起始电压能够比较均匀地分布于绕组的各个线匝和线饼上，尤其是绕组端部数个线饼的电位分布，将影响整个绕组的性能乃至变压器的安全。为使绕组具有较好的耐受雷电冲击过电压的性能，人们发明了纠结式绕组。

纠结式绕组的线饼中，两个相邻的线匝之间不是电气上直接串联连接的关系，而是经过若干个线匝或间隔若干个线匝后再串联连接的特殊线饼，与连续式绕组一样由一个反饼和一个正饼成对组成一个双饼单元，多个成对的双饼单元串联，构成完整的纠结式绕组。纠结式绕组的外形和连续式绕组极为相似，是连续式绕组的特殊形式。纠结式绕组线饼匝间电压差较大，提高了匝间电容，能够较好地对线饼的对地电容电流进行补偿，使冲击电压沿绕组线饼尤其是绕组端部线饼的电位分布比较均匀，提高了绕组纵绝缘承受冲击过电压的能力和安全。成对的纠结式绕组线饼底部（线饼内侧）连接线是连续的不需要剪断，称之为"连线"。线饼外部（线饼外侧）连线需要剪断重新连接，称为"纠线"，在连线和纠线位置可以对并联导线进行换位。

纠结式绕组的导线可以多根并联，由两根单导线绕制时称之为"1+1"纠结，由两根以上紧邻排列的并联导线绕制时，仍然是"1+1"纠结，只是此时线匝间的电容量变小，耐受冲击的能力下降，"1+1"纠结式绕组如图 3-11 所示。

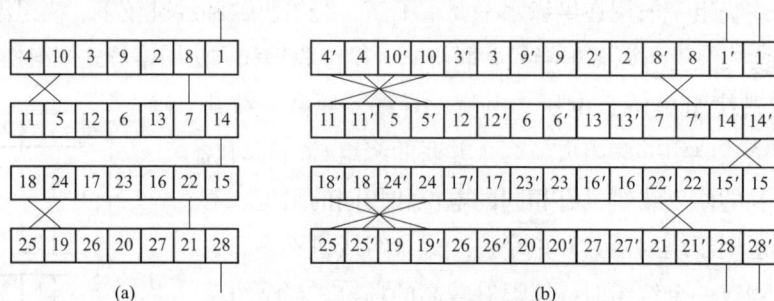

图 3-11 "1+1"纠结式绕组

（a）单根导线"1+1"纠结；（b）两根导线并联"1+1"纠结

（五）纠结连续式绕组

纠结连续式绕组是纠结式绕组和连续式绕组的组合，为了降低线圈首端部分线饼的电位梯度，在绕组首端设置数饼纠结线饼，而后接续绕制连续式绕组至完整的绕组，这样不仅满足了绕组电气强度的要求，又降低了绕组制造难度和制造成本，纠结连续式绕组如图 3-12 所示。纠结连续式绕组一般用在 330kV 及以下绝缘水平的绕组中。

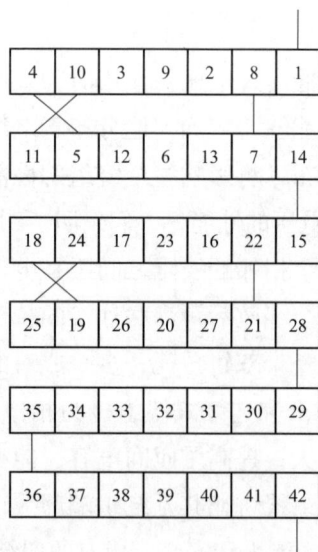

图 3-12 纠结连续式绕组

（六）插入屏蔽式绕组

插入屏蔽式绕组又称插入电容式绕组，是在绕组的全部线饼或部分线饼的指定线匝间插入增加绕组纵向电容而不承担负载电流的导线。增加纵向电容的导线又称为屏线，屏线跨线饼插入绕组，通常有双饼屏、四饼屏、六饼屏等，插入屏蔽式绕组如图 3-13 所示。由于屏线无工作电流，因此通常采用厚度很薄、截面很小的导线。屏线的匝绝缘与所跨接的绕组匝数有关，跨接的线匝越多、电位差越大，需要的匝绝缘相对越厚。屏线的一端与紧邻的两根工作线匝中的一根连接，另一端悬空，为防止绕组工作时屏线悬空端发生局部放电，在包扎绝缘之前首先将断口处理光滑，再用半导体材料做好屏蔽，最后按要求包裹绝缘。

插入屏蔽式绕组的纵向电容更大，耐受冲击电压的能力更强，同连续式绕组一样连续绕制，绕制时剪断线和连接焊线工作量小，绕制工艺比纠结式绕组简单，可靠性和工作效率高，最适合于用换位导线绕制的对冲击耐受水平要求高的绕组，尤其是用大截面换位导线绕制的超、特高压变压器高、中压绕组。根据波分布计算结果，确定绕组是全插入屏蔽或部分插入屏蔽。

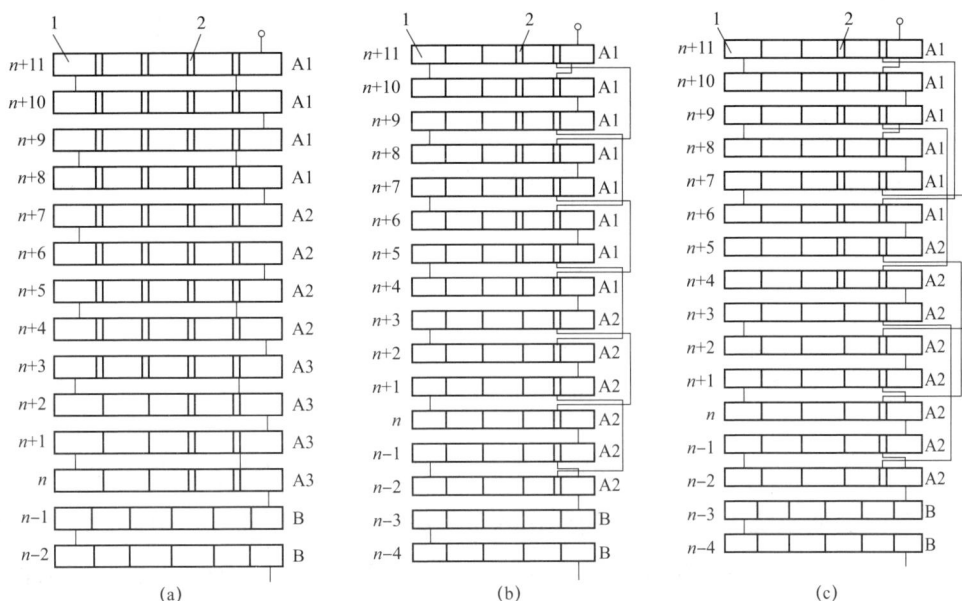

图 3-13 插入屏蔽式绕组

（a）双饼屏蔽；（b）四饼屏蔽；（c）六饼屏蔽

1—线匝；2—屏蔽线

（七）螺旋式绕组

螺旋式绕组是由多根沿绕组辐（径）向并列排列的并联扁导线或换位导线，沿绕组轴像螺旋螺纹一样连续绕制而成。螺旋式绕组的显著特点是所有并联导线每绕一圈就称为一匝，即每一个线饼只有一匝电气匝数。每个线饼之间由绝缘垫块隔开，构成线饼（线匝）绝缘和散热通道。为了避免并联导线因匝链不等量的漏磁通而在并联导线中产生循环电流，产生较大的附加损耗，并联导线之间需要换位，而且尽可能做到完全换位。螺旋式绕组可以是单螺旋或多螺旋，多螺旋一定并联绕制，各螺旋之间电气上是并联关系（除调压绕组）。也可以"半螺旋"绕制，如单半螺旋式绕组、双半螺旋式绕组等。半螺旋式绕组与半连续式绕组的"半"含义相似，在满足绕组温升的前提下，两个匝线饼之间可以不设油道，仅用绝缘绕组隔开或设置只起绝缘而无散热作用小油道，以利于降低绕组高度，充分利用空间，螺旋式绕组如图 3-14 所示。

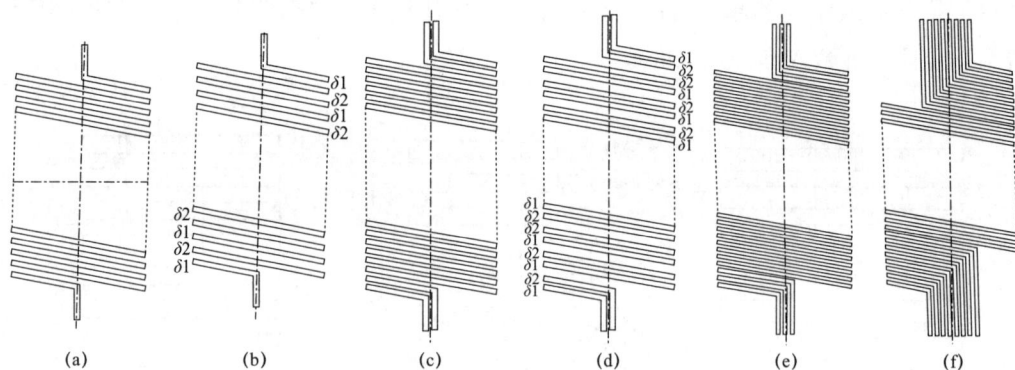

图 3-14　螺旋式绕组

（a）单螺旋式绕组；（b）单半螺旋式绕组；（c）双螺旋式绕组；（d）双半螺旋式绕组；
（e）三螺旋式绕组；（f）八螺旋式绕组

为了满足绕组输出大电流的需要，多螺旋式绕组特别适合于绕制低电压、大电流或特大电流的低压绕组，有时也使用在调压绕组中。当变压器绕组中通过较大电流时，为了减少绕组自身的电阻损耗，采用截面较大的导线。单根大截面导线的尺寸即厚度和高度（或宽度）较大，在纵向漏磁通的作用下，导线厚度方向产生较大的涡流，使绕组的附加损耗大大增加；在横向漏磁场的作用下，绕组端部导线的高度方向产生更大的涡流损耗，因为涡流损耗与导线的厚度有关，当厚度增加一倍时，涡流损耗要增加四倍，通常绕组导线的高度尺寸是厚度尺寸的三倍以上，因此产生的涡流损耗远远大于导线厚度方向产生的涡流损耗。几何尺寸较大的导线不仅仅是增加附加损耗的问题，更重要的是引起绕组过热，尤其是绕组端部过热引起导线匝绝缘的老化损坏引发绕组匝间短路故障。另外用几何尺寸较大的导线绕制绕组，对设备的要求较高，绕制者操作十分困难。为避免上述问题，最好的办法就是采取多根导线并联的技术，在不降低总截面的情况下，减小导线截面，减小单根导线尺寸，尤其是导线厚度尺寸。

多根导线并联绕制绕组带来的问题是并联导线之间的循环电流。由于并联的每根导线在绕组中所处的位置不同，各根并联导线的长度不一样，电阻不相等，负担的电流不均匀，对应绕组的漏磁场不同，所产生的感应电动势不相同，使并联的导线之间产生循环电流。这个循环电流增加了变压器绕组损耗，提高了绕组的温升，加速了匝绝缘老化，易诱发运行事故。解决这一问题的最好办法就是多根并联导线在绕制绕组时进行换位，通过换位使并联导线在整个绕组辐向中的位置基本相同，实现对称分布，尽可能地使每根导线的长度一样、电阻相等、交链的漏磁通相等，每根导线分配的负载也电流相等。螺旋式绕组并联导线根数比较多，因此换位的方法也较多。

1. 单螺旋式绕组换位方法

单螺旋式绕组换位方法有三种，即一次标准换位法（又称交叉换位法）、"212"换位法和"424"换位法。为使以下分析更加简明，从理想状态出发，忽略了绕组端部磁力线弯曲对换位效果的影响。

（1）一次标准换位法，是在单螺旋式绕组电抗高度的中心（一半）处、绕组总匝数的1/2匝数处进行一次换位，这种换位使两根并绕的导线在绕组漏磁中的位置完全对称，基本实现了完全换位，单螺旋式绕组一次标准换位如图3-15所示。从图3-15（a）可以看出，两根并联导线在漏磁场中的位置基本相同，换位完全；从图3-15（b）中可以看出，三根并联导线在漏磁场中的位置不相同，1号和2号导线匝链的漏磁通相同，而与3号导线匝链的漏磁通不相等，它们与3号导线之间存在循环电流，因此一次标准换位对超过三根并联导线是不完全换位，不适用三根以上并联导线的换位。用每根导线在漏磁场中的全部位置来判断并联导线是否完全换位的方法，可以用来分析多根并联导线绕制螺旋式绕组的换位情况。

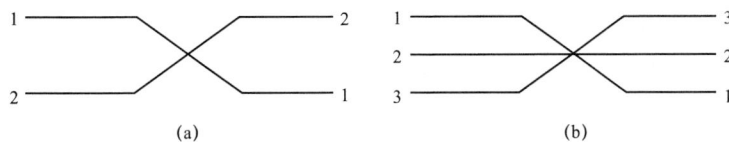

图3-15　单螺旋绕组一次标准换位

（a）两根并联导线一次标准换位；（b）三根并联导线一次标准换位

（2）"212"换位法，是将并联导线分成两组，在绕组总匝数的1/2处进行一次标准换位，在总匝数的1/4和3/4处各进行一次特殊换位。标准换位是将所有并联的小导线进行交叉换位；特殊换位是将两组并联导线的位置换位，每组并联导线中的小导线之间不换位，单螺旋式绕组"212"换位如图 3-16 所示。

"212"换位对 4 根导线并联绕制的单螺旋式绕组是完全换位，由图 3-16（a）可以看出，4 根并联导线在漏磁场中的位置相同，导线长度相等，直流电阻相等，漏磁感应电动势相等，实现完全换位。对 5 根及以上并联导线绕制的单螺旋式绕组来说则是不完全换位，现以 8 根并联导线为例说明，如图 3-16（b）所示 8 根并联导线。8 根并联导线绕制单螺旋式绕组采用"212"换位时，编号 1、4、5、8 的导线与编号 2、3、6、7 的导线在漏磁场中的位置不同，因此各并联导线感应的电动势不相等，它们之间会有循环电流，换位不完全。如果 8 根并联导线能进行两个"212"换位，便可以实现完全换位。通常采用"212"换位的单螺旋式绕组，并联绕制的导线根数不宜超过 16 根。

"212"换位法并联导线数是 2 的倍数，总匝数的 1/12 处、1/4 处和 3/4 处，也是绕组电抗高度的 1/2 处、1/4 处和 3/4 处，绕组以电抗高度 1/2 为中心，匝数、线饼数、油道数、油道高度等完全对称。

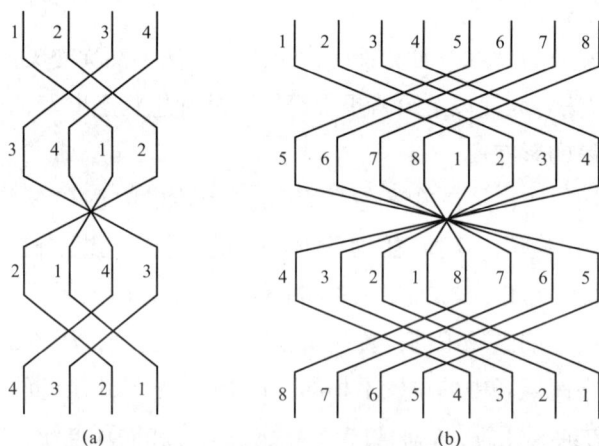

图 3-16　单螺旋绕组"212"换位

（a）4 根并联导线；（b）8 根并联导线

（3）"424"换位法，是将并联导线分为根数相同的 4 组，首先在总匝数的 1/4（或 3/4）处，以每组并联导线相对位置不变的方式进行一次标准换位；再在总匝数的 1/2 处，将分为根数相同的两组并联导线分别进行一次标准换位；最后在总匝数的 3/4（或 1/4）处以每组并联导线相对位置不变的方式再进行一次标准换位，单螺旋式绕组"424"换位示意图如图 3-17 所示。"424"换位法并联导线数一定是 4 的倍数，总匝数的 1/2 处、1/4 处和 3/4 处也是绕组电抗高度 1/2 处、1/4 处和 3/4 处，绕组以电抗高度 1/2 为中心，匝数、线饼数、油道数、油道高度完全对称。从图 3-17（a）看出，8 根并联导线采用"424"换位尽管也不是完全换位，但效果比采用"212"完全换位要好得多，实际上"424"换位法是对"212"换位法的改进，更适合超过16（4的倍数）根并联导线的场合绕制单螺旋式绕组。图3-17（b）为16根并联导线"424"换位。

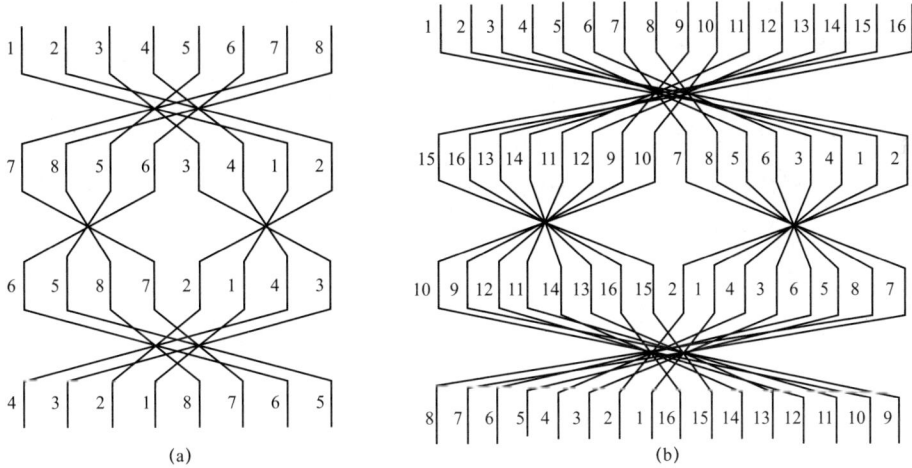

图 3-17 单螺旋绕组"424"换位

（a）8根并联导线；（b）16根并联导线

"424"换位可以演变出另一种换位方式，两种12根并联导线"424"换位，如图3-18所示。图3-18（a）为方法一，标准的"424"换位；图3-18（b）为方法二，是演变的"424"换位。在方法二中，将并联导线分为根数相同的2组，首先在总匝数的1/4（或3/4）处将两组并联导线分别进行一次标准换位；然后在总匝数的1/2处将并联根数相同4组导线，以组内并联位置不变进行一次标准换位；最后在总匝数的3/4（或1/4）处将两组并联导线分别再进行一次标准换位。

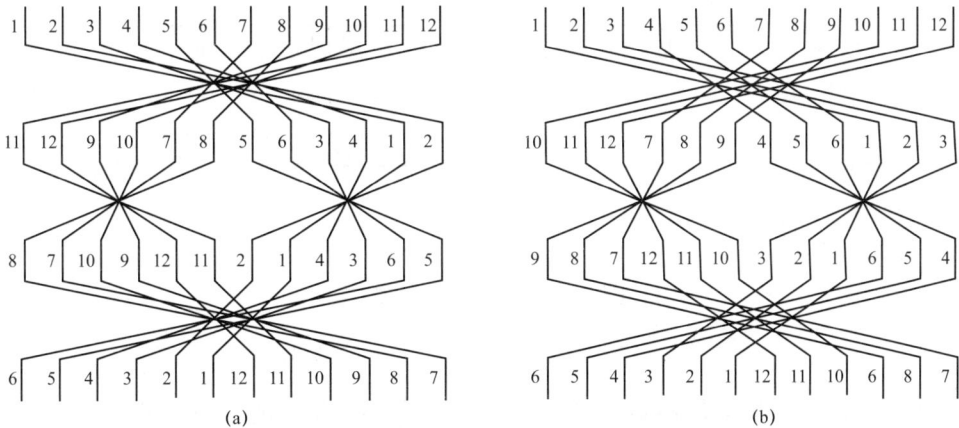

图 3-18 两种12根并联导线"424"换位

（a）方法一；（b）方法二

2. 双螺旋式绕组的换位方法

双螺旋式绕组的换位可以按每个螺旋像单螺旋式绕组一样换位，但这样做对于并联导线较多的场合不仅难于实现完全换位，同时绕制异常困难，为此人们针对双螺旋式绕组的特点，推出了均布交叉（又称均匀交叉）换位法。均布交叉换位法，是将两个并联导线数相同的单螺旋式绕组总的并联导线数作为换位次数均匀地分配在绕组总的并联匝数中。换位在两个螺旋并联线匝（饼）之间进行，其中将第一个螺旋线饼最外侧的一根并联导线转移到第二个螺旋线饼的最外侧，同时将第二个螺旋线饼最内侧的一根并联导线转移到第一个螺旋线饼的最内侧，这样就完成了第一个交叉换位，如此按照均匀的节距继续进行交叉换位，最终完成一次均布交叉的全部换位，均布交叉换位如图 3-19 所示。

一次均布交叉换位的换位效果比"424"换位法要好得多，重复一次均布交叉换位成两次均布交叉换位，两次均布换位的效果比一次均布换位的效果又好了一些，但仍然不是完全换位。

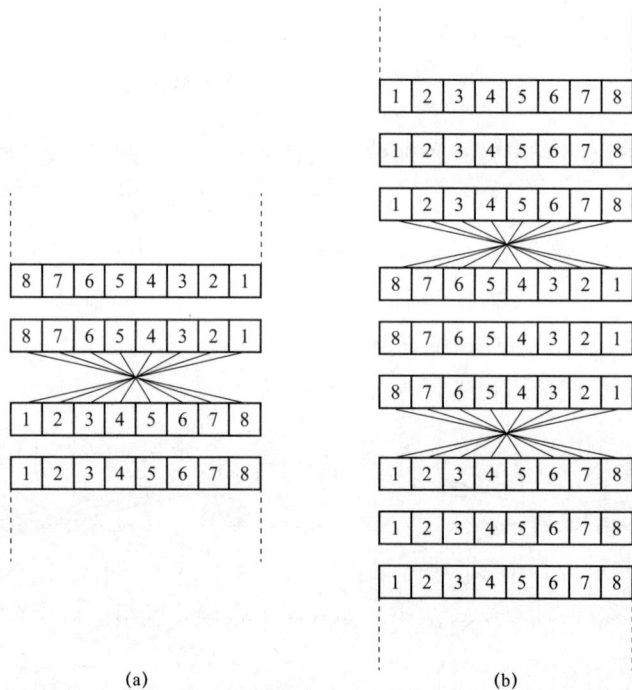

(a)   (b)

图 3-19　均布交叉换位

（a）8 根导线一次均布交叉换位；（b）8 根导线两次均布交叉换位

由于磁力线在绕组端部弯曲，影响了完全换位的效果，因此采用了多次均布交叉换位的方法，尽可能地将换位效果做得更好。这里通过介绍改良了的三次均布交叉换位法来说明提高完全换位的效果，三次均布交叉换位如图 3-20 所示。在三次均布交叉换位中，第二次均布交叉换位时两个并联线饼之间的单根导线换位转移设定的节距比第一次和第三次均布交叉换位要大一些，也就是说完成第二次均布交叉换位需要的匝数比完成第一次和第三次均布交叉换位所需的匝数要多，通常第一次和第三次均布交叉换位各占用绕组总匝数的五分之一，第二次均布交叉换位占用绕组总匝数五分之三。如果工艺许可，多次均布交叉换位是双螺旋绕组最好的换位方法，尤其是在并联铜扁线根数比较多的场合，更适宜采用多次均布交叉换位的方法。当均布交叉换位次数比较多时，绕组两端的换位匝数分区不需要特殊处理，按整个绕组匝数均匀分区就可以了。使用多根换位导线并联绕制双螺旋式绕组时，均布交叉换位次数最多不超过三次，不仅可以满足均流的效果，还使绕制绕组的效率大大提高。

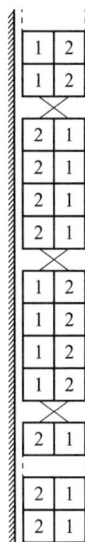

图 3-20 三次均布交叉换位

3. 多螺旋式绕组换位方法

多螺旋式绕组每一个螺旋有相同数量的扁导线并联，这种多螺旋式绕组（螺旋为 2 的倍数）的换位十分复杂。为了简化绕制工艺，可将相邻的螺旋两两分组，根据计算确定采用"212"换位或"424"换位，在"212"换位或"424"换位的每个换位区间内，两个螺旋之间进行均布交叉换位，这种组合的换位方法将产生较好的换位效果，同时也简化了复杂的工艺。

用换位导线绕制多螺旋式绕组最适合于调压绕组，如果每一螺旋只有一根换位导线（一个螺旋是一个调压级），多螺旋之间不需要换位；单螺旋并联绕制的换位导线，每根换位导线是一个调压级时并联导线之间也不需要换位；只有每一级调压由多根导线并联时才考虑使用最简洁的换位方法，这种现象只有在特大容量变压器中，且调压绕组电流特大的情况下才可能出现。

螺旋式绕组还有一种双层式结构，如双层单螺旋式绕组、双层双螺旋式绕组和双层多螺旋式绕组，双层螺旋式绕组如图 3-21 所示。双层螺旋式绕组的换位方法与单层螺旋式绕组的换位相同，只是又重复了一遍。对于轴向并联的导线，可以在第一层螺旋向第二层螺旋升层时对两组轴向并联的导线进行一次轴向换位，双螺旋式绕组也可以采取同样的方法对双螺旋进行一次轴向换位。

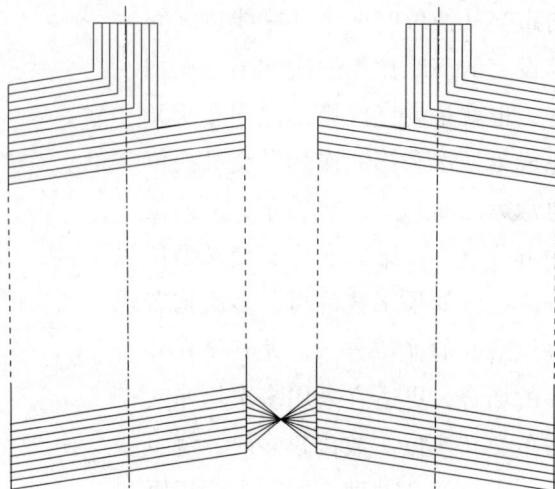

图 3-21 双层螺旋式绕组

（八）移相绕组

用作改变连接组相位的绕组称之为移相绕组。将一个绕组分为两个相互独立的部分，一部分作为基本绕组，另一部分则作为改变相位的移相用绕组。移相绕组本身不能自己独立改变连接组相位，必须经过改变三相绕组首、末端引线之间的连接关系来实现移相。例如，某相移相绕组的一个接线端并不与本相电源相连接，而是与其他相电源相连接，或者不与本相另一个绕组相连接，而与其他相绕组相连接。移相后三相绕组再连接成曲折星形连接或曲折三角连接实现连接组相位角的变化，相位角变化的大小由相互连接的两相绕组的匝数比决定，相位角变化的方向由相连接的两相电压组合决定，移相绕组连接如图 3-22 所示。移相绕组常用于多脉波整流的变流变压器，可以根据电压等级、电流大小、试验要求等选择绕组形式。

（九）交叠式绕组

交叠式绕组适合于电压等级比较低、电流比较大、匝数比较少、承受短路能力要求比较高的场合，常用于电炉变压器结构中，尤其是电弧炉、钢渣炉等运行在反复短路的工作环境下。分段的高压绕组基本是串联连接，多段低压绕组是并联连接。交叠式绕组也可以是多根导线并联连续绕制，换位方法与连续式绕组相同，在正、反饼底部或表面进行。

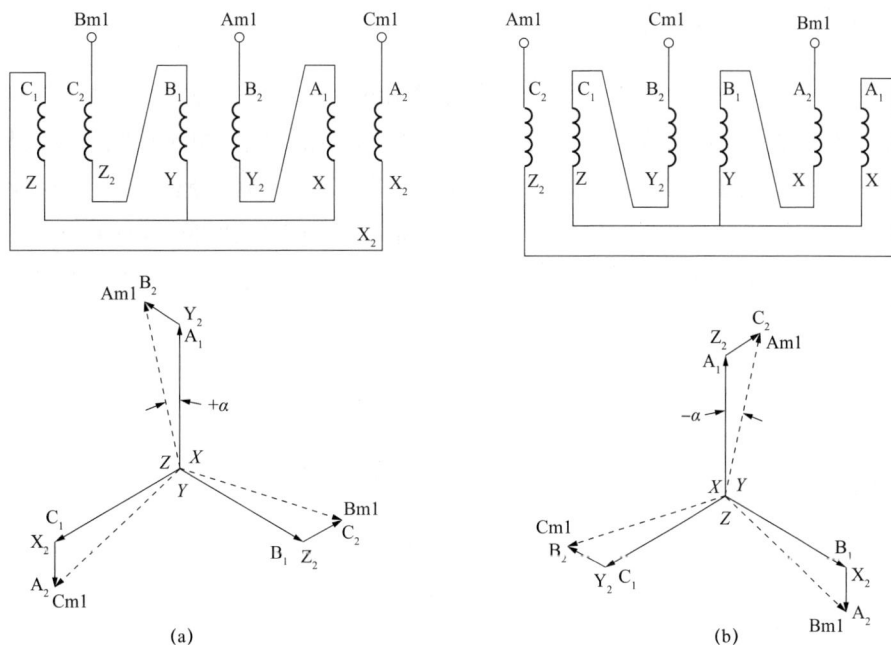

图 3-22 移相式绕组连接

（a）正相位移连接；（b）负相位移连接

三、变压器绕组导线

变压器绕组用导线种类很多，单根导线不仅可以单独使用，还是各种组合导线的单元线。导线的材料为铜和铝，铜导线电阻率较小，强度较高，应用的场合十分普遍；铝导线电阻率较高，强度较差，应用范围较窄，适用于浇注式干式变压器和电抗器等产品。单根导线的形状为圆形或矩形，圆导线用于容量较小的配电变压器，表面漆包或者丝包，有时外包电话纸；矩形导线又称扁线，几乎所有变压器都可以使用，是组合导线、换位导线的紊线，表面可以涂绝缘漆或包电缆纸，通常称为漆包铜扁线或纸包铜扁线。纸包铜扁线如图 3-23 所示。

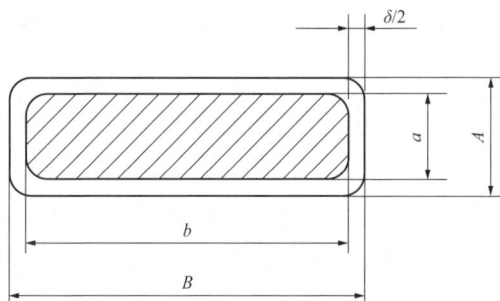

图 3-23 纸包铜扁线

（一）组合导线

组合导线（又称复合导线）是目前广为采用的一种导线。组合导线是将两根及以上数量的纸包扁线经辐向或轴向组合、重叠排列的一组导线。由于并联小导线具有相同的电位，导线间的绝缘要求较低，因此单根小导线的外包绝缘较薄。小导线经组合后再统包公共绝缘，统包公共绝缘的单边厚度加上单根小导线外包绝缘的单边厚度等于正常导线的单边绝缘厚度。可见组合导线能够缩小导线总尺寸，提高变压器铁窗填充系数，降低成本和损耗，组合导线如图 3-24 所示。

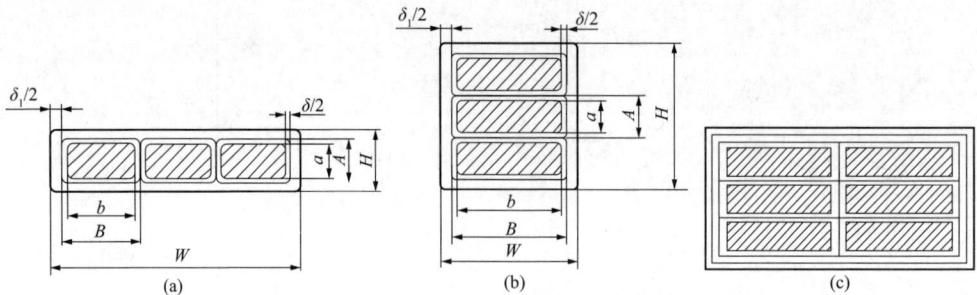

图 3-24 组合导线

（a）辐向组合导线；（b）轴向组合导线；（c）多重组合导线

由于沿绕组整个高度和辐向并联小导线所处的漏磁不同，匝链到的漏磁通量不同，将在它们之间产生循环电流，危及变压器安全运行，所以并联的小导线必须换位。通过换位，可以确保各并联导线所交链的漏磁通总量尽可能接近相等。为使绕组绕制方便，减少单根组合导线换位次数，其辐向并联小导线数不宜超过 3 根，轴向并联小导线数不宜超过 4 根，换位节距由设计确定。单根组合导线轴向有并联小导线，同时辐向也有并联小导线时，辐向组合最多两列，两个方向同时组合的组合导线称为多重复合导线。单根组合导线中的小导线（辐向并联）之间换位，通常称之为小换位，小换位是在换位点将组合导线的公共绝缘打开，剪断小导线进行换位焊接，将焊点打磨光滑对小导线重新包绝缘至规定的匝绝缘厚。

组合导线可以多根并联。由于并联导线在绕组端头不可避免地要与外部引线连接在一起，因此并联的组合导线之间也需要换位，换位可以仿照单根导线并联换位的方式进行换位，换位时不需将线剪断，也不需打开绝缘，并联的组合导线之间换位通常称之为大换位。假如绕组线匝辐向宽度上用（举例说）4 根导线并联，则在绕组整个轴高度上就需要分出 4 个或 8 个等距离的线段，在分段处进行换位。

单根组合导线小导线之间换位和并联的组合之间换位必须结合起来，以取得更好的换位效果。组合导线制造工艺简单，成本不高，广泛用于高压绕组、中压绕组的绕制。

（二）换位导线

绕组处在复杂的漏磁场中，尤其端部由于磁力线弯曲和不平衡引起的横向漏磁对绕组的换位效果、损耗、发热等影响更大。之前所述的单螺旋、双螺旋和多螺旋式绕组的换位方法，实际上都不能做到完全换位，特别是对特大型变压器的低压绕组，由不完全换位带来的附加损耗（涡流损耗和环流损耗）可达基本损耗的 30% 甚至更高。人们在研究绕组换位技术中，发明了换位导线。

换位导线中的小导线为漆包扁线，节省了并联小导线的纸包绝缘，使绕组结构更加紧凑，提高了铁窗的填充率，缩小了铁窗尺寸，整机尺寸和重量都有所降低，节省材料，降低了成本。由于换位导线并联根数较少，因此绕制工艺简便，生产效率高，质量易于控制。

换位导线是将一组并联的小导线在绕制绕组之前就预先完成多次换位，原理同电缆线一样向一个方向绞合，只不过铜扁线的绞合是由两列导线通过上、下两个不同方向的 S 弯同时交叉换列而成，绞合后的换位导线基本保持矩形形状，外部由网包袋或电缆纸固定。换位导线小导线的换位节距是根据小导线的宽度、绕组的最小直径等因素确定的，换位导线如图 3-25 所示。换位导线制绕组，因为每一根并联的小导线在整个绕组中重复数十次甚至数百次两列位置、上下循环换位，使得并联小导线受绕组漏磁的影响最小。单根换位导线中并联小导线的数量最少为 5 根，最多已经超过121 根。

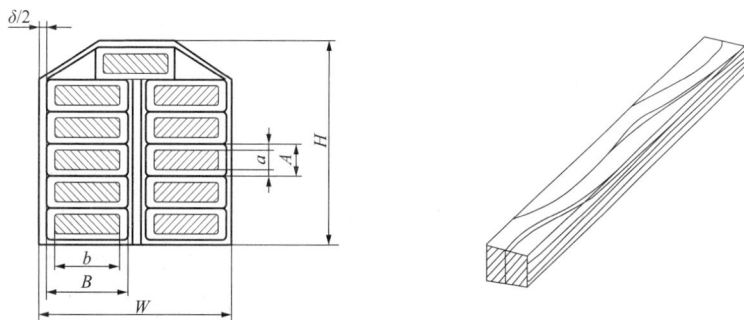

图 3-25 换位导线

对大电流绕组仍然需要用多根换位导线并联绕制，但换位导线的并联根数远少于用普通扁线绕制大电流绕组的并联根数。并联的换位导线之间也需要换位，其原理和方法与之前介绍的并联扁线换位原理和方法相同。多根小导线绞合成的换位导线，大大降低了导线在绕组漏磁中的纵向和横向涡流损耗，并联换位导线间的换位解决了多根并联导线因换位不完全带来的环流损耗，二者结合获得完全换位的效果。并联的换位导线也可以做成组合换位导线。

换位导线中的并联小导线尺寸较小，自身强度不高，以及绞合成型的换位导线整体性相对较差是换位导线的弱点。为了提高普通换位导线的强度，研制出了自粘换位导线。自粘换位导线的小导线表面涂有自粘漆，经热固化将绞合的并联小导线黏合成一体，使得换位导线刚性强度在常温下达到非自粘换位导线的 4 倍以上，大大提高了换位导线整体抗弯强度，克服了自身不足。

自粘换位导线以其优越的综合性能，广泛应用于变压器绕组，但是长时间处在工作温度高于 100℃ 环境下，自粘换位导线的刚性和机械强度会有所下降，降低自粘效果。为弥补自粘换位导线的不足，使自粘换位导线能够在变压器最高运行温度 120℃ 下长期运行保持整体刚度和较高的机械强度，又研制出耐热自粘换位导线。耐热漆包扁线的自粘漆膜具有优良的耐热性能，在 120℃ 条件下黏结强度仍能保持在常温黏结强度的 60% 以上，刚性强度（固化系数）保持在非自黏换位导线的 4 倍以上。耐热自粘换位导线绕制成绕组后的干燥固化特性曲线适应电力变压器制造工艺，并且与变压器油保持良好的相容。

为了进一步提高变压器绕组承受突发短路的能力，要求变压器绕组使用的导线具有极好的抗拉强度和抗弯强度，为此，经特殊冷加工工艺处理的半硬导线（又称硬化导线）得到广泛使用，硬化后的导线屈服强度比普通导线提高 2 倍以上，抗弯强度提高 3 倍以上。

导线硬化技术可以在各种导线中使用。

特大截面的换位导线需要解决导线的散热问题，为了提高特大截面换位导线的散热效果，以网格绝缘带捆绑技术取代了绕包绝缘纸固定换位导线，网包换位导线的漆包扁线直接与变压器油相接触，可以改善散热界面，降低热阻，提高绕组的散热效率，同时也提高了铁窗填充率，降低了产品重量。

硬化导线、耐热自粘漆（含自粘漆）可以同时用于换位导线的制作，网格带捆绑型换位导线仅适用于电压较低的低压绕组。综合各种技术，可以根据技术要求选择不同的换位导线，如纸绝缘耐热自粘缩醛漆包换位导线、纸绝缘耐热自粘缩醛漆包硬化换位导线、捆绑型耐热自粘缩醛漆包换位导线、捆绑型耐热自粘缩醛漆包硬化换位导线等。

第二节　关键工艺

一、变压器绕组的制造

变压器绕组制造工艺主要包括以下几个步骤。

（一）绕线

首先，在绝缘纸或胶带的基础上，将铜或铝绝缘线缠绕在绕组骨架上。绕线过程中需要注意绝缘线的均匀紧密缠绕，以及绕线层数和方向的控制。

（二）绝缘处理

绕线完成后，需要进行绝缘处理，以提高绝缘效果。通常使用绝缘漆或浸渍液对绕组进行涂覆或浸渍，使其具有良好的绝缘性能和耐高温性能。

（三）组装

经过绕线和绝缘处理后，绕组需要进行组装。根据设计要求，将不同绕组之间按照正确的顺序和位置进行组合，同时将绕组连接到端子板或引线上。

（四）固定

在组装完成后，通过固定装置（如夹紧环、螺栓、黏合剂等）将绕组固定在骨架上，以保证绕组的整体结构紧固稳定。

（五）老化处理

为了进一步提高绝缘性能和稳定性，绕组需要进行老化处理。通常在高温环境中进行，以消除潜在的绝缘缺陷和热应力，提升绕组的可靠性。

（六）测试和质量检查

最后，对绕组进行测试和质量检查。包括绝缘电阻测试、绕组电阻测试、绝缘强度测试等，以确保绕组符合设计要求和质量标准。

需要注意的是，每个变压器制造商可能会有不同的工艺流程和技术要求，因此实际的绕组制造工艺可根据具体情况进行调整和改进。

二、变压器绕组的安装

变压器绕组的安装过程涉及多个关键工艺，包括绕组位置调整、绝缘材料安装、引出端子接线、绕组固定和老化处理等。下面将详细介绍这些关键工艺及其在变压器绕组安装中的重要性。

（一）绕组位置调整

绕组位置调整是指将绕组准确地放置在变压器铁心上的过程。在这个工艺中，需要确保绕组的正确位置和对称性，以便于绕组与铁心之间的匹配和电磁性能的优化。绕组位置调整需要进行精确地测量，并采取适当的调整措施，以确保绕组的准确安装。

（二）绝缘材料安装

绝缘材料安装是将绝缘材料或绝缘结构件放置到绕组与绕组、绕组与铁心之间的过程。这些绝缘材料的安装主要包括绝缘纸、绝缘胶带、绝缘管等。绝缘材料的正确安装可以提供绕组之间和绕组与铁心之间的有效电绝缘，从而防止漏电、击穿和故障等情况的发生。

（三）引出端子接线

引出端子接线是将绕组的引出端子与变压器的引线或连接器相连接的过程。这个工艺需要确保引出端子的正确位置、正确的引线选择和可靠的连接方法。引出端子接线的质量直接影响到变压器的电气连接可靠性和信号传输效果。

（四）绕组固定

绕组固定是将绕组牢固地固定在变压器设备中的关键工艺。这个工艺中，需要选择合适的固定材料，如绝缘胶带、胶黏剂、环形夹等，以保证绕组的稳定性和可靠性。绕组固定的目标是防止绕组在运输和振动中发生移位或损坏。

（五）干燥处理

干燥处理是为了使绕组在正常工作条件下能够达到最佳性能和稳定性而进行的加热或降温过程。这个工艺的目的是将绕组进行一定时间的干燥，以消除材料内部的应力，并使绕组稳定工作。干燥处理通常在恒定的温度下进行，并需要控制温度和时间的精确程度。

除了以上关键工艺外，还有其他一些重要的工艺需要密切关注，例如缠绕绝缘、绝缘表面处理和绕组质量检查等。这些工艺的目的是确保绕组的安装质量和工作可靠性。

需要指出的是，在变压器绕组安装过程中还需要遵循一系列规范和标准，以确保安装的质量和安全性。这些规范和标准包括绕组位置、绝缘安装、引出端子接线和干燥处理等方面的要求。

综上所述，变压器绕组安装过程中的关键工艺包括绕组位置调整、绝缘材料安装、引出端子接线、绕组固定和干燥处理等。这些工艺对于绕组的正确安装、电气性能、机械强度和可靠性等方面具有重要影响。合理选择和控制这些工艺，保证安装过程中的质量控制和技术要求的满足，对于实现高品质的变压器绕组安装至关重要。

三、运行

变压器绕组是变压器中最重要的组成部分之一，对于变压器的运行稳定性和性能起着至关重要的作变压器绕组用。在变压器绕组的运行过程中，需要重点关注以下几个方面：

（一）温度

变压器绕组在工作中会产生一定的功率损耗，这些损耗转化为热量会导致绕组温升。温度是绕组工作稳定性和寿命的关键因素之一。过高的温度会引起绕组绝缘老化、热应力增加以及可能的短路故障。因此，需要对变压器绕组的温度进行严格监测和控制。

（二）绝缘

变压器绕组中使用的绝缘材料对于绕组的可靠性和安全性至关重要。绝缘材料应具有良好的绝缘性能、机械强度和耐热性，以防止绕组出现电弧、放电和短路等故障。因此，需要对绕组的绝缘材料进行合理选择，并进行定期的检测和维护。

（三）电流

变压器绕组承载着电流的传输和分配任务，因此对绕组电流的监测和分析非常重要。过高的电流会导致绕组发热增加，可能造成绝缘老化、短路甚至损坏。因此，需要合理设计变压器绕组的导体截面积以满足额定电流要求，并根据实际情况进行监测和调整。

（四）绕组匝数

绕组匝数是变压器性能的关键参数之一。绕组匝数的准确性和一致性直接影响着变压器的电压变换比和电流分配。因此，在制造过程中需要严格控制绕组匝数的精度，避免因为匝数不准确带来的电压偏差和不稳定性。

（五）短路

变压器绕组在运行中可能会发生短路故障，这会严重影响变压器的正常运行和安全性。因此，需要对绕组的短路保护措施进行合理设计和定期检测，以确保在发生短路情况下可以及时切断故障电路并保护绕组的安全。

（六）湿度

湿度是影响变压器绕组绝缘性能和可靠性的重要因素之一。高湿度会导致绕组绝缘材料吸湿并降低其绝缘能力，从而增加了绕组发生短路或击穿的风险。因此，在变压器运行过程中需要定期检测和控制绕组周围的湿度，以保证绝缘性能的稳定和安全。

（七）振动和冲击

变压器绕组在运行过程中可能会受到外部振动和冲击的影响，例如由于设备故障、运输过程中的震动等原因。这些振动和冲击会对绕组的绝缘材料和连接部分产生破坏，因此需要进行相应的防护措施，并在必要时进行振动和冲击测试。

（八）绕组连接

变压器绕组的连接方式直接影响着绕组的电流传输和绝缘性能。连接不良可能导致接触电阻增加、高温局部点等问题，进而影响变压器的整体性能和安全性。因此，在制造和安装过程中需要严格控制绕组连接的质量，确保连接紧固可靠、电阻低、接触良好。

综上所述，变压器绕组在运行中需要重点关注的方面包括温度、绝缘、电流、绕组匝数、短路、湿度、振动和冲击以及绕组连接。通过对这些方面进行合理控制和监测，可以保证变压器绕组的正常运行，提高其稳定性和可靠性。

四、变压器绕组检修

变压器绕组作为变压器的核心部件之一，其检修过程十分重要。合理的检修工艺可以确保绕组的安全性、可靠性和性能，延长绕组的使用寿命。下面将介绍变压器绕组检修的关键工艺，包括以下几个方面。

（一）检查和评估

在进行绕组检修之前，首先需要对变压器绕组进行全面的检查和评估。这包括检查绕组的外观是否有损伤、绝缘材料是否老化、连接处是否紧固等。通过评估绕组的实际情况，确定是否需要进行绕组的修复或更换。

（二）绕组拆除

如果绕组需要进行修复或更换，就需要进行绕组的拆除工作。在拆除过程中，需要小心谨慎地进行，以避免对其他部件造成损坏。同时，需要记录绕组的拆卸顺序和布置，以便后续的组装工作。

（三）清洁和干燥

在拆除绕组后，需要对变压器进行清洁和干燥处理。清洁可以去除绕组上的污物和灰尘，保持绕组表面的干净。干燥是为了保证绕组在组装后不受潮湿环境的影响，防止绝缘材料吸湿导致绝缘性能下降。

（四）绕组修复或更换

根据实际情况，进行绕组的修复或更换。如果绕组的绝缘材料出现老化、损坏或破裂，需要对其进行修复或更换。修复可以采用补漆、封胶等方法，确保绕组的绝缘性能恢复到正常水平。如果绕组的匝数不准确或存在严重的电路故障，可能需要更换整个绕组。

（五）组装和连接

在完成绕组的修复或更换后，需要进行绕组的组装和连接工作。组装时需要按照绕组布置和记录的顺序进行，确保匝数和连接的准确性。连接处需要紧固可靠，确保接触良好、电阻低。同时，需要对绕组的连接处进行绝缘处理，以提高绕组的安全性和可靠性。

（六）绝缘测试和试验

在完成绕组的组装和连接后，需要进行绝缘测试和试验以确保绕组的质量和性能。这包括绝缘电阻测试、局部放电测试、高压试验等。通过这些测试和试验，可以评估绕组的绝缘性能是否符合规定要求，并对绕组进行必要的调整和修复。

（七）润滑和防腐

完成绕组的检修后，需要对变压器进行润滑和防腐处理。润滑可以保证绕组的运转顺畅，减少摩擦和磨损。防腐处理可以防止绕组受到湿气和化学腐蚀的影响，延长绕组的使用寿命。

（八）性能测试和调试

在完成绕组的检修和处理后，需要进行性能测试和调试工作。包括功率损耗测试、短路阻抗测试、过载能力测试等。通过这些测试和调试，可以评估绕组的性能和可靠性，并进行必要的调整和优化。

综上所述，变压器绕组检修的关键工艺包括检查和评估、绕组拆除、清洁和干燥、绕组修复或更换、组装和连接、绝缘测试和试验、润滑和防腐、性能测试和调试。通过科学合理地进行这些工艺步骤，可以确保变压器绕组的质量和性能，延长其使用寿命，提高变压器的运行可靠性。

第三节　典型案例分析

变压器绕组是变压器的核心组件之一，经常会遭受各种故障。以下是一些常见的变压器绕组故障案例分析，以及对应的故障原因和解决方案。

一、绕组短路故障

（一）事件概况

2021 年 01 月 19 日 00 时 02 分 11 秒，220kV ×× 变电站 ×× 线保护出口，开关跳闸，重合失败，故障测距 0.014km，故障相别 B 相。00 时 02 分 13 秒，1 号主变压器第一、二套差动保护动作，1 号主变压器重瓦斯保护动作，1 号主变压器三侧开关跳闸。马鞍变保护测距 0.014km，马鞍变故障录波测距 0.014km，故障定位在马环 1C22 线出线电缆终端，故障相别 B 相，1 号主变压器故障相为 B 相，110kV 最大短路电流 11.61kA（有效值）。现场检查套管升高座与主变压器油枕之间的连管焊接处断裂，油枕内部油基本已全部渗漏；马环 1C22 线出线电缆与 GIS 连接的应力锥处击穿烧蚀。主变压器本体油色谱试验异常，乙炔含量达 49.5μL/L，严重超标；高压、中压和低压对地绝缘试验均不合格；B 相直流电阻值明显偏大；高压对低压短路阻抗明显偏小。

解体发现主变压器调压线圈和高压线圈上端部 2 ～ 3 饼存在严重辐向变形，并伴随有轴向上拱；B 相中压线圈整体呈轴向波浪状变形，呈"马鞍"状，同时存在辐向变形；低压线圈上半部轴向变形，与中压线圈形态类似呈"马鞍"状分布。

110kV ×× 线电缆 B 相终端击穿点位于主绝缘件外部，原因为铜编织带铅焊接量较少且密封不良，进水后铜编织带与铝护套、尾管连接严重氧化，导致该侧直接接地失效，在铜网端口处长期放电引发击穿，属于电缆终端安装质量问题。

分析认为本次事件为一起主变压器中压侧抗短路能力不足为内因，近区电缆终端击穿为外因的变压器短路损坏故障。

（二）检查处理情况

1. 主变压器试验情况
对 1 号主变压器开展包括油色谱在内的常规试验检查。结果显示油色谱、直流电阻、短路阻抗等试验数据有明显异常。各项试验结果表明，220kV××变电站1号主变压器内部存在严重故障。

（1）绝缘电阻：绕组绝缘电阻低对高中及地、高对中低及地、中对高低及地均为0，铁心对夹件及地为0。

（2）变压器电容量及介损：无法测量。

（3）短路阻抗试验：高对低在第1档的短路阻抗相间误差超标（-4.42%）。

（4）直流电阻试验：高压侧直流电阻三相误差为23.32%，中压侧直流电阻三相误差为4.72%，低压侧直流电阻三相误差为16.6%，严重超标。

（5）油色谱试验：乙炔49.5μL/L，严重超标。

2. 解体检查情况

2021年1月27～28日，在××科技对该主变压器开展解体检查，发现：

（1）上铁轭硅钢片有2处明显卷边现象，上铁轭与箱盖对应处（加强筋）有2处放电烧蚀痕迹；B相上压板变形严重，靠A、C相两侧有30mm左右明显突起，见图3-26。

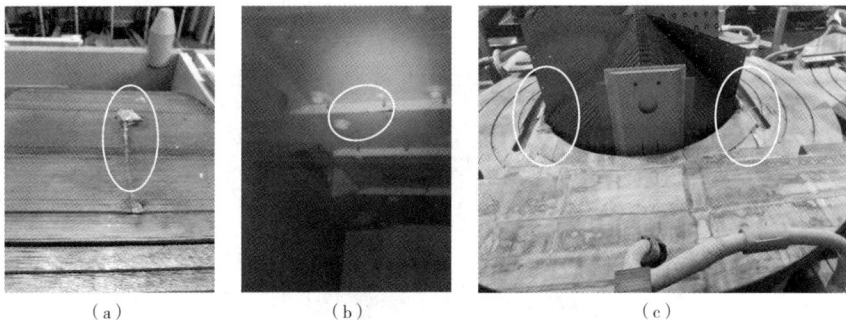

图3-26 B相上铁轭及上压板异常情况

（a）硅钢片卷边及放电烧蚀；（b）箱盖对应处放电烧蚀痕迹；（c）B相上压板

（2）调压线圈和高压线圈上端部2～3饼存在严重轴向变形，并伴随有轴向上拱，高压线圈变形幅度较大，约1/4已伸出调压线圈外；高压线圈S弯处保护措施不足，部分S弯处存在扭转翻折现象，见图3-27。

（3）B相中压线圈整体呈轴向波浪状变形，呈"马鞍"状，短边方向对侧均明显上拱；S弯处同样较为薄弱，部分绝缘纸破损并可见裸露铜导线；中压线圈也存在辐向变形，致围屏破损；由于中压线圈严重变形，中、低压线圈难以分离，见图3-28。

(a)

(b)   (c)

图 3-27　B 相调压线圈与高压线圈异常情况

（a）调压线圈与高压线圈上端部；（b）辐向变形致围屏破损；（c）高压线圈部分翻折

(a)   (b)

图 3-28　主变压器 B 相中压线圈

（a）B 相中压线圈轴向变形；（b）B 相中压线圈 S 弯处裸露导线

（4）低压线圈上半部轴向变形，与中压线圈形态类似呈"马鞍"状分布，上拱侧轴向对应的线圈上、下半部脱离约 200mm，低压线圈内侧对铁心存在 3 处放电烧蚀痕迹，2 处位于线圈顶部，1 处位于线圈底部，见图 3-29。

图 3-29 主变压器 B 相低压线圈及铁心

（a）低压线圈轴向变形及上、下部脱离；（b）低压线圈内部烧蚀痕迹；

（c）铁心上部烧蚀痕迹；（d）铁心下部烧蚀痕迹

（5）有载分接开关动静触头有明显的放电烧蚀痕迹，油箱上部对应 B 相位置出现 1 处油管焊缝断裂，见图 3-30。

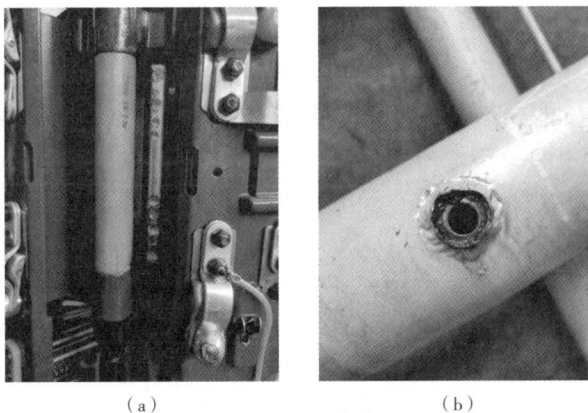

图 3-30 主变压器有载分接开关及油管

（a）有载分接开关触头烧蚀痕迹；（b）油管焊缝断裂

（6）A、C 相三侧线圈无明显异常。

（三）原因分析

综合各项试验及解体检查情况，分析认为本次事件为一起主变压器中压侧抗短路能力不足为内因，近区电缆终端击穿为外因的变压器短路损坏故障。

110kV ××1C22 线电缆 B 相终端击穿点位于主绝缘件外部，可排除终端应力锥质量问题。本次故障击穿点位于锥托内绕包铜网端口处电缆本体，径向贯通电缆本体、锥托杆和尾管，为径向击穿，电缆线芯、主绝缘至铝护套形成较为规则的圆形孔洞，原因为铜编织带铅焊接量较少且密封不良，进水后铜编织带与铝护套、尾管连接严重氧化，导致该侧直接接地失效，在铜网端口处长期放电引发击穿，属于电缆终端安装质量问题。

主变压器在遭受外部短路后发生中压线圈轴向失稳，中压线圈顶开上压板，调压、高压线圈在轴向支撑不足情况下发生变形，上拱部分无撑条的轴向支撑，造成轴向突出。

在短路冲击过程中，S 弯等薄弱处因保护不足发生局部的扭转、翻折变形；同时，器身大幅振动导致上铁轭与油箱内上部（加强筋）碰撞并放电，撞击导致油管焊缝处受力断裂；振动导致有载分接开关动静触头机械分离，造成大电流下的拉弧烧蚀。

二、绕组接线组别错误

（一）故障概况

变压器绕组实际接线方式与铭牌所标示的接线组别不符，是较为少见的变压器内部接线错误。2007 年 11 月，某电业局的试验人员在对两个 110kV 电源进行核相时，发现两电源的三相之间无法找到相序和相位对应的一相，使得两路电源无法正常并列使用。该区工业用户的两路电流是由 110kV ×× 变电站的两条 10kV 母线供电，为了保证可靠供电，又从 35kV ×× 变电站送来一个 10kV 电源作为备用电源。变压器型号为 S7-5000/35，额定电压为（35±5%）/10.5kV，联结组别为 Yd11，1996 年 4 月出厂。

（二）试验分析

该工业区域供电系统接线方式如图 3-31 所示。由图 3-31 可知，庆 1 号主变压器、田 1 号主变压器接线组别均为 YNynOd11，文 1 号主变压器接线组别为 Yd11。分析可知，从 35kV ×× 变电站过来的 10kV 电源应与 110kV ×× 变电站 10kV 母线的相序一致，两个电源完全可以并列，但结果出乎意料。

1.使用电压核相仪测试情况

使用一套能读电压的核相仪，在 110kV ×× 变电站高压室的 10kV 田 1 号、田 2 号、田 3 号开关柜内甲隔离开关的两侧（即图 3-31 中 d1、d2、d3 三处），分别对母线侧、线路侧的相电压和线电压进行了测试，均未发现异常，其中田 1 号甲隔离开关处测试结果如表 3-1 所示。

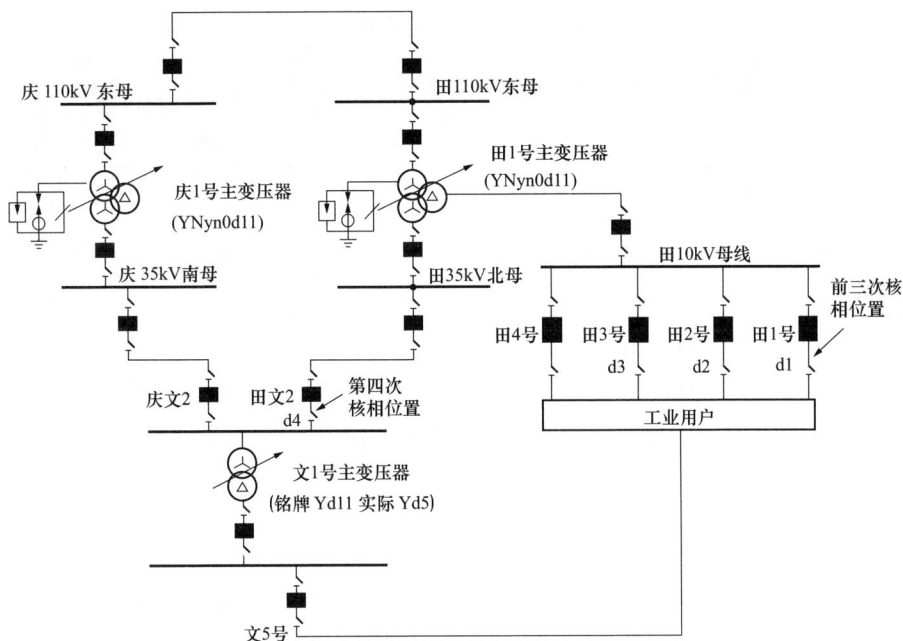

图 3-31　供电系统接线方式

表 3-1　　　　　　　　　　　　　测试结果

位置	相电压测量部位	测试数据（kV）	线电压测量部位	测试数据（kV）
母线侧	A1 相 / 地	5.92	A1/B1	10.20
	B1 相 / 地	6.19	B1/C1	10.57
	C1 相 / 地	5.85	C1/A1	10.55
线路侧	A2 相 / 地	5.92	A2/B2	10.04
	B2 相 / 地	5.83	B2/C2	10.15
	C2 相 / 地	5.50	C2/A2	10.14

　　依次对田 1 号、田 2 号、田 3 号三条供电线路的甲隔离开关两侧（图 3-31 中 d1、d2、d3 三处）进行核相，发现三处的核相结果出现了同样的问题。A1/A2、B1/B2、C1/C2 同相之间的电压不是接近于零，而是约两倍相电压；异相之间 6 个测试数据不是线电压，结果则是接近相电压；其中用田 1 号甲隔离开关（d1 处）两侧核相情况如表 3-2 所示。核相时出现这种结果非常少见。

表 3-2   母线侧对线路侧三相间电压测试情况

测量部位	测试数据（kV）	测量部位	测试数据（kV）	测量部位	测试数据（kV）
A1/A2	不同相	B1/A2	不同相	C1/A2	不同相
A1/B2	不同相	B1/B2	不同相	C1/B2	不同相
A1/C2	不同相	B1/C2	不同相	C1/C2	不同相

2. 使用无线核相仪测试情况

为核实上述情况，使用一种能测试相序的无线核相仪再次进行对比测试，同样找不到相序对应的一相；又对其他两条出线田 2 号、田 3 号甲隔离开关两侧（图 3–31 中 d2、d3 两处）进行了测试，结果与 d1 处完全一样；田 1 号核相相序法测试结果如表 3–3 所示。

表 3-3   1 号出线间隔甲隔离开关处母线侧对线路侧核相时相序测试结果

测量部位	测试数据（kV）	测量部位	测试数据（kV）	测量部位	测试数据（kV）
A1/A2	不同相	B1/A2	不同相	C1/A2	不同相
A1/B2	不同相	B1/B2	不同相	C1/B2	不同相
A1/C2	不同相	B1/C2	不同相	C1/C2	不同相

3. ×× 变电站两条 35kV 进线核相情况

在 35kV ×× 变电站，对向文 1 号主变压器供电的两条 35kV 线路进行核相；由 110kV 变电站供电的庆文 2 在运行，另一条是由 110kV ×× 变电站供电的田文 2 在备用状态，线路带电；从田文 2 的甲隔离开关（图 3–31 中 d4）处进行核相，发现测试结果正常，相序和相位一致，测试数据如表 3–4 所示。

表 3-4   田文 2 甲隔离开关处母线侧对线路侧核相时电压测试情况

测量部位	测试数据（kV）	测量部位	测试数据（kV）	测量部位	测试数据（kV）
A1/A2	2.01	B1/A2	39.01	C1/A2	38.70
A1/B2	38.7	B1/B2	1.89	C1/B2	38.65
A1/C2	38.0	B1/C2	39.0	C1/C2	2.05

4. 35kV ×× 变电站主变压器接线组别测试情况

通过对上述核相结果以及相关的一座 110kV 变电站和一座 35kV ×× 站每台主变

压器情况进行分析，田1号主变压器和庆1号主变压器的交接试验接线组别都由市场测试过，不存在问题；35kV ×× 变电站1号主变压器由县电业局安装试验，接线组别测试很有可能存在问题。

2008年10月25日，对35kV ×× 变电站1号主变压器的接线组别进行了测试，测试结果为Yd5，而铭牌标注为Yd11。最终确认35kV ×× 变电站1号主变压器接线组别错误是造成相序不一致的根本原因。

（三）原因分析

造成文1号主变压器接线组别错误的主要原因：

（1）变压器低压侧连接成三角形时，三相绕组首尾端的顺序接错了，连接方法应为a尾→b首 –b尾→c首 –c尾→a首，错误接成a首→b尾 –b首→c尾 –c首→a尾。

（2）出厂和交接试验时，试验人员没有及时发现组别错误，从而使问题带到运行设备中。

（3）Yd11和Yd5的变压器虽然接线组别不一样，但变比一样；35kV ×× 变电站内只有一台主变压器，原供电区域内主要为农业负载，并且为一孤立供电区域，所以，运行多年也未发现问题。

第四章

绝缘结构及缺陷分析

第一节　绝缘结构与分类

一、变压器的绝缘水平

绝缘水平是变压器能够承受运行中各种过电压与长期最高工作电压作用的水平，是与保护用避雷器配合的耐受电压水平，取决于设备的最高电压 U_m。

根据变压器绕组线端与中性点的绝缘水平是否相同可分为全绝缘和分级绝缘两种绝缘结构。其中绕组线端的绝缘水平与中性点的绝缘水平相同的称为全绝缘；绕组的中性点的绝缘水平低于线端的绝缘水平的称为分级绝缘。采用分级绝缘的变压器，由于中性点的绝缘水平相对较低，可以简化绝缘结构，节省材料，从而降低变压器尺寸和制造成本。但分级绝缘的变压器只允许在 110kV 及以上中性点直接接地系统中使用。

220kV 及以下电压等级的绝缘水平主要由工频耐受电压和雷电耐受电压决定。对于 220kV 以上的变压器除工频耐受电压和雷电耐受电压外，还需要增加操作冲击耐受电压，这是因为超高压变压器的绝缘水平已经很高，在现有的防雷措施下，大气过电压一般不如操作过电压的危险大。因此，绝缘水平主要由操作过电压来决定，而操作过电压又与防护措施有关。

二、变压器绝缘结构分类

变压器的导电系统是由绕组、分接开关、引线和套管组成，铁心构成变压器的磁路系统。油浸式变压器的铁心、绕组、分接开关、引线和套管的下部装在油箱内，并完全浸在变压器油中。套管的上半部在油箱的外部直接与空气接触。因此，油浸式变压器的绝缘可分为外绝缘和内绝缘。

外绝缘是变压器油箱外部的套管和空气的绝缘。它包括套管本身的外绝缘和套管间及套管对地部分（如储油柜）的空气间隙距离的绝缘。

内绝缘是指变压器油箱内各不同电位部件之间的绝缘如图 4-1 所示，内绝缘又可分为主绝缘和纵绝缘。用绕组的绝缘结构来分析，绕组的主绝缘包括：绕组对地之间的绝缘、不同相绕组之间的绝缘和同相的不同电压等级绕组之间的绝缘三部分。需要说明的是这里所指的是变压器内部与大地相连接的各金属部件，包括油箱、铁心和金属夹紧件等。绕组的纵绝缘是指同一绕组的不同电位部分的绝缘，它包括相邻导线之间的匝间绝缘、圆筒式绕组不同层之间的层间绝缘和饼式绕组的不同线饼（段）之间的饼（段）间绝缘等。同样，引线及分接开关的绝缘也适用这种方法划分。将绝缘分为主绝缘和纵绝缘的方法同样也适用于干式变压器。

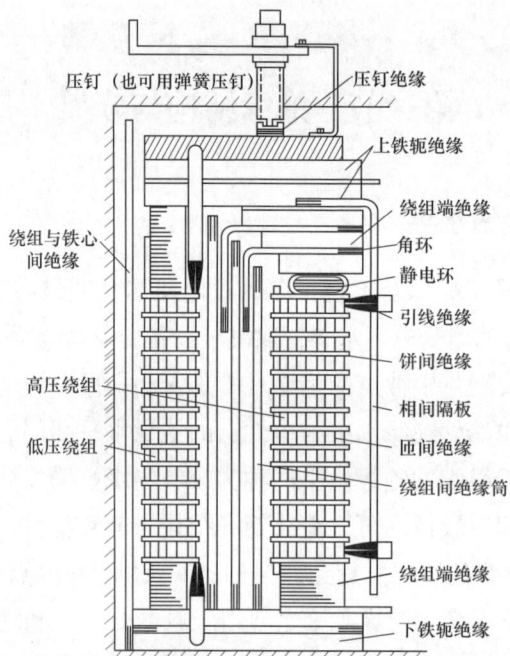

图 4-1 分级绝缘变压器的内绝缘结构

变压器的绝缘分类如表 4-1 所示。

表 4-1   变压器的绝缘分类

			相对地之间的绝缘
变压器的绝缘	内绝缘	主绝缘	不同项之间的绝缘
			同相的不同电压等级之间的绝缘
		纵绝缘	同相的不同电位之间的绝缘
	外绝缘		套管本身的外绝缘
			套管间及套管对地部分的空气间隙距离的绝缘

这里的相是指同一相的绕组、引线和分接开关等导电部分。

三、绕组的绝缘

（一）绕组的主绝缘

变压器的主绝缘以油屏障绝缘和油浸纸绝缘最为常见。每一种绝缘结构不论形状如何复杂，都不外乎由纯油间隙、屏障和绝缘层三种成分组成。

纯油间隙指两个裸电极之间不设置任何固体绝缘，完全靠油间隙绝缘。

在油间隙中加入屏障（绝缘纸板）后构成了油—屏障绝缘结构。由于油中的杂质或气泡在电场作用下会形成小桥，击穿沿着小桥发展，降低了油间隙的击穿电压。加入屏障能起到隔断小桥的作用，从而提高击穿电压。并且在一个油间隙中加的屏障数目越多，屏障厚度越薄，间隙击穿电压提高得越多。因此，目前变压器采用薄纸筒—小油隙的绝缘结构作为绕组间的主绝缘，另外油隙还作为绕组的散热油道。

绝缘层就是缠绕在导体表面的固体绝缘，通常用电缆纸或皱纹纸做成。绝缘层提高油间隙击穿电压的作用有两方面：一方面是隔断油中小桥；另一方面能改善电场分布，降低油间隙中的最大电场强度。由于导线表面附近的电场最强，导体表面加绝缘层以后，这部分的油被固体绝缘材料所替代，固体介质的介电系数 ε_1（油浸纸为 4 左右）比变压器油的介电系数 ε_2（2.2 ～ 2.5）大，根据 $\varepsilon_1 E_1 = \varepsilon_2 E_2$，得绝缘层内的电场强度降低了。

变压器绕组的主绝缘结构如下。

（1）绕组与铁心之间的绝缘结构。绕组与心柱之间的绝缘结构是用厚纸筒与粘在其上面的撑条组成纸筒—油间隙绝缘结构。而绕组与铁轭之间的绝缘结构是用平衡绝缘、铁轭绝缘、端圈、角环和静电屏等来组成的。由于绕组端部的电场高且极不均匀，一方面需要平衡绝缘、铁轭绝缘、端圈和角环等来加强端部的绝缘，提高端部绝缘的耐电强度；另一方面则必须采取措施改善电场分布，以降低端部的电场强度。改善电场分布的重要措施就是在绕组首端加装静电屏，当然角环也能起到一定的作用。

（2）绕组与油箱之间的绝缘结构。最外层绕组与油箱之间构成绕组与油箱的主绝缘，一般 110kV 及以下变压器主要是靠油间隙的绝缘。随着变压器电压等级的升高，为了提高同一油间隙的击穿电压，需要在油间隙中加屏障，所以 220kV 及以上变压器需要在高压绕组外加包一层围屏，用于隔断油中小桥，当然它还是有导向油道所必需的。

（3）线组与绕组之间的绝缘结构。绕组与绕组之间的绝缘有不同相绕组之间绝缘和同相不同电压等级绕组之间的绝缘。不同相绕组之间绝缘结构，在电压等级较低变压器中可用纯油间隙作为不同相绕组之间的主绝缘；当电压等级较高时，需要在油间隙中加入隔板，与围屏一起构成油—屏障绝缘结构。同相不同电压等级绕组之间的绝缘，多采用薄纸筒—小油隙的绝缘结构作为绕组间的主绝缘。

（二）绕组的纵绝缘

纵绝缘主要取决于冲击电压作用下的梯度电压。在冲击电压作用下，起始电压在绕组各部位分布不均匀以及引起振荡，会使绝缘的某些部位产生很高的梯度电压。不同绕组型式、有无内部保护对梯度电压有很大影响。因此，纵绝缘的选择必须在考虑以上诸多因素之后加以确定。

绕组的纵绝缘是指同一绕组内的匝间绝缘、层间绝缘以及饼间绝缘等。在同一层（层式绕组）或同一饼（饼式绕组）内，绕有数匝导线，这时导线匝与匝之间需要有匝间绝缘。对于不同型式的绕组，匝间承受的电压亦不相同，如纠结式绕组的匝间电压就比同一电压等级的连续式绕组高，所需的匝绝缘要求也不一样。绕组的匝间绝缘是由包在导线表面的电缆纸构成的，不同的电压等级，匝间绝缘的厚度也不相同。35kV及以下的各种绕组为 0.45mm；66kV 纠结部分为 0.95mm，连续部分为 0.6mm；110kV及以上绕组主要采用纠结式或内屏蔽式，110kV 为 135mm；220kV 为 1.95mm。

圆筒式绕组的层间绝缘是由撑条或瓦楞纸板与电缆纸构成的，层间绝缘一般采用分级绝缘，如图 4-2 所示，即层间电压高的部位加强绝缘，电压低的部位可降低绝缘要求。

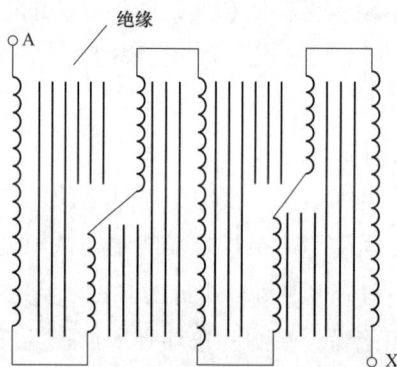

图 4-2　多层圆筒式绕组结构示意图

饼间绝缘是由线饼间的绝缘垫块构成的油间隙与导线的绝缘组成，为了加强绝缘饼间绝缘，有时在水平油道中加放纸板圈或小角环。饼间绝缘的尺寸除了考虑电气绝缘强度外还要考虑满足绕组的散热需要。

四、铁心的绝缘

铁心绝缘是变压器绝缘的一部分，占有重要地位，铁心绝缘不好将影响变压器安全运行。铁心绝缘包括铁心片间绝缘、铁心片与铁心结构件之间以及铁心片与其他结构件之间的绝缘。

（一）铁心片间绝缘

当主磁通在铁心中流通时，铁心片自身的绝缘发挥作用，阻隔铁心片间形成大的涡流，每一片硅钢片感应出的涡流很小，产生的涡流损耗也很小。如果铁心片自身没有绝缘保护，当主磁通在铁心中流通时，在铁心截面中感应很大的涡流，铁心截面增加 1 倍，涡流损耗增加 4 倍，不仅增加了附加损耗，还将引发铁心过热。因此，铁心片间绝缘包括两部分：①铁心片间的绝缘，由冷轧硅钢片轧制时产生的无机磷化膜承担，当铁心叠至一定厚度时，为防止铁心片间形成大的环流，人为地铺设一张小于或等于 0.25mm 电缆纸，分割较大的铁心截面。②在铁心总叠厚中设置绝缘油道，兼顾分割铁心截面和铁心散热。铁心截面经绝缘分割后，铁心片间绝缘增大，铁心各部分就不是等电位了，因此，必须用短接铜片将其连接起来构成等电位体，否则变压器运行时不同电位的铁心片间就会放电，危及变压器安全运行。

（二）铁心片与其他金属构件的绝缘

铁心片与铁心结构件之间的绝缘以及铁心与其他结构件之间的绝缘包括夹件绝缘、拉板绝缘、拉带绝缘、紧固绝缘、垫脚绝缘、支撑件绝缘等。所有这些绝缘都是用来防止铁心片与夹持件、结构件、夹持件与结构件，以及结构件与结构件之间发生短接或形成闭合的短路环，在漏磁通的作用下产生环流，增加损耗产生过热，严重时烧损铁心和紧固件等，发生事故影响产品安全运行。铁心与结构件之间的绝缘示意图如图 4-3 所示。

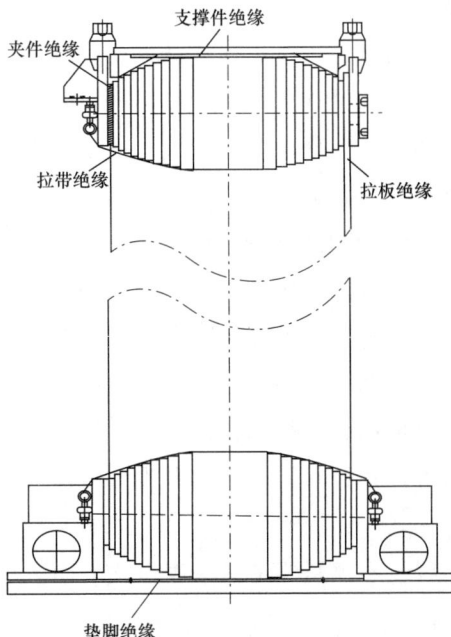

图 4-3 铁心与结构件之间的绝缘示意图

五、引线的绝缘

电网中的电能通过变压器一次侧引线输入到变压器内部，又通过变压器二次侧（包括三次侧）引线将电能传输到变压器外部其他电网。变压器内部各部分之间通过引线实现电气连接，如绕组之间的连接、调压绕组与调压开关的连接、绕组与套管的连接（或通过套管与外部的连接）、金属构件的等位线连接、接地连接等。引线由导线、接线端头与绝缘组成。

变压器引线必须具有可靠的电气性能，足够的机械强度和良好的耐温性能。可靠的电气性能是指良好的导电性能和绝缘性能，在保证绝缘特性的条件下，可以优化油箱尺寸，降低产品重量和材料成本；足够的机械强度是要求引线能够承受变压器长期运行中的振动、短路电动力的冲击、长途运输颠簸以及地震灾害而不松动和损坏；良好的耐温性能则要求引线能够承受变压器长期满负荷运行的温升、短路故障时短路电流引起的高温和漏磁在大平面引线上产生的局部过热。

变压器引线与之相连接的绕组引出端线、分接引出端线具有相同的电位和绝缘水平，绕组不同位置的引出端线具有不同的电位，引线有不同的要求，因而由于导线的种类和形状不同，与周围其他物体之间的电场也不同，带来引线绝缘结构的差异。

（一）引线的内绝缘

1. 引线的电场

低电压等级小容量变压器的油箱内部空间很小，引线结构需要简单可靠，使用圆形导线或圆铜棒作为引线是首选。由于电压比较低、圆形导线的电极形状比较好，与周围部件之间的电场不高，引线绝缘处理比较容易。对于容量较大的变压器，低压绕组的电压等级比较低，但通过的工作电流却很大，需要较大截面的引线，比如采用铜排作为引线。铜排引线具有两个较大的平面，不同相的引线电场基本上是一个板对板均匀电场，在铜排平板的边缘做圆滑处理，比如说倒角或加工圆角，以改善边角处的场强集中或场强畸变，可以较好地解决低电压铜排与周边其他部件之间的绝缘。可见在引线的绝缘结构的布置中，充分考虑和消除电场发生畸变是解决引线绝缘的重要原则。值得注意的是铜排引线的两个窄边对油箱及其他相绕组的电场，可以看作是尖对板的极不均匀的电场，对接地的金属构件，则有可能是尖对尖的极不均匀电场，因此在引线结构布置时需要格外注意，尽可能地避开尖角电极，如果无法避开时，应采取必要的加强绝缘的措施。

对于电压等级高的引线，不仅需要考虑改善引线表面电极形状，消除各种引起电场集中的因素，还要兼顾制作时的工艺和操作上的方便，由于多股铜软绞线制作方便，成为首选引线材料。对于更高电压等级的引线，需要更大的表面积和曲率半径来改善表面电极，降低表面电场强度，因此可以采用外径较大的空心圆铜管作为引线材料。

综上所述，最差的引线电场应该是尖对尖、尖对板的极不均匀的电场。因此，在变压器引线结构设计时，应以这类电场为重点考核对象，同时兼顾其他沿面放电等情况。

2.引线的绝缘结构特点

变压器内部的每一根引线都有各自固定的电位，引线的电位越高，对其他部分的电场要求越严，电极形状越差，对引线绝缘的要求越高，不只是考虑增加绝缘距离或加大绝缘厚度的问题，而是需要综合各种因素采取最佳的绝缘结构，确保变压器安全运行。此外，还要考虑尽可能地提高变压器内部有限空间的利用率，优化引线对各部分的距离，在保证绝缘强度的前提下减小变压器的体积，尤其是对超高压大容量变压器，必须满足运输界限的要求。

除了小于1200V的大电流汇流母线，变压器内部油中不允许有裸露的引线。没有绝缘覆盖的裸露引线，其表面电场强度超过油隙许用电场时，将因油的放电而发生事故。大部分引线所处空间位置的电场是极不均匀电场，因此应采用不同的方法降低引线表面的电场强度，提高油隙的放电电压。

一是采用增加绝缘覆盖厚度的办法降低绝缘层外表面油中的电场强度。二是通过加大引线带电部分直径来降低引线表面的电场强度。比如，采用大直径的圆铜杆或空心圆铜杆做引线，在多股铜软绞线外造大直径电极等。多股铜软绞线外造大直径电极的工艺相对复杂，适用于制作超高压和特高压的引线，其方法是先用绝缘皱纹纸将多股铜软绞线统包在一起成为一个整体，根据所需的电极直径包足绝缘厚度成圆滑的圆柱形，再在绝缘层的外面包铝箔皱纹纸，铝箔皱纹纸金属面紧贴一根裸的等电位线，等电位线与引线牢固焊接，之后在新造大电极外用绝缘皱纹纸包需要的绝缘厚度。三是在引线外采用油隙—隔板，分割引线表面油隙成薄纸筒—小油隙结构，进一步提高绝缘表面油中的耐电强度和放电电压。四是对与引线相对应的尖角电极进行屏蔽，通过构建光滑的屏蔽层改善不均匀电场为均匀电场。以上方法可以组合采用，控制引线在承受各种试验电压时其绝缘表面的油中电场强度不发生局部放电。

（二）引线的外绝缘

引线的外绝缘主要为引线间距离和绝缘材料。引线间及引线对地的外绝缘主要通过空气间隙实现，考虑不同电压等级下不同形状的引线间的距离分布即可实现引线的外绝缘。根据国网十八项反措要求，低压侧引线（一般为铜排或空心圆筒管）还需包裹绝缘材料，避免被鸟类筑巢掉落的铁丝和塑料带等外来漂浮物造成不同相之间导通从而导致变压器低压侧出口短路。绝缘材料一般为高分子电气绝缘包裹带，该材料具备防水、阻燃、耐高温、抗老化、电气绝缘强度高等特点，能够有效加强低压侧引线的绝缘强度。

六、套管的绝缘

变压器套管由带电部分和绝缘部分组成。绝缘部分分为内绝缘和外绝缘，外绝缘有瓷套和硅橡胶两种，内绝缘为变压器油、附加绝缘和电容型绝缘。

（一）套管的外绝缘

套管的外绝缘主要体现在套管对油箱及地的绝缘。

套管对油箱及地的绝缘主要通过套管材料本身实现，以瓷套和硅橡胶为主。硅橡胶套管具有耐热、耐寒、耐氧化等优点，但使用寿命较短，主要用于 110kV 及以下变压器。瓷套管具备密度高、硬度强、耐热性能优良等特点，但存在重量大、加工难度高等缺点，广泛应用于各种电压等级的变压器。

（二）套管的内绝缘

套管的内绝缘通过内部填充物及结构实现，以变压器油、附加绝缘和电容型绝缘为主。附加绝缘和电容型绝缘的具体内容见下节。

七、变压器油

变压器内绝缘中，无论是绕组绝缘、铁心绝缘、引线绝缘还是套管绝缘，都离不开变压器油，甚至变压器油是上述部件绝缘方式中的主要组成部分。

变压器油具备质地纯净、绝缘性能良好、理化性能稳定、黏度较小的特点，在变压器中起到绝缘和冷却的作用。变压器油的电气性能从击穿电压值、$\tan\delta$、水分、含气量等方面来衡量，具体内容见下节。

第二节　关键工艺

一、绕组绝缘的制造与安装工艺

绕组绝缘的工艺主要通过绝缘部件的工艺来实现。

（一）绕组的绝缘部件

1.绝缘漆

绝缘漆是漆类中的特殊漆，以高分子聚合物为基础，是成膜物质溶解于溶剂中的胶体溶液，涂覆在导线表面并在一定条件下固化成膜，构成绕组并联导线间的绝缘，如换位导线、复合导线的单根导线，以及配电变压器的漆包圆线等（以电缆纸作为匝绝缘的单根导线可以不涂漆）。绝缘漆按耐温能力分为七个等级，包括 Y 级：90℃；A 级：105℃；E 级：120℃；B 级：130℃；F 级：155℃；H 级：180℃；C 级：180℃以上。变压器常用的漆包铜扁线有 120 级缩醛漆包线，130 级聚酯漆包线和聚氨酯漆包线，155 级改性聚酯漆包线，180 级聚酯亚胺漆包线，200 级聚酰胺酰亚胺漆包线，220 级聚酰亚胺漆包线等。

2. 绝缘纸

油浸式变压器常用的绝缘纸包括电缆纸、电话纸、皱纹纸、金属皱纹纸、点胶绝缘纸等。

（1）电缆纸的热稳定性比电话纸要好，主要用作变压器绕组导线绝缘、层间绝缘、覆盖绝缘、引线绝缘等。电缆纸有普通电缆纸、高密度电缆纸、耐热纸、NOMEX 纸等，除 NOMEX 纸厚度较厚外，其他电缆纸的厚度在 0.045 ~ 0.125mm。不同特性的电缆纸适应不同的工作环境，高密度电缆纸通常用在 330kV 电压等级以上的产品中；耐热纸用在温升要求较高的工作环境下；NOMEX 纸则用在温度更高的工作环境下，尤其是干式变压器应用最多。

（2）电话纸，主要用在电压等级较低的配电变压器绕组导线绝缘、绕组的端绝缘、引线绝缘等。

（3）皱纹纸，由电缆纸经起皱工艺处理后获得，伸长率为 15%、20%、30%、50%、100%、200% 和 300% 的皱纹纸具有较好的拉伸强度，常用于油浸式变压器的绕包绝缘，如绕组出头、引线及静电屏的绝缘包扎等；覆盖绝缘，如层式绕组、静电屏、接地屏的端部包裹、反折角环、异形覆盖等。由于使用的基纸不同，皱纹纸分为普通和高密度两种，高密度皱纹纸适用于单方向拉伸和承受电压较高的要求。普通皱纹纸适用于双方向拉伸的场合，由于其垂直于长度方向拉伸率约为 20%，所以特别适用于厚绝缘且需弯折的引线绕包绝缘。

（4）金属皱纹纸，是皱纹纸的特殊种类，由基纸和 0.0075mm 的铝箔复合而成（粘贴或喷涂）然后起皱成金属皱纹纸。金属皱纹纸的伸长率约为 60%，是包裹任意形状、表面光滑的电屏蔽材料。

（5）点胶绝缘纸，是电缆纸的特殊种类，由电缆纸的单面或双面涂以环氧树脂胶点而成。点胶绝缘纸作绕组的匝绝缘和层绝缘，在 105 ~ 120℃下烘焙 80 ~ 40min 后胶层固化，与导线或各层层间纸粘结在一起，增加机械强度，提高层式绕组承受短路机械力的能力，常在中小型变压器和特种变压器中使用。

3. 绝缘纸板

绝缘纸板是油浸式变压器绝缘结构中的主要固体绝缘材料，包括电气用压纸板和薄纸板。压纸板是用完全由高化学纯的植物性原料构成的纸浆制成的板，其特点在于密度较高、厚度均匀、表面光滑、机械强度高、柔韧性、抗老化性和电绝缘性好，表面可以是光滑的或有网纹的。薄纸板是用完全由高化学纯的植物性原料构成的纸浆制成的多层纸，其特点在于密度和厚度均匀、表面光滑、机械强度高、柔韧性、抗老化性和电绝缘性好。采用的高化学纯的植物性原料主要是木质纤维或掺有适量棉纤维的混合纸浆，掺入一定比例的棉纤维后纸板抗张强度好，容易吸入较多的变压器油。根据不同的原材料配比和使用要求，绝缘纸板可分为 50/50 型纸板及 100/100 型纸板两种型号。压纸板经热压工艺成型，薄纸板经连续滚压成型，根据不同的工艺过程压纸板和薄纸板还可制成预压纸板、压光纸板和上光纸板。压纸板在变压器绝缘中作为主绝缘的隔板（纸筒）、分割油隙的撑条、垫块、绕组端部绝缘、铁轭绝缘、压制绝缘、支撑绝缘等广泛用途。

4. 绝缘纸筒

为了提高绕组抗短路能力，通常将内绕组直接绕在绝缘纸筒上，既是绕组的支撑骨架，又是绕组主绝缘的一部分。用于绕组骨架的绝缘纸筒必须有足够的机械强度，因此需要预先制成整体成型的绝缘筒，圆筒式绕组和辐向尺寸较小的调压绕组也需要绕在绝缘纸筒上，绝缘纸筒的厚度由设计计算确定，通常选择压纸板的厚度在 3 ~ 8mm 之间，但不得小于 3mm（配电变压器除外）。成形绝缘筒有时也用来支撑带有高电位的部件，部件较重时需要较厚的绝缘纸筒才能确保支撑强度。

变压器内部广泛采用薄纸筒小油隙绝缘结构：①将较大的油隙分割成耐受电压较高的小油隙，以提高油纸绝缘的性能；②隔断变压器油中杂质在电场作用下形成的小桥，防止小桥构成放电通道；③为变压器内部部件冷却形成变压器油流通的散热通道。用作分割油隙的薄纸筒起到绝缘隔障的作用，由厚度在 1 ~ 3mm 压纸板预先滚制成型的开口筒（直径较小时），或分片纸筒（直径较大时），由人工在使用时直接围绕成型并用绝缘带固定，搭接口处重叠长度因压板纸厚度而异，一般不小于 30mm。

5. 撑条

撑条将绝缘纸板隔开形成油隙，与绝缘纸板共同组成薄纸筒—小油隙绝缘结构，同时也构成绕组和器身的纵向冷却油道。用于绕制绕组的撑条通常用热压纸板经分切、铣削成型，横截面形状为 T 形、梯形和矩形，撑条截面如图 4-4 所示。

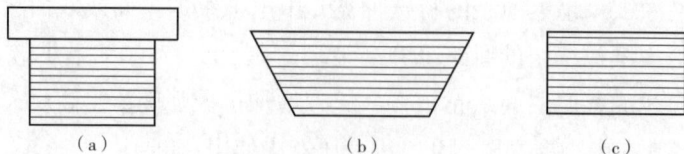

图 4-4　撑条截面图

（a）T 形；（b）梯形；（c）矩形

6. 垫块

垫块是绕组纵绝缘的一部分,同时构成绕组的横向冷却油道。垫块的厚度一般在
1～6mm,特殊需要时超过6mm,由单层压纸板或多层压纸板组合而成。垫块厚度和
沿绕组纵向分布由纵绝缘计算和温升计算确定,宽度由绕组温升计算其横截面一周需
要的个数和绕组轴向机械力计算确定。垫块单边或双边开槽,开槽形状为T形、鸽尾
形,垫块位于绕组辐向外侧用于固定撑条时缺口常开成U形,垫块开槽如图4-5所示。
垫块周边不应有毛刺,用于超高压、特高压变压器的绕组时,垫块不仅需要倒角去毛
刺,表面还需要铣削掉压纸板表面的网纹。

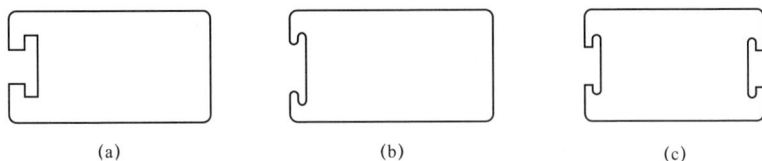

图 4-5　垫块开槽

（a）T形槽；（b）鸽尾槽；（c）双侧槽

7. 绕组端圈、静电板、静电环

没有静电板的绕组两端均设有绕组端圈,端圈用于绕组端部找平,保护绕组端部
线饼,提高绕组端部的机械稳定性,是绕组端部主绝缘的一部分。端圈有裹制端圈、
热压纸板加工端圈等配电变压器。裹制端圈适用于辐向较小的绕组端部找平,如调压
绕组、圆筒式绕组等。层压端圈应用较广,只要绕组辐向稍大一些就可以方便制作,
平端圈用于饼式绕组,斜端圈用于螺旋式绕组等,不同绕组端圈如图4-6所示。

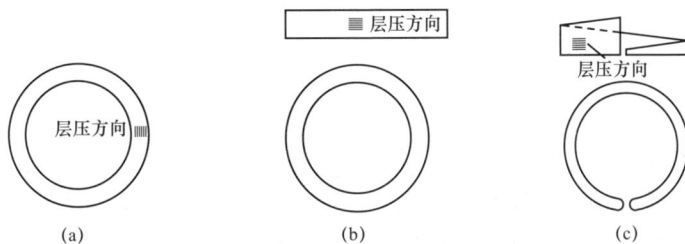

图 4-6　绕组端圈

（a）裹制斜端圈；（b）层压平端圈；（c）层压斜端圈

静电板用来屏蔽和均匀绕组端部电场,以改善绕组端部电场分布,同时还可以改
善冲击电压作用时绕组端部的起始电压分布和首端几个线饼的电位梯度。

静电板的环形骨架材料是层压纸板,骨架面朝铁轭面的棱角倒角较大,面向绕组
面的棱角倒角较小。环形骨架上绕有薄铜带、铜网带或铝箔屏蔽纸。每匝薄铜带之间
需要绝缘,每隔几匝需用一段短接铜带将薄铜带连接起来,目的是减少冲击电压作用

时绕制薄铜带的电感效应。用铝箔屏蔽纸绕制静电板时需用两层，第一层铝箔朝外，第二层铝箔朝内，两层铝箔屏蔽纸之间夹等位线或带。绕制一周的电屏不能形成闭合的环，起始端与结束端必须绝缘，起始端绝缘后结束端还必须对起始端进行覆盖，覆盖长度不小于 50mm。绕制电屏需用外包绝缘的电位连线引出，以便与绕组引出端连接。静电板绕制完电屏后，外部用绝缘纸包裹至规定的厚度，表面保持光滑，无褶皱或凹凸不平，经轧制后定型，静电板如图 4-7 所示。

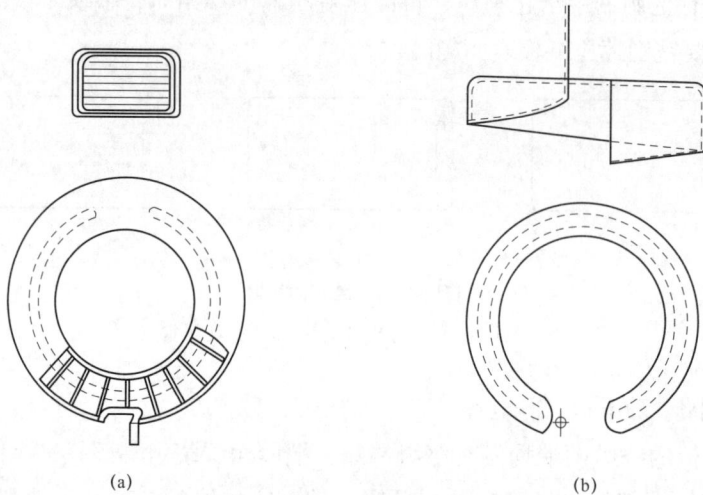

图 4-7　静电板

（a）薄铜带绕制；（b）铝箔屏蔽纸绕制

辐向较小的绕组如调压绕组，静电板的形状略有不同，但制作原理和要求相同。有时为加强静电板的强度和屏蔽效果，直接用异型金属棒制作静电板，此时常称之为静电环，异型开口金属环周边不得有尖角毛刺，开口端必须倒角进行圆滑处理，电位线必须牢固焊接去毛刺后包绝缘引出，静电环外包绝缘必须均匀、紧实、光滑，异型均压环如图 4-8 所示。

层式绕组的静电环一般用金属棒（如圆铜棒）制作，制作方法和要求与异形金属环制作相似，所不同的是除第一层和最后一次的静电环引出线与绕组的出线端连接外，中间各层的静电环必须与其紧邻的第一个线匝连接，并包好匝绝缘，不需引出连接，圆筒式绕组均压环如图 4-9 所示。

（二）绕组的排列位置

绕组排列与变压器的具体参数和性能要求有关。通常变压器的低压绕组紧靠铁心柱布置，因为它具有较低的绝缘水平，由此向外，绕组按电压等级由低向高依次排列，独立的调压绕组排列在最外侧。由于绕组排列位置不仅与绕组绝缘水平有关，还与变压器阻抗电压和损耗等有关。因此，在实际的器身结构中，绕组排列有着多种变化，尤其是调压绕组的位置根据调整的需要会更加灵活。

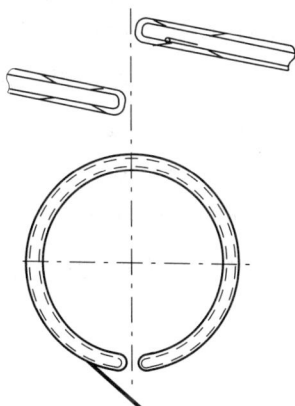

图 4-8　异型均压环（异型金属棒）　　图 4-9　圆筒式绕组均压环

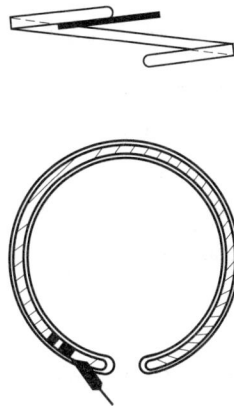

（1）绝缘水平对绕组排列位置的影响。靠近铁心的内绕组，其引出线需要从绕组两端引出，当绕组的绝缘水平较高时，要求绕组端部距离铁轭的绝缘距离较大，有时甚至较难引出。因此，低压绕组靠近铁心布置绝缘是可靠和经济的。由内向外初次提高绕组的绝缘水平（多绕组变压器）不仅仅利于绕组出头的引出，还有利于主绝缘的调整，提高铁窗利用率，绕组端部距离铁轭的距离越小，铁心外部的漏磁也越少，有利于降低杂散损耗。对于超高压以上绝缘水平的变压器，高压绕组一般选择分级绝缘结构，放在最外侧采用中部出线方式，不仅方便了超高压引出线，还可以缩小绕组首端距铁轭的距离。

（2）调压绕组的位置因调整绕组之间的阻抗而比较灵活。无励磁调压变压器调压范围比较小，调压级数比较少，通常调压段设置在主绕组的中部（全绝缘绕组）或靠近主绕组的末端（分级绝缘绕组或中性点端），不设独立的调压器绕组。对超高压大容量变压器和特种变压器，会为无励磁调压设置单独的调压绕组，比如调压部分可以设置在串联绕组的末端或并联绕组的首端。

大部分有载调压变压器采用中性点调压，分为变磁通调压和不变磁通调压两种方式，无论哪种方式其调压范围大、调压级数多，需要设置独立的调压绕组。当需要调节阻抗时，调压绕组往往放置在绕组排列的中间，也可以靠近铁心。超高压自耦变压器采用串联绕组末端调压或并联绕组的首端调压，通常为中压线端的绝缘水平。无论调压绕组怎样排列，除特殊情况外，调压绕组的位置一定紧邻需要调压的主绕组。

二、铁心绝缘的制造与安装工艺

铁心绝缘的工艺主要通过硅钢片本身的绝缘工艺和结构件、夹持件的工艺来实现。

（一）硅钢片的绝缘

硅钢片的绝缘在变压器铁心中起着很重要的作用，它把硅钢片之间绝缘，避免片间金属接触，限制涡流只能在一片硅钢片内循环，增加了涡流回路的电阻，从而达到减少涡流损耗的目的。目能电力变压器采用的冷轧硅钢片的绝缘是无机绝缘涂层，它是在冷轧硅钢片生产过程中，经过磷酸盐处理法、氧化处理法和综合化学处理法后，使硅钢片表面生成 $1.5 \sim 3\mu m$ 厚的无机涂层，所以不再需要另外涂漆。而在以前使用热轧硅钢片时，必须涂漆来保证片间的绝缘。采用无机绝缘涂层的硅钢片，它的绝缘性、耐腐蚀性、耐击穿电压、耐高温性能和表面光洁层皮都比以前的绝缘层更优越。

（二）结构件及夹持件的绝缘

结构件与夹持件的绝缘主要包括夹件绝缘、拉板绝缘、拉带绝缘、紧固绝缘、垫脚绝缘、支撑件绝缘等，采用的绝缘材料主要包括电缆纸、皱纹纸、绝缘纸板、垫块、浸有树脂的玻璃纤维、环氧无纬玻璃丝黏带、环氧有纬玻璃丝黏带等。绝缘件一般采用预制品，在铁心安装过程中，利用夹紧、支撑、包裹、绑扎等方式，随之一起安装。

三、引线绝缘的制造与安装工艺

引线绝缘的工艺主要通过导线夹的绝缘、引线的绝缘距离等实现。

（一）引线的固定方式

变压器运行时，引线处在复杂的漏磁场中，引线中流动的电流在漏磁场中产生电动力，电动力直接作用在引线上。为了保证引线在电动力的作用下保持稳定的位置和形状，需要采用机械夹持的办法固定引线，固定引线的部件称为导线夹。用导线夹夹持引线需要考虑四方面：①必须选择具有良好的绝缘特性和机械特性材料制作导线夹；②能够承受短路故障时引线强大的机械力而不损坏，起到增加引线强度的作用；③合理分配分段夹持引线的间隔，防止引线在电动力的作用下因颤动或共振改变不同相或不同电位引线之间的引线间放电造成变压器短路事故；④导线夹要有良好表面绝缘特性，在多根不同电位的引线或不同相引线共用一个导线夹时，不能因导线夹沿面爬电引起引线短路放电，特别是高电压大容量变压器的三相低压引线，往往采用裸铜排且被同一个导线夹所夹持，必须充分考虑在各种情况下沿导线夹表面的沿面放电。

（二）引线的绝缘距离

引线绝缘距离主要取决于与之相连接绕组的电压等级、试验电压、自身电极形状及所对应的电极形状、外包绝缘材料的电气性能、绝缘结构组合的方式等。传统的引线绝缘距离大多来自实验数据，经典电场计算公式的计算结果与经验结合，现代则多为计算机计算和仿真的结果。

引线绝缘厚度的确定要结合引线的电流强度、发热与散热等因素，加厚引线绝缘需同时考虑电场和温升要求。一般 220kV 及以下电压等级的引线外包绝缘厚度，单边不超过 20mm。

（1）引线对引线之间的绝缘距离，同相高压绕组引线与低压绕组引线之间的绝缘距离、非同相引线之间的绝缘距离，由引线承受的工频试验或雷电冲击全波试验电压（折合成工频试验电压）中较高的一个来确定。高压引线与同相分接引线之间的绝缘距离，由主绕组雷电冲击电位与调压绕组各分接雷电冲击电位来确定。同相分接引线之间的绝缘距离由调压绕组各分接间的雷电冲击全波梯度来确定。

（2）引线对平面之间的绝缘距离，最典型的结构就是引线对变压器油箱内壁的绝缘距离，这种结构的电场可以近似地看作同轴圆柱电场。首先设定引线外包绝缘为普通电缆纸，变压器油的耐电强度为 40 ~ 50kV/2.5mm，在干燥的情况下，用同轴圆柱电场的计算公式计算引线绝缘表面的电场强度，确定引线外包绝缘厚度。

油中最小的工频击穿电场强度近似计算式

$$E_{\min} = \frac{72\sim 84}{\sqrt{r_2}} \tag{4-1}$$

式中　$E_{\min}$ ——油中最小的工频击穿电场强度，kV/cm；

　　　r_2 ——引线绝缘半径，cm，不真空浸油静放 24h 时取 72，真空浸油时取 84。

式（4-1）仅适用于油间隙距离与 r_2 之比在 5 ~ 15 内，超过此范围须以试验数据为准。

（3）引线对尖角之间的绝缘距离，最典型的结构是引线对铁轭夹件等的绝缘距离，这类电场强度的校核通常按工频试验电压或雷电冲击全波试验电压折合到工频后的试验电压，选取较大者进行计算，其工频最小击穿电压为

$$U_{\min} = 40S^{0.62} \tag{4-2}$$

式中　$U_{\min}$ ——工频最小击穿电压，kV；

　　　S ——油中引线对尖角的距离，cm。

引线直径为 3 ~ 25mm，绝缘厚度为 5 ~ 50mm，50Hz 1min 的绝缘引线对尖角的油中距离与击穿电压关系曲线如图 4-10 所示。

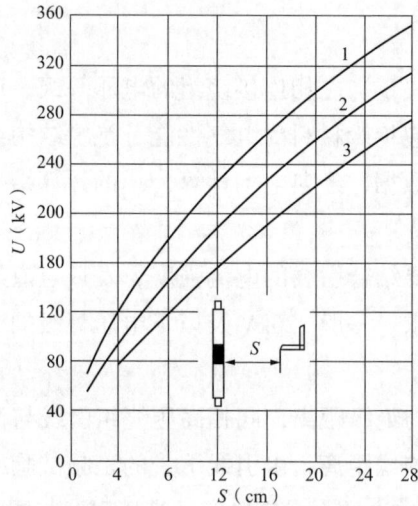

图 4-10　绝缘引线对尖角的油中距离与击穿电压关系曲线

1—击穿电压平均值曲线；2—最小击穿电压曲线；3—虚线为尖对尖的击穿曲线

（4）引线对绕组之间的绝缘距离按照绕组或引线的工频（包括感应试验）试验电压或者雷电冲击全波试验电压折合到工频后的试验电压较高者来确定。本相绕组首、末端引线对自身的绝缘距离由它们试验电压的电位差来确定；全绝缘变压器引线对绕组的绝缘距离由雷电冲击全波试验电压来确定；分级绝缘变压器引线对绕组的绝缘距离由感应试验电压来确定。

四、套管绝缘的制作与安装工艺

套管的绝缘工艺主要体现在套管本身材料、内部结构等方面。

（一）套管材料

1. 瓷套

变压器瓷套主要材料为硅酸盐陶瓷，以石英砂、长石、黏土等主要原料，经过混料、成型、干燥、烧结等多道工序制成，具有高温抗热性能、机械强度高、绝缘性能好等优良特点。

2. 硅橡胶

硅橡胶是一种高分子材料，具有优异的耐热、耐寒、耐氧化、电绝缘性和化学稳定性等特点，以硅橡胶原料、填充剂、交联剂和加工助剂等组成。硅橡胶套管由硅橡胶和无碱玻璃纤维经多道工序加工处理而成。

（二）套管内部结构

1. 附加绝缘

由于单体瓷绝缘套管的径向电场不均匀，瓷的介电系数大，而空气或变压器油的介电系数小，根据 $\varepsilon_1 E_1 = \varepsilon_2 E_2$，得电场强度在空气或油中大，而绝缘性能好的瓷质中则小。为了改善电场分布，导杆式套管是在导电杆的外表面套一绝缘管作为附加绝缘，以提高其放电电压，常用于 35kV 的低压出线，而穿缆式套管是在电缆上包以 3 ~ 4mm 厚电缆纸作为附加绝缘，用于 35kV 高压出线。

为了使导电杆或电缆与瓷套保持同心，在瓷套内腔的下端放入一个绝缘环，在瓷套的上端均有排气孔，可使绝缘套管内充满变压器油。

2. 电容型绝缘

电容式套管是利用电容分压原理来调整电场，使径向和轴向电场分布趋于均匀，从而提高绝缘的击穿电压。它是在高电位的导电管（杆）与接地的末屏之间，用一个多层紧密配合的绝缘纸和薄铝箔交替卷制而成的电容芯子作为套管的内绝缘。根据材质及制造方法的不同，可分为胶纸电容式、油纸电容式和干式套管。具体内容见第五章。

五、变压器绝缘的运维检修要点

（一）绕组绝缘的运维检修要点

绕组绝缘不良是指绕组的绝缘性能达不到要求，在正常运行电压、过电流、过电压作用下，可能会演变成绕组的短路故障。其原因可能是变压器设计和制造时先天性存在的，如设计时局部位置的绝缘裕度不够，绝缘结构不合理等；在制造过程造成绝缘损伤、制造工艺不良等。这些缺陷现场一般都无法进行绝缘恢复。另外运行维护不当也会造成绕组绝缘不良，影响绕组绝缘性能的因素主要有：水分、温度、电场等。

水分是影响绕组绝缘性能的主要因素，绕组的纸绝缘吸收水分后绝缘下降很大。水分的来源主要是由于变压器密封不良造成进水，危害最大的是变压器油面以上部位密封不良，如电容套管顶部、储油柜上部等，此处由于没有变压器的油压，水分很容易进入变压器本体，且不易发现，可能造成严重的变压器故障。强油循环冷却器上渗漏，油泵工作时冷却器内部是负压处，空气和水分会被吸入到变压器内。对非密封性储油柜而言，变压器油热胀冷缩产生呼吸作用，也可使变压器内进水受潮，所以要加强呼吸器的维护。另外，变压器油和纤维等绝缘材料，长期受热和电场作用下，也会分解生成微量的水分。

水分的破坏作用不在于水量的多少，而在于它的分布，水分容易向温度低、电场强的地方集中，油的循环起着对水分的搬运作用。

变压器的寿命取决于绕组绝缘的老化程度，而绕组绝缘的老化又取决于运行时的温度，温度越高绝缘越易老化，使其绝缘性能下降，所以变压器的运行时不能超过规定极限温度要求。电场的作用在一定程度上加速了绝缘的老化。

变压器正常运行时，绕组处于密闭油箱内，无法观测，只能通过变压器油色谱等试验结果间接推断。只有当变压器吊检大修时，才能观测到绕组绝缘是否异常。此时，除检查绕组本身外，还应关注绕组的垫块是否移位或松动，绕组的绝缘外观是否整齐清洁无破损，绝缘是否无局部过热、放电痕迹等。

还可以通过手指按压绕组表面，检查绝缘状态。绝缘状态分四级：

（1）一级绝缘：绝缘有弹性，用手指压后无残留变形，属良好状态；

（2）二级绝缘：绝缘仍有弹性，用手指压无裂纹、脆化，属合格状态；

（3）三级绝缘：绝缘脆化，呈深褐色，用手指压时有少量的裂纹和变形，属勉强可用状态；

（4）四级绝缘：绝缘已严重脆化，呈黑色，用手指按压时即酥脆、变形、脱落，甚至可见裸露导线，属不合格状态。

（二）铁心绝缘的运维检修要点

日常运行时，可以通过铁心夹件接地电流值是否异常来判断铁心状态。检修时，铁心绝缘成为重点检查项目。铁心绝缘的检修工艺主要体现在以下几个方面：

（1）硅钢片的绝缘漆膜是否脱落，片间绝缘是否正常；

（2）铁心与上下夹件、方铁、压板、底脚板间均应保持良好绝缘，绝缘电阻符合标准；

（3）绝缘压板应保持完整，无破损和裂纹，并有适当紧固度；

（4）绝缘垫圈与夹件接触良好；

（5）铁心对地绝缘电阻与历次数据相比无明显变化。

（三）引线绝缘的运维检修要点

引线的绝缘主要取决于绝缘距离。日常运行时，可以通过检查引线是否过热、低压侧引线绝缘包裹是否规范等来判断引线绝缘的良好程度。检修时，应检查引线与各部分的绝缘距离是否满足要求。除此之外，还应检查引线表面的绝缘情况、引线固定件的绝缘情况等。引线绝缘的检修工艺主要体现在：

（1）引线绝缘包扎完好，无变形、变脆；

（2）引线绝缘的厚度应满足规定要求；

（3）引线与各部分的绝缘距离应满足规定要求；

（4）绝缘支架应无破损、裂纹、弯曲、变形及烧伤现象；

（5）绝缘夹件固定引线处应垫有附加绝缘，以免卡伤引线绝缘。

（四）套管绝缘的运维检修要点

变压器运行过程中，套管（以最常见的油纸电容式套管为例，下同）的检查主要体现在瓷套表面是否清洁，无放电痕迹，无裂纹，裙边无破损。套管绝缘的检修工艺主要体现在：

（1）套管外表和导电管内壁应清洁，油位正常，无渗漏油、无裂纹、无破损及放电痕迹；

（2）绝缘电阻值、$\tan\delta$、C 值合格，油试验合格；

（3）套管密封良好，无渗漏，内绝缘良好。

（五）变压器油的运维检修要点

变压器油的试验项目和要求见表 4-2。

表 4-2 变压器油的试验项目和要求

序号	项目	要求		说明
		投运前的油	运行中的油	
1	外观	透明、无杂质或悬浮物		将油样注入试管中冷却至 5℃在光线充足的地方观察
2	水溶性酸 pH 值	≥ 5.4	≥ 4.2	按 GB 7598 进行试验
3	酸值（mg·KOH/g）	≤ 0.03	≤ 0.10	按 GB 264 或 GB 7599 进行试验
4	闪点（闭口）（℃）	≥ 135	≥ 135	按 GB 261 进行试验
5	水分（mg/L）	66 ～ 110kV ≤ 20 220kV ≤ 15 330 ～ 500kV ≤ 10	66 ～ 110kV ≤ 35 220kV ≤ 25 330 ～ 500kV ≤ 15	运行中设备，测量时应先注意温度的影响，尽量在顶层油温高于 50℃时采样，按 GB 7600 或 GB 7601 进行试验
6	击穿电压（kV）	35kV 及以下 ≥ 35 66 ～ 220kV ≥ 40 330kV ≥ 50 500kV ≥ 60	35kV 及以下 ≥ 30 66 ～ 220kV ≥ 35 330kV ≥ 45 500kV ≥ 50	按 GB/T 507 和 DL/T 429.9 方法进行试验

续表

序号	项目	要求		说明
		投运前的油	运行中的油	
7	界面张力（25℃）（mN/m）	≥ 40	≥ 25	按 GB/T 6541 进行试验
8	tanδ（90℃）（%）	注入前 ≤ 0.5 注入后 ≤ 0.7	330kV 及以下 ≤ 4 500kV ≤ 2	按 GB 5654 进行试验
9	体积电阻率（90℃）（Ω·m）	≥ 6×10^{10}	500kV ≥ 1×10^{10} 330kV 及以下 ≥ 5×10^{9}	按 DL/T 421 或 GB 5654 进行试验
10	油中含气量（体积分数）（%）	330～500kV ≤ 1	330～500kV ≤ 3	按 DL/T 423 或 DL/T 450 进行试验
11	油泥与沉淀物（%）（质量分数）	≤ 0.02	≤ 0.02	按 GB/T 8926 进行试验
12	油中溶解气体含量的要求（μL/L）	氢 < 10	氢 < 150	按 GB/T 7252 进行试验
		乙炔 0	乙炔 220kV 及以下 < 5 330kV 及以上 < 1	
		总烃 < 20	总烃 < 150	

注 1. 投运前的油标准取自 GB 50150—2016《电气装置安装工程 电气设备交接试验标准》。

2. 运行中的油标准取自 GB/T 7595—2017《运行中变压器油质量》（油中溶解气体含量标准要求取自 GB/T 7252《变压器油中溶解气体分析和判断导则》）。

第三节　典型案例分析

一、外绝缘缺陷案例

（一）事件概况

2023 年 8 月 10 日 06 时 28 分，××公司 220kV ××变电站 2 号主变压器第二套差动保护、35kV Ⅱ母差保护同时动作，跳开 2 号主变压器三侧、2 号电容器、2 号接地变开关，无负荷损失。经现场检查，2 号主变压器 35kV 引流线接地线挂设处三相均裸露，无绝缘热缩套覆盖，主变压器 35kV 侧穿墙套管 A 相搭头、B 相搭头绝缘材料破损且存在放电痕迹，B、C 相接头引申导线裸露部分（接地线挂设点）存在明显放电灼伤痕迹，下方地面有残余的烧损塑料薄膜以及脱落的边框密封材料、墙体碎片、有放电痕迹焦味的 B 相绝缘盒。故障后主变压器油色谱、短路阻抗、直流电阻等诊断性试验结果正常。判断本次事件为异物搭接导致的低压侧近区短路故障，主变压器本体未受损。

（二）设备台账

××变电站 2 号主变压器厂家为××公司，2006 年 8 月生产，2007 年 5 月投运，型号：SFS9-180000/220。最近一次例行试验为 2018 年 4 月，各项试验数据无异常。最近一次检修时间为 2020 年 6 月。

（三）事件原因

结合一次设备受损情况，判断本次保护动作跳闸是由 2 号主变压器低压穿墙套管引线发生 B、C 相短路引起，故障点位于 2 号主变压器低压侧户外独立 TA 与开关柜内 TA 之间。因主变压器第一套保护取自主变压器户外独立 TA，第二套保护取自开关柜内 TA，故 2 号主变压器第一套保护判断为区外故障不动作，第二套保护判断为区内故障，差动保护动作。

××变电站位于沿海区域，周边为农用耕地，有较多蔬菜大棚，当日风力为六级，现场发现有灼伤痕迹的塑料袋。查阅故障前期视频记录，故障前同一时刻，有类似塑料带异物因大风飘入变电站，因此判断为外界异物塑料带飘入场地内，引起 BC 相导线裸露部分短路，继而引发三相短路。

（四）暴露问题

一是主变压器低压侧绝缘化改造不到位，进度滞后，反措执行不到位。一方面套管接头绝缘化方式不满足改造要求，不规则部分未采用包裹绝缘；接地线挂设点设置方式不满足要求，未进行品字形错开布置（相间沿导线距离应大于 1m）；绝缘材料及改造验收不规范，未进行耐压试验。

二是人员履职尽责意识不强，变电站周边隐患排查整治不到位。对省公司双周材料学习、宣贯不到位，设备风险预警单及周边异物隐患治理工作执行不到位，未按要求开展主变压器低压侧附属设备巡视，未将 2 号主变压器低压侧独立 TA 引流线绝缘裸露处及变电站周边大棚情况纳入一站一库管控。

（五）后续措施

一是排查变电站周边及站内运行环境，包括变电站周边彩钢板建筑、施工工地易漂浮物、塑料大棚等站外环境情况，重点关注主变压器及低压侧区域异物隐患，如易漂浮物、开关室屋顶异物及金属装饰材料脱落、消防喷淋装置及上方构支架锈蚀脱落情况。

二是排查主变压器尤其是低压侧区域鸟类活动和筑巢情况，重点关注主变压器散热片、上方构支架、气体继电器、防雨罩等部位。

三是排查主变压器低压侧（主要是主变压器低压侧出线套管至穿墙套管区域导线、接头等）绝缘化情况，重点关注有无采取绝缘化措施、材料及工艺是否满足技术规范要求、有无绝缘未覆盖或脱落裸露情况、接地点设置是否合理等。

二、典型案例——内绝缘缺陷

（一）事件概况

2022 年 11 月 1 日，×× 公司 220kV ×× 变电站 1 号主变压器启动第一次冲击时，第二套差动、重瓦斯保护动作出口，主变压器 220kV 开关跳闸，B 相故障，2s 后轻瓦斯保护告警，第一套差动保护启动但未出口。现场检查变压器本体气体继电器内有气体，呼吸器大量冒气，油色谱气体检测，乙炔值为 7.52μL/L。经试验判断变压器本体 B 相低压线圈存在匝间短路故障。

（二）设备台账

×× 变电站 1 号主变压器为 ×× 公司，2021 年 10 月生产，2022 年 7 月投运，型号：SFSZ11–240000/220。

（三）事件原因

经解体认定该主变压器制造时 B 相低压线圈第 51、52 饼饼间两处绝缘垫片错放，主撑条部位无绝缘垫片，导致该处线饼失去轴向支撑，合闸过程中在轴向电动力作用下发生挤压、绝缘损坏，导致饼间短路跳闸。

（四）暴露问题

设备源头技术监督管控不到位。在变压器制造过程中，参与关键点见证确认的人员责任心不强，中间验收不规范、不认真，对中间环节把控不到位。

（五）后续措施

加强新建、改造工程主变压器生产制造关键点监督，做好线圈绕制、铁心叠片、整体装配等各关键环节见证记录，确保设备源头质量。

第五章

套管结构及缺陷分析

第一节　套管结构与分类

（一）套管分类

1. 按绝缘结构和主绝缘材料分类

（1）单一绝缘套管。包括：①纯瓷套管，仅以电瓷（或兼以空气）作为内外绝缘的套管；②树脂套管，仅以树脂（或兼以空气）作为内外绝缘的套管。

（2）复合绝缘套管。包括：①充油套管，瓷套内部充绝缘油作为主绝缘的套管；②充胶套管，瓷套内部充填胶状绝缘混合物作为主绝缘的套管；③充气套管，瓷套内部充 SF_6 等气体作为主绝缘的套管；④玻璃纤维套管，采用环氧树脂浸渍玻璃纤维作为主绝缘的套管；⑤胶浸纸绝缘套管，采用环氧树脂浸渍绝缘纸作为主绝缘的套管。

（3）电容式套管。包括：①油纸电容式套管，以油浸纸作为主绝缘材料，并在内部设置若干箔状电极以均匀电场分布的套管；②胶纸电容式套管，以胶纸作为主绝缘材料，并在内部设有若干箔状电极以均匀电场分布的套管。

2. 按用途分类

套管按用途不同可分为穿墙套管和电器套管。其中，电器套管又按具体配套对象分为变压器、互感器、断路器、电容器套管。

（二）常见套管基本结构

1. 干式套管

干式套管是由环氧树脂电容芯子、上瓷套（或复合外套）、连接法兰、头部盖板及密封垫圈装配成的整体，干式套管结构如图 5-1 所示。干式套管的主绝缘采用无油新型绝缘材料，无油渗漏，消除了油对环境的污染，同时具有阻燃性好、防爆等优点。质量轻、安装占用空间小，可有效地减小变压器主机的体积。另外，还有可任意角度安装、免维护、运输包装储存简单方便的优点。

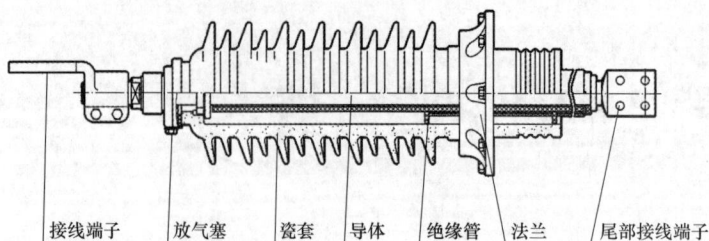

| 接线端子 | 放气塞 | 瓷套 | 导体 | 绝缘管 | 法兰 | 尾部接线端子 |

图 5-1　干式套管结构

2. 充油套管

充油套管电压等级较低，无电容芯子，相对于电容式套管结构较简单，广泛应用于电力变压器的低压侧。充油套管由接线端子、储油柜、上瓷套、下瓷套、电容芯子、导杆、绝缘油、法兰盘和均压球等组成，充油套管结构如图 5-2 所示。

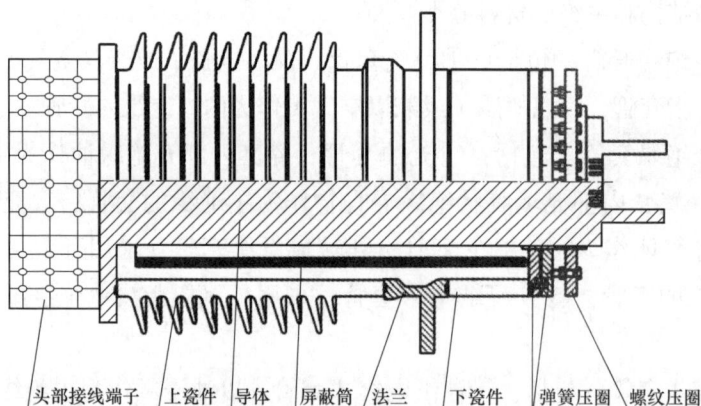

| 头部接线端子 | 上瓷件 | 导体 | 屏蔽筒 | 法兰 | 下瓷件 | 弹簧压圈 | 螺纹压圈 |

图 5-2　充油套管结构

3. 电容式套管

电容式套管是由电容芯子、上下瓷套、连接法兰及储油柜组成并借助强力弹簧和密封垫圈装配成整体，电容式套管结构如图 5-3 所示。套管设有测量端子，用于套管介质损耗、局部放电量测量。法兰、储油柜均采用铸铝结构，不仅使套管轻巧美观，而且铸铝是非导磁材料，无磁滞损耗和涡流损耗，因此可使套管具有非常好的热性能。

（三）套管工作原理

1. 电容式套管

充变压器油的电容式套管，为防止油变质影响芯子性能，采用与外界隔绝的密封结构。电容芯子是由层状绝缘材料和箔状电极在导杆或导管（通过电流的导体）上卷绕而成的同心柱形串联电容器，用以均匀电场。电容式套管的最外一层电容屏称为末屏，通过一小套管引到套管外面接地，以便于试验。电容式套管是一个单独的密封体，因此设有储油柜，以免运行时内部产生过高的压力。

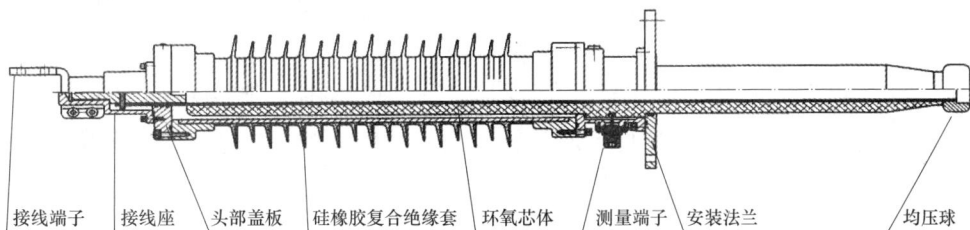

| 接线端子 | 接线座 | 头部盖板 | 硅橡胶复合绝缘套 | 环氧芯体 | 测量端子 | 安装法兰 | 均压球 |

图 5-3 电容式套管结构

（1）变压器套管。油纸电容式变压器套管主要用于电力变压器中，用于引入变压器的高压电流和高电压对变压器外壳绝缘。油纸电容式变压器套管载流方式分为穿缆式载流和导管直接载流两种。油纸电容式变压器套管采用电容式全密封结构，其由电容芯子、瓷套、储油柜和接地法兰等组成，并借助强力弹簧和密封垫圈装配成整体，油纸电容式变压器套管外形如图 5-4 所示。主绝缘电容芯子以优质电缆纸与打孔铝箔绕制成同心圆柱电容器。接地法兰用于套管的固定安装和接地，法兰上设有的测量端子与电容芯子末屏连接，用作套管介质、局部放电量测量等，运行时必须接地，严禁开路。

图 5-4 油纸电容式变压器套管外形

（2）穿墙套管。穿墙套管主要用于变电站中引导高压或超高压导线穿过建筑物的墙板，用于导电载流和高压对地墙板的绝缘及机械固定。油纸电容式穿墙套管分为立式安装和卧式安装两种，其主要由储油柜、瓷套、电容芯子、连接套筒、油封（卧式套管口）等主要零部件组成。电容芯子套管的主绝缘是在套管的中心铜管外包绕铝箔作为极板，以油浸电缆纸作为极间介质组成串联同心圆体电容器，电容器的一端为中心导管，另一端通过连接套筒上的测量端子引出，在串联电容器的作用下，使套管的径向和轴向电场分布均匀，瓷套作为套管的外绝缘和油的容器使用，使内绝缘不受外界大气的侵蚀作用。

2. 干式套管

（1）复合外套充硅胶干式穿墙套管。主绝缘采用新型绝缘材料卷制而成，外绝缘使用有机复合外套，在主绝缘和外绝缘之间充以弹性绝缘硅胶。该套管耐污性能好、尺寸小、质量轻、无漏油、不污染环境；该套管安装、运输可以在任意角度下进行且免维护。

（2）充 SF$_6$ 干式穿墙套管。该产品是一种新型充气电容式无油穿墙套管，其主绝缘采用新型绝缘材料卷制而成。在主绝缘和外绝缘之间充以微正压的工业 SF$_6$ 绝缘气体，具有尺寸小、结构紧凑、密封结构可靠等优点，无漏油及污染环境的隐患，套管内仅充有少量的微正压 SF$_6$ 绝缘气体，不会自燃、助燃，且防火、防爆。

（3）环氧树脂胶浸纸干式套管。主绝缘为环氧树脂浸渍以皱纹纸缠绕的电容芯子并经固化而成，该类干式套管具有质量轻、无油、免维护、防爆、任意角度安装等优点。

（四）套管型号及含义

电容式变压器套管型号表示方法如图 5-5 所示。

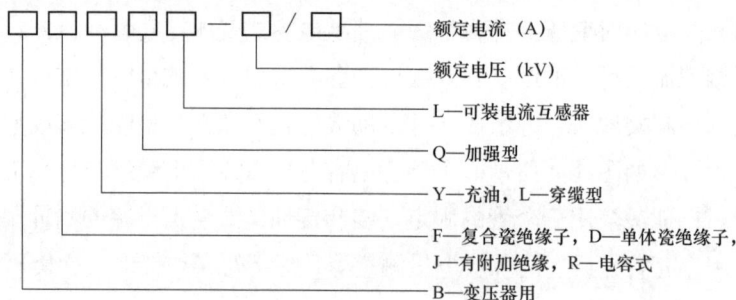

图 5-5　电容式变压器套管型号表示方法

第二节　关键工艺

（一）设计阶段

（1）变压器户内布置时不宜采用油 – 气或油 – 油套管，主变压器室应采用便于拆卸的耐火板封闭。

（2）套管应采用大小伞裙，伞裙的伸出长度、伞间距应符合 GB/T 26218 规定。套管的爬距与干弧距离之比不大于 4。

（3）额定电压＞ 40.5kV 时应选用电容型套管；额定电压≤ 40.5kV 时宜选用纯瓷型套管。

（4）额定电流≤ 1250A 时，宜选用穿缆式载流结构；额定电流＞ 1250A 时，应选用导杆式载流结构。当变压器储油柜最低油位高于套管油位高时，不宜使用穿缆式载流结构。

（5）110kV 及以上电压等级套管应优先采用垂直安装并校核套管油位，确保任意工况下不出现满油位。油位观察窗应便于巡视。

（6）有状态监测需求时，宜选用带电压抽头的套管。

（7）电容型套管末屏应确保可靠接地，不应采用弹簧回弹接地结构。

（8）110kV 及以上电压等级变压器套管接线端子（抱箍线夹）应采用机械强度高、导电性能优良的铜材质，含铜量应不低于 80%。

（9）对防爆、防火等性能有特殊要求时，应选用干式电容套管。

（10）沿海地区不宜使用螺旋伞外绝缘的套管。

（二）安装阶段

（1）油浸电容型套管安装前应满足静置时间要求，1000kV 套管静置时间应大于72h，500kV 套管静置时间应大于 36h，110 ～ 220kV 套管静置时间应大于24h。瓷套表面应无裂纹、破损、脏污及电晕放电等现象。

（2）采用红外测温装置等手段对套管，特别是装硅橡胶增爬裙或涂防污涂料的套管，重点检查有无异常。

（3）各部密封处应无渗漏，通过正压或负压法检查套管密封情况，如有渗漏现象应及时更换套管顶部连接部位的密封胶垫。

（4）电容式套管应注意电容屏末端接地套管的密封情况。

（5）瓷件应无放电、裂纹、破损、脏污等现象，法兰无锈蚀。

（6）必要时校核套管外绝缘爬距，应满足污秽等级要求。

（7）套管本体及与箱体连接密封应良好，油位正常。

（8）接线端子等连接部位应无氧化或过热现象应无松动，所受应力应符合相应标准要求。

（9）检查套管连接部位是否有高温过热现象。

（三）安装工艺

1. 安装套管的关键工艺

安装套管的关键工艺按表 5-1 工艺要求。

表 5-1 安装套管的关键工艺

序号	部位	工艺内容	工艺质量要求
1	瓷套本体	拆卸	套管拆卸前应先将其外部和内部的端子连接排（线）全部脱开，依次对角松动安装法兰螺栓，轻轻摇动套管，防止法兰受力不均损坏瓷套，待密封垫脱开后整体取下套管

序号	部位	工艺内容	工艺质量要求
2	套管本体	拆卸	（1）应先拆除套管顶部端子和外部连线的连接，再拆开套管顶部将军帽，脱开内引线头，用专用带环螺栓拧在引线头上，并拴好合适的吊绳。 （2）套管拆卸时，应依次对角松动安装法兰螺栓，在全部松开法兰螺栓之前，应用吊车和可以调整套管倾斜角度的吊索具吊住套管（不受力），调整吊车和吊索保持套管的安装角度并微微受力以后方可松开法兰螺栓。 （3）拆除法兰螺栓，先轻轻晃动，使法兰与密封胶垫间产生缝隙后，再调整起吊角度与套管安装角度一致后方可吊起套管。同时使用牵引绳徐徐落下引线头，继续沿着套管的安装轴线方向吊出套管并防止碰撞损坏。 （4）拆下的套管应垂直放置于专用的作业架上，中部法兰与作业架用螺栓固定3个或4个点，使之连成整体避免倾倒
3	外表面	完整性、清洁度	应清洁，无放电痕迹、无裂纹、无破损、无渗漏现象
4	导电杆和连接件	完整性、过热	（1）应完整无损，无放电、无油垢、无过热、无烧损痕迹，紧固螺栓或螺母有防止松动的措施。 （2）拆导电杆和法兰螺栓时，应防止导电杆摇晃损坏瓷套，拆下的螺栓应进行清洗，丝扣损坏的应进行更换或修整，螺栓和垫圈不可丢失
5	绝缘筒或带绝缘覆盖层的导电杆	放电痕迹、干燥状态	取出绝缘筒（包括带绝缘覆盖层的导电杆），擦除油垢，检查应完整，无放电、无污垢和损坏，并处于干燥状态。绝缘筒及在导电杆表面的覆盖层应妥善保管，防止受潮和损坏（必要时应干燥）
6	瓷套和导电杆	组装	（1）瓷套内外部应清洁，无油垢，用白布擦拭；在套管外侧根部根据情况均匀喷涂半导体漆。 （2）有条件时，应将拆下的瓷套和绝缘件送入干燥室进行轻度干燥，干燥温度70～80℃，时间不少于4h，升温速度不超过10℃/h，防止瓷套发生裂纹。 （3）重新组装时更换新胶垫，位置要放正，胶垫压缩均匀，密封良好。注意绝缘筒与导电杆相互之间的位置，中间应有固定圈防止窜动，导电杆应处于瓷套的中心位置
7	放气塞	放气功能、密封性能	放气通道畅通、无阻塞，更换放气塞密封圈并确保密封圈入槽
8	密封面	平面平整度	（1）瓷密封面平整无裂痕或损伤，清洁无涂料。 （2）有金属安装法兰的密封面平整无裂痕或损伤，金属法兰和瓷套结合部的填料或胶合剂无开裂、无脱落、无渗漏油现象

续表

序号	部位	工艺内容	工艺质量要求
9	套管整体	复装	（1）复装前应确认套管未受潮，如受潮应干燥处理，更换密封垫。 （2）穿缆式套管应先用斜纹布带绑住导电杆，将斜纹布带穿过套管作为引导，将套管徐徐放入安装位置的同时拉紧斜纹布带将导电杆拉出套管顶端，再依次对角拧紧安装法兰螺栓，使密封垫均匀压缩1/3（胶棒压缩1/2）确认导电杆到位后在拧紧固定密封垫圈螺母的同时应注意套管顶端密封垫的压缩量，防止渗漏油或损坏瓷套。 （3）导杆式套管先找准其内部软连接的对应安装角度，再按照（2）拧紧，调整套管外端子的方向，以适应和外接线排的连接，最后将套管外端子紧固
10	套管整体	吊装	（1）先检查密封面应平整无划痕、无漆膜、无锈蚀，更换密封垫。 （2）先将穿缆引线的引导绳及专用带环螺栓穿入套管的引线导管内。 （3）安装有倾斜度的套管应使用可以调整套管倾斜角度的吊索具，起吊套管后应调整套管倾斜度和安装角度一致，并保证油位计的朝向正确。 （4）起吊高度到位以后将引导绳的专用螺栓拧紧在引线头上并穿入套管的导管，收紧引导绳拉直引线（确认引线外包绝缘完好），然后逐渐放松并调整吊钩使套管沿安装轴线徐徐落下的同时应防止套管碰撞损坏，并拉紧引导绳防止引线打绕，套管落到安装位置时引线头应同时拉出到安装位置，否则应重新吊装（应打开人孔，确认应力锥进入均压罩）。 （5）在安装套管顶部内引线头时应使用足够力矩的扳手锁紧将军帽，更换将军帽的密封垫。 （6）如更换新套管，运输和安装过程中套管上端都应该避免低于套管的其他部位，以防止气体侵入电容芯棒。 （7）电容套管试验见有关规定。 （8）复装拉杆式套管时，拉杆连接处；应按套管安装使用说明书打防松胶

2. 安装套管的升高座关键工艺

安装套管的升高座关键工艺见表5-2。

表5-2　　　　　　　　　　安装套管的升高座关键工艺

序号	部位	工艺内容	工艺质量要求
1	升高座	拆卸	（1）应先将外部的二次连接线全部脱开，采用与油纸电容型套管同样的拆卸方法和工具（拆除安装有倾斜度的升高座，应使用可以调整升高座倾斜角度的吊索具，调整起吊角度与升高座安装角度一致后方可吊起）。 （2）拆下后应注油或充干燥气体密封保存

续表

序号	部位	工艺内容	工艺质量要求
2	引出线	标志正确	引出线的标志应与铭牌相符
3	线圈	检查	线圈固定无松动，表面无损伤
4	连接端子	完整性、放电痕迹	连接端子上的螺栓止动帽和垫圈应齐全；无放电烧损痕迹。补齐或更换损坏的连接端子
5	密封	渗漏	更换引出线接线端子和端子板的密封胶垫，胶垫更换后不应有渗漏，试漏标准：0.06MPa、30min 无渗漏
6	试验	绝缘电阻	采用 500V 或 1000V 绝缘电阻表测量绝缘电阻，其值应大于 1MΩ
		变比、极性和伏安特性试验（必要时）	用互感器特性测试仪测量的结果应与铭牌（出厂值）相符
		直流电阻	用电桥测量的结果应与出厂值相符
7	升高座	复装	（1）先检查密封面应平整无划痕、无漆膜、无锈蚀，更换密封垫。 （2）采用拆卸的工具和拆卸的逆顺序进行安装，对安装有倾斜的及有导气连管的应先将其全部连接到位以后统一紧固，防止连接法兰偏斜或密封垫偏移和压缩不均匀，紧固固定螺栓应依次按照要求拧紧螺栓。 （3）连接二次接线时检查原连接电缆应完好，否则进行更换。 （4）调试应在二次端子箱内进行，不用的互感器二次绕组应可靠短接后接地。 （5）套管与母线连接后，应注意套管不应受过大的横向力，如用母排连接时，应有伸缩节，以防套管过度受力引起渗漏

3. 套管安装后试验

测量绕组连同套管的直流电阻（停电）：

（1）测量绕组连同套管的绝缘电阻、吸收比或极化指数（停电）。

（2）测量绕组连同套管的介质损耗因数与电容量（停电）。

（3）测量绕组连同套管的直流泄漏电流（停电）。

（4）高压套管的末屏接地小套管应接地可靠，套管顶部将军帽应密封良好，与外部引线的连接接触良好。

（5）测量绕组连同套管的直流电阻。

（6）电容型套管的实测电容量值与产品铭牌数值或出厂试验值相比，其差值应在 ±5% 范围内。

（7）当电容型套管末屏对地绝缘电阻小于 1000 时，应测量末屏对地 $\tan\delta$，其值不大于 2%（注：施加末屏对地的电压值不得大于 2000V）。

（8）当怀疑套管有缺陷时，可单独对套管测量高电压下的 $\tan\delta$，施加电压通常为 0.5 倍到 1.0 最大工作相电压，其间的增长量不大于表 5-3 所列数据。

表 5-3　　　　　　　　　套管 $\tan\delta$<5（%）随施加电压变化的允许增量

套管类型	油浸纸	复合绝缘	胶浸纸（包括充胶型和胶纸电容型）	气体	浇铸树脂
允许增量	0.1	0.1	0.1	0.1	0.2

注　施加电压通常为 0.5 ~ 1.0 倍最大工作相电压。

（9）不便断开高压引线时，试验电压可施加在末屏上（注：施加末屏对地的电压值不得大于 2000V），套管高压引线接地。纵向与横向比较采用此类试验接线方式所测数据。当怀疑存在故障时应断开高压引线重新按常规方法进行校。

（10）套管绝缘油试验。当套管允许取油样时，宜进行油中溶解气体的色谱分析，应满足 GB/T 24624 的规定。当油中溶解气体组分含量（μL/L）超过下列数值时，应引起注意。

1）H_2：140；

2）C_2H_2：1（220 ~ 500kV）、2（110kV 及以下）；

3）CH_4：40。

（11）套管交流耐压及局部放电试验。当怀疑套管有较严重缺陷时，可单独对套管进行交流耐压试验，同时进行局部放电测量。施加的交流电压值为出厂试验值的 80%。局部放电量不宜大于下表所列数值。当大于表 5-4 数值时应注意与出厂值比较，综合分析判断。

表 5-4　　　　　　　　　　　套管视在局部放电量标准

套管类型	油浸纸	复合绝缘	胶浸纸（包括充胶型和胶纸电容型）	气体	浇铸树脂
局部放电量（pC）	20	20	250	20	250

注　施加电压通常为 1.05 倍最大工作相电压；对于投运时间不大于 3 年的，施加电压宜为 1.5 倍最大工作相电压，局部放电量要求不变。

第三节　案例分析

（一）某变电站 220kV 主变压器套管发热

1. 事件概况

2020 年 3 月 15 日，运行人员在对 220kV 某变电站红外测温时，发现 3 号主变压器 110kV 套管 A 相接头发热 40℃，同部位 B 相、C 相 30℃，环境温度 15℃，负荷 287A，属于一般缺陷，具体见图 5-6。

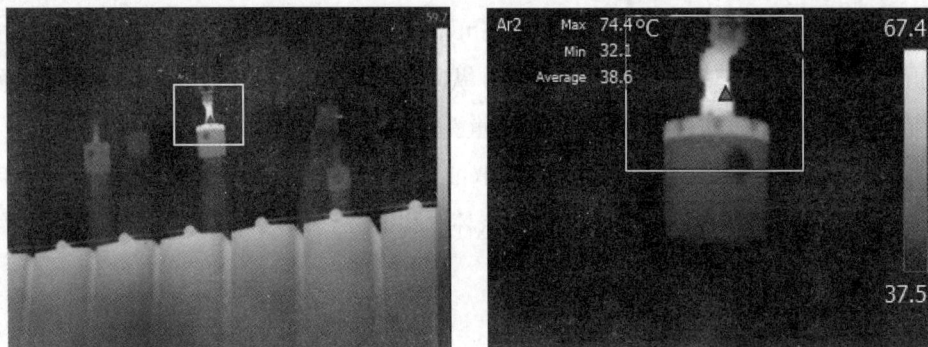

图 5-6　3 号主变压器 110kV 套管 A 相接头发热

220kV 某变电站 3 号主变压器，型号 SSZ10-240000/220；3 号主变压器 110kV 套管 A 相型号 BRDLW-126/1250-4（代号 OT546M），出厂编号 0853867，2008 年出厂。

检修人员对 3 号主变压器 110kV A 相套管进行外观检查，将军帽紧固螺栓、接线座抱紧螺栓、接线座与引线线夹搭接面螺栓均正常紧固，接线座处压接正常，无渗油、位移现象。

拆除将军帽 6 颗固定螺丝后，往旋紧方向约可继续紧固约 1.5 圈，说明原来安装时将军帽没有完全紧固到底；旋出将军帽时进行圈数计数，拆除圈数为 21 圈。

拆除将军帽后，检查铝垫圈和泥巴垫安装到位，泥巴垫未变形、破损。检查导电头上和将军帽内的螺纹，无机械磨损、坏丝，仅局部有轻微发黑痕迹，具体见图 5-7。

图 5-7 套管将军帽故障内部图

（a）穿管电缆外螺纹轻微发黑；（b）将军帽内螺纹正常

2.原因分析

（1）该套管的结构设计存在不足，现场安装工艺难以把控。该穿缆 M 型结构套管，由于主载流面是螺纹接触面，需要保证"螺纹接触面积"及"接触压力"同时满足要求，才能实现套管的载流能力。但由于该结构设计上的先天缺陷，造成将军帽安装后无法直接测量螺纹接触面的回路电阻，对安装工艺缺少可靠的把关手段。

当前该型号套管针对该结构的措施是加装铝垫圈和泥巴垫，在保证螺纹接触面积的前提下，通过牺牲部分螺纹，来达到"铝垫圈、泥巴垫和将军帽"形成锁紧的可靠接触，保证螺纹接触面的接触压力。但对于如何确保安装到位，没有明确的核实手段。

（2）安装时将军帽未完全紧固到底。将军帽拆装圈数的复核情况表明，原安装位置未完全紧固到位（相差约 1～2 圈），可能导致导电头和将军帽的螺纹接触面的接触压力不足。

（3）不良工况影响

该主变压器在 2019 年 10 月 29 日经历中压侧短路电流冲击，而此后负荷一直较小，温升变化不明显。

（二）某变电站变压器套管油中溶解气体异常

1.缺陷现象

2020 年 6 月 5 日，在工作中发现 500kV 某变电站 4 号主变压器 A 相高压侧套管油中溶解气体异常，乙炔含量高达 136.99μL/L，存在重大隐患，做更换处理。

500kV 某变电站 4 号主变压器 A 相高压侧套管为 GOE 系列套管。

2019 年 4 月，国网设备部统一部署并组织对特高压交流变压器和电抗器 GOE 型套管开展系统性排查，典型家族性缺陷如下：①压紧弹簧下定位环与导流管间均存在放电痕迹；②定位油密封管、定位补偿管和导流管间存在放电痕迹；③电容芯体内部端屏存在放电痕迹。导电杆放电故障如图 5-8 所示。

图 5-8　导电杆放电故障

（a）导电杆放电痕迹；（b）拉杆表面可擦拭黑色附着物

2. 原因分析

压紧弹簧内 4 根导向杆与压板穿孔内边缘之间放电原因是由于油枕与弹簧锅间隙小且无限位措施，当安装存在偏差或受运行振动影响时，负荷电流可经顶部接线端子、油枕、压紧弹簧和导流管形成多条电流通路，运行中该通路可能反复通断造成电位差和电流拉弧，使导向杆与压板穿孔内边缘产生裸金属放电。

定位油密封管内穿于定位补偿管，两管长度较长且只在两端固定，两管间距极小。定位补偿管和定位油密封管的间隙仅有 2～3mm，中间无绝缘支撑措施。定位补偿管受应力作用在运行振动或安装偏移情况下会发生形变或位移，极易发生与定位油密封管触碰。由于油密封管和定位补偿管在顶端等电位连接，但管间没有等电位连线。多点接触后将因分流不均或电容分压造成的电位差使管间产生裸金属放电。

电容芯体端屏放电原因：绝缘油在变压器发热的情况下对铜管和铝箔长期腐蚀，造成绝缘油中金属离子含量增高，绝缘能力下降，从而引起放电。

（三）某变电站内高抗套管乙炔超标

1. 缺陷现象

2020 年 12 月 1 日，在年度检修首次对某Ⅰ线三相高抗高压套管进行油色谱排查，发现 B 相高抗高压套管油色谱数据异常，乙炔含量（1.26ppm）超过注意值，氢气及总烃含量较 A、C 两相明显偏高。

某Ⅰ线 B 相高抗高压套管为 2014 年 5 月生产，型号 BRDL1W-1100/2500-3，出厂编号 14041158，2014 年 12 月投运，投运后运行无异常。套管采用油浸纸绝缘、拉杆式，导电杆放电故障如图 5-9 所示。套管拉杆位于载流管内部，不锈钢材质，用于拉紧套管底部接线端子，使之与载流管形成可靠电气连接；拉杆与载流管之间膨胀收缩系数的差异通过头部碟簧装置进行补偿；拉杆外侧依次为载流管、电容芯卷制管，载流管与电容芯卷制管之间通过定位护套进行固定，并通过上、下两个铜制弹簧片进行等电位连接；套管顶部接线端子通过双表带弹簧与载流管连接。

(a)

(b)

(c)

图 5-9　导电杆放电故障（一）

（a）载流管与油枕底板内孔放电痕迹；（b）定位护套放电及过热痕迹；
（c）载等电位簧片放电及摩擦痕迹

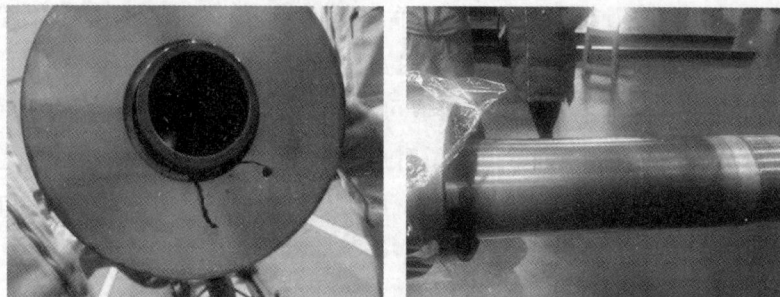

(d)

图 5-9　导电杆放电故障（二）

（d）套管底部密封圈压损及载流管过热痕迹

2. 原因分析

（1）载流管与油枕底板内孔间隙较小（2mm）且无隔离措施，在加工偏差、高抗运行振动等因素影响下形成间歇性接触，导致油枕底板内孔表面绝缘漆磨损脱落，与载流管之间发生放电。

（2）电容芯卷制管与载流管上定位护套边沿未进行有效的倒角（圆化）处理实现均压设计，在运行中该处场强集中发生油中放电。

（3）电容芯卷制管与载流管上、下两端分别设置了等电位连接铜片，由于连接铜片仅依靠自身弹性保持管间接触且无固定措施，在高抗运行振动影响下与载流管间形成间歇性接触，并发生放电。

（4）其中第 1、3 两类放电能量较高，是油中乙炔含量超标的主要原因，第 2 类属于低能量放电，是油中氢气、甲烷等特征气体含量相比同组 A、C 两相偏大的主要原因。

第六章

变压器分接开关结构及缺陷分析

变压器调压主要是改变分接绕组的抽头位置来实现的。连接和切换变压器分接抽头装置,通常采用分接开关。

切换分接抽头必须将变压器从网中切除,即不带电切换调压,称为无励磁调压,所采用的分接开关称为无励磁分接开关。切换分接抽头无须将变压器从网络中切除,即带负载切换调压,称为有载调压,所采用的分接开关称为有载分接开关。

第一节　变压器分接开关原理及结构

一、无励磁分接开关原理及结构

无励磁分接开关主要适用在无励磁调压的电力变压器和配电变压器上。一般很少调换分接头改变其电压比。

(一)无励磁分接开关分类

(1)按结构方式分类。共分为五类,无励磁分接开关结构方式及代号见表6-1。

表6-1　　　　　　　　　　无励磁分接开关结构方式及代号

结构方式	鼓形	笼形	盘形	条形	筒形(管形)
结构特征	分接引线柱沿圆周方向均布,并置于一个绝缘筒内。动触头有滚动式和楔形两种。用于高电压、大电流的场合	分接端子分布在笼式绝缘杆上。触头结构多为夹片式(或滚动式)。有立式和卧式两种安装方式	分接端子分布在一个圆形盘上,立式布置,工作电流不大。触头结构多为夹片式或滚动式两种	分接端子分布在一条直线上。触头结构一般为夹片式。有立式和卧式两种安装方式	在笼形分接开关上引进了纯滚动的动触头,使笼形开关具备鼓形分接开关触头与操作的特点
代号	G	L	P	T	C

（2）按调压方式分类。分为线性调压（Y 联结或 D 联结）、正反调压（Y 联结或 D 联结）、单桥跨接（中部调压）、双桥跨接、Y/D 转换和串并联转换六种。

（3）按调压部位分类。分为中性点调压、中部调压和线端调压三类。

（4）按相数分类。分为三相、单相和特殊设计的两相；三个单相无励磁分接开关组合可由一个操动机构的机械联动。

（5）按操作方式分类。分为手动操作和电动操作两类。

（6）按触头结构分类。分为夹片式、滚动式和楔形式。

（二）无励磁分接开关工作原理

无励磁分接开关调压的基本原理：在变压器绕组中引出若干分接头并与它连接，在变压器无励磁的情况下，通过手动或电动操作，由一个分接头转换到相邻的另一分接头，以改变绕组的有效匝数，即改变其变压器的电压比，从而实现调压的目的。

1. 无励磁分接开关调压电路

无励磁分接开关在变压器无励磁的情况下转换分接头，就需要调压电路。无励磁调压电路按不同的调压方式分为六种，如图 6-1 所示。

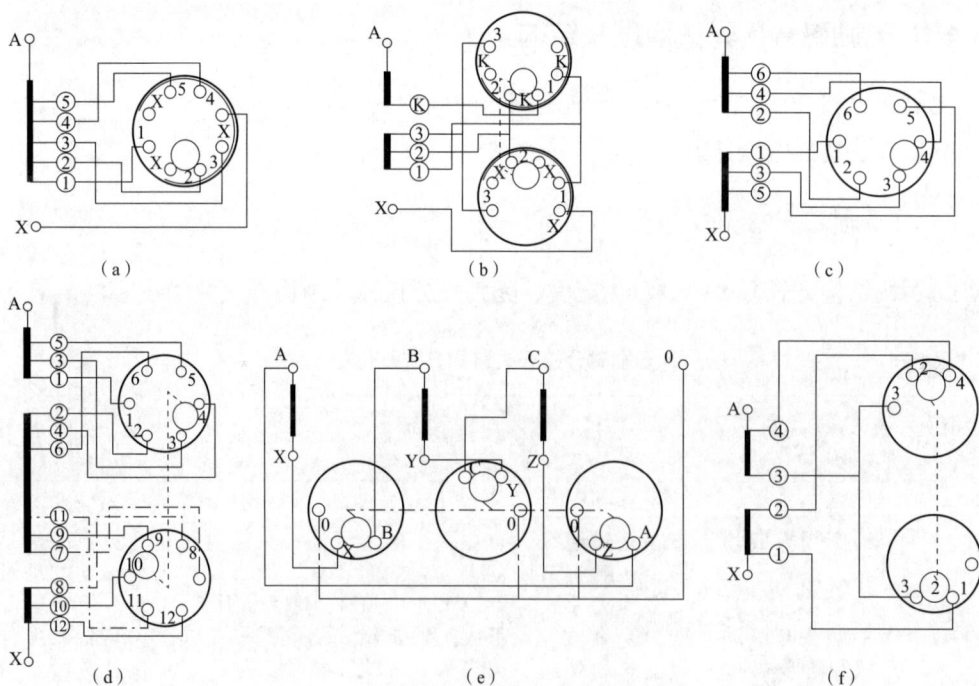

图 6-1 无励磁分接开关调压电路

（a）线性调压；（b）正反调压；（c）单桥跨接；（d）双桥跨接；
（e）Y/D 转换；（f）串并联转换

（1）线性调压为基本绕组加上线性调压绕组，调压范围一般为10%。通常适用于电压为35kV及以下配电变压器或电力变压器的无励磁调压。

（2）正反调压为基本绕组可正接或反接的调压绕组。在相同的调压绕组上，调压范围增加了一倍。或在相同的调压范围下，可减少调压绕组抽头数目。一般适用于电力变压器或配电变压器的无励磁调压。

（3）单桥跨接实质上就是中部调压电路，也是无励磁调压常用的调压方式。主要适用于电力变压器或工业变压器的无励磁调压。

（4）双桥跨接实质上不是中部并联调压方式，适用于容量较大电力变压器或工业变压器的无励磁调压。

（5）Y/D转换、串并联转换的调压方式主要用于调节变压器的容量。因此，适用于工业变压器或需要调节容量电力变压器的无励磁调压。

2. 盘形无励磁分接开关结构原理

盘形无励磁分接开关在安装结构上为立式设置。尽管它的结构形式较多，但其结构原理都大同小异。它由接触系统、绝缘系统和操动机构三部分组成，如图6-2所示。

（1）接触系统由动触头、定触头、弹簧以及相应的支持件、紧固件组成。触头的接触方式为全浮自支持夹片式点接触结构或滚动式接触结构，表面镀银，具有接触稳定、可靠，抗短路能力强的特点。

（2）绝缘系统由DMC新型绝缘材料压制成型的绝缘支座和绝缘轴组成。构成盘形无励磁分接开关主、纵绝缘。为提高绝缘性能，增加爬电距离，采用"塔式"或"隔离伞"绝缘支座，并在绝缘转轴上增设动触头对地的隔离措施。

图6-2　盘形无励磁分接开关

（3）操动机构由转轴、定位件、手柄和密封件等组成。用转轴上的手柄转动分接位置，转动灵活，手感强，到位准确。操动一个分接后，手柄放下嵌入在安装法兰上定位件的槽孔内定位，具有操作定位自锁提示的功能。转轴的密封采用"梯形密封圈""双道环凸台密封圈"等组合异形密封结构，杜绝早期出现渗漏现象。

3. 条形无励磁分接开关结构原理

条形无励磁分接开关（见图6-3）由接触系统、绝缘系统和操动机构三大部分组成。按其安装方式分为卧式和立式两类。卧式安装一般为三相结构，立式安装往往则为单相结构或"1+2"相结构。

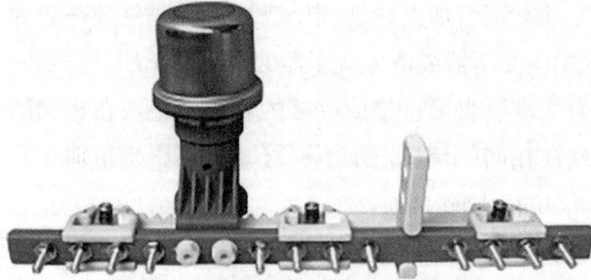

图 6-3　条形无励磁分接开关

（1）动、定触头采用夹片式点接触结构这类条形无励磁分接开关往往采用单桥跨接调压电路，构成中部调压方式。因此，定触头均横排在一个水平面上，由操动机构带动触头接通两个相邻的分接头。其优点是占位小，易做成三相中部调压。

（2）操动机构的传动方式分为齿轮齿条传动和螺杆传动两种。小容量分接开关大都采用齿轮齿条传动方式，它通过手柄往返旋转使齿轮转动，从而带动固定动触头的齿条作水平往返运动，改变分接开关的分接位置；大容量分接开关往往采用螺杆传动方式，它通过手柄往返转动，使螺母带动其动触头改变分接位置。

（3）绝缘杆构件采用环氧玻璃布板加工成形，传动构件采用优质玻璃纤维模压成型，构成条形无励磁分接开关主、纵绝缘系统。条形无励磁分接开关所有带电体均经绝缘包扎、涂敷或用绝缘筒实施隔离，使该分接开关所占用变压器有效空间缩小，有利于变压器体积小型化。

立式条形无励磁分接开关结构与卧式条形无励磁分接开关结构类似，多数采用螺杆传动方式。对于中等容量的立式条形无励磁分接开关，定触头仅置于动触头的一侧；对于大容量的立式条形无励磁分接开关，定触头均布在动触头的两侧并联使用。在后者的布置方式中，螺杆传动平稳，受力均匀，触头闭合较为可靠。

4.鼓形无励磁分接开关结构原理

鼓形无励磁分接开关（见图 6-4）由操动机构和开关本体两大部分组成。操动机构中设有工作指示和定位锁紧装置，具有操作方便、显示醒目、定位准确的优点。鼓形开关的动触头采用偏转推进机构。主轴转过死点后自动归位，从而完成分接变换操作。鼓形无励磁分接开关采用绝缘筒隔离，体积小，定触头电场分

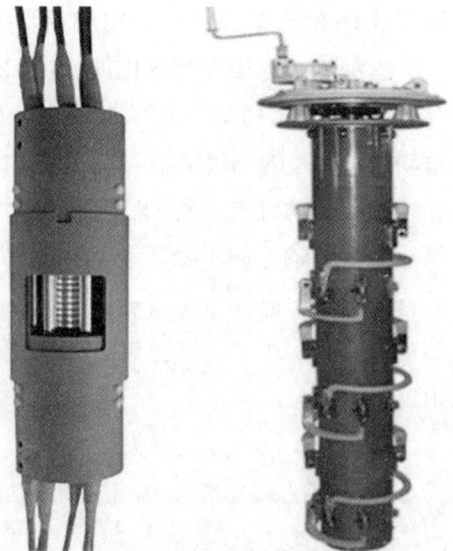

图 6-4　鼓形无励磁分接开关

布好。所以适用于 110kV 及以上的变压器。鼓形无励磁分接开关在安装结构上有卧式和立式两种。立式鼓形无励磁分接开关按传动方式分为上部传动和下部传动两种，分别适用于箱顶式变压器和钟罩式变压器安装。在相数上有单相和三相两种。也三相鼓形无励磁分接开关在结构布置上既有同轴传动方式，也可以三个单相鼓形无励磁分接开关通过机械连接为一体，由一个操动机构带动的机械联动的布置方式。鼓形无励磁分接开关是通过两个绝缘筒固定在外绝缘筒中，然后经四个绝缘螺栓将内、外绝缘筒一起固定在变压器的支撑木件上，即夹件式安装方式。操动机构是通过三个压块固定在变压器箱体上，以绝缘操作杆与鼓形无励磁分接开关本体连接。

5. 笼形无励磁分接开关结构原理

笼形无励磁分接开关基本上采用敞开式笼式结构，如图 6-5 所示。笼形无励磁分接开关的定触头是按圆周几何形状来布置的。操动机构带动无励磁分接开关中心轴上的动触头旋转，依次选择定触头，直到指定分接位置为止。该分接开关在结构上分为开关本体和操动机构两大部分。开关本体有卧式半笼形安装和立式安装两种。无励磁分接开关操作方式有电动操作和手动操作两类。电动操作的笼形无励磁分接开关又分为头部电动和落地电动两种。头部电动是将电动机构直接置于开关本体之上，结构简单，省去安装调试。落地电动是由安装在变压器箱壁上的电动机构传动，经垂直传动轴、伞齿轮箱和水平传动轴，带动无励磁分接开关头部齿轮装置来实现分接变换。

（1）卧式半笼形无励磁分接开关这种笼形无励磁分接开关为半笼形水平安置、夹片式结构的无励磁分接开关。动、定触头分相依水平方向间隔分布，而每相触头处于同一垂直面上。它适用于 63kV 及以下的变压器。由三相绕组接线图可知，动触头使两相邻定触头跨接。从而接通了中部抽头分接绕组的上、下两线段。

图 6-5 笼形无励磁分接开关

（2）立式笼形无励磁分接开关垂直安装在变压器油箱内。无励磁分接开关安装法兰分为钟罩式和箱顶式（连箱盖）两种方式。无励磁分接开关操动方式有头部手轮式和电动式两种。无励磁分接开关触头形式有夹片式和滚环式两种结构。该结构产品适用于各挡位大电流分接开关，且触头接触可靠。此外，无励磁分接开关设有分接位置指示。手轮式操作设有定位装置，便于动、定触头准确定位。

6. 筒形（管形）无励磁分接开关结构原理

筒形（管形）无励磁分接开关在笼形无励磁分接开关上引进了纯滚动触头，使笼

图 6-6　筒形（管形）无励磁分接开关

形无励磁分接开关具备鼓形无励磁分接开关触头与操作特点，如图 6-6 所示。由于采用筒形外观，简洁明快；转动力矩轻盈，到位手感清晰；采用外封闭内循环散热系统，散热效果好，触头温升低；其电流大小仅通过并联动触环数量及静触头轴向增长来达到目的。因而该系列无励磁分接开关比夹片式触头无励磁分接开关外形尺寸要小，电场也更均匀，无励磁分接开关局部放电量低。将笼形无励磁分接开关绝缘杆撑条结构变为整体绝缘筒结构，分接开关刚度与电场大大改善。其一般安装于变压器一端，相对于笼形无励磁分接开关占用变压器内部与外部空间较小，操作可靠性高。本系列无励磁分接开关尤其适用于大容量的变压器配套使用。

筒形无励磁分接开关接相数有单相和三相两种；按传动方式分有上部传动和下部传动两种，分别适用于平顶式和钟罩式变压器安装；按操作方式有手动操作和电动操作两种。

二、有载分接开关原理及结构

有载分接开关是在带负载情况下，变换变压器的分接，以达到调节电压的目的。在变换过程中，必须有阻抗来限制分接间的循环电流，根据阻抗的不同可分为电抗式和电阻式两种。按照变换过程中电弧发生的位置可以分为非真空有载分接开关和真空有载分接开关。

电抗式有载分接开关的特点是，如果电抗器是按连续工作设计的，则在变换分接过程中可以停留在跨接两个分接头的位置工作。在所需要的调压级数相同的情况下，可使变压器绕组的分接头个数减少一半。另外，即使分接开关电动机构的供电电源在过渡过程的任意位置发生故障，变压器仍能继续运行。但其缺点是过渡时循环电流的功率因数较低，切换开关电弧触头的电寿命较短；由于用了电抗器，使变压器的体积增大，制造成本较高。现在除美国外，其他国家均不采用这种分接开关。

电阻式有载分接开关从结构上分为组合式和复合式两种，组合式有载分接开关由一个带过渡电阻的切换开关和一个带或不带转换选择器的分接选择器组成。切换开关是在带负载电流的情况下完成单、双数两个方面切换。分接选择器是不带负载电流的情况下完成对分接头的选择。组合式切换开关从结构上可分为滚转式切换机构、摆杆式切换机构、杠杆式切换机构等几种。分接选择器从结构上可分为单轴式、双轴式两种。在不增加调压绕组分接头的情况下，在分接选择器旁增加一个转换选择器，可以增加调压级数。复合式有载分接开关是将切换开关和分接选择器的功能结合成为一个选择开关，整台开关都安装在一个绝缘油室内。复合式有载分接开关的切换机构从结构上可分为夹片式、双滚柱式、单滚柱式等三种切换机构，为了增加调压级数也可以增加一个转换选择器。所有有载分接开关都是通过电动机构来操作的。

非真空型分接开关是指触头通断负载与环流的电弧发生在液体或气体，且自身放置在液体或气体里的分接开关。真空型分接开关指触头通断负载与环流的电弧发生在真空断路器（真空管）中的有载分接开关，且自身放置在液体或气体的不同介质中。电力变压器采用分接开关多为油浸式分接开关，非真空型分接开关采用铜钨触头转换负载电流，电弧发生在变压器油中，存在油的碳化、污染问题。真空型分接开关电弧发生在真空管中不存在油的碳化和污染问题，且具有开断能力强、燃弧时间短、运行维护成本低等优势。

（一）有载分接开关工作原理

有载分接开关是在带负载（变压器励磁状态下）变换分接位置，它必须满足两个基本条件：在变换分接过程中，保证电流的连续，也就是不能开路；在变换分接过程中，保证分接间不能短路。因此，在切换分接的过程中必然要在某一瞬间同时连接（桥接）两个分接以保证负载电流的连续性。而在桥接的两个分接间，必须串入阻抗以限制循环电流，保证不发生分接间短路，开关就可由一个分接过渡到下一个分接。该电路称为过渡电路，该阻抗称为过渡阻抗。其阻抗是电抗的，称为电抗式有载分接开关；是电阻的称为电阻式有载分接开关。另外，调压变压器绕组有多个分接头，就需要有一套电路来选择这些分接头，该电路称为选择电路。而不同的调压方式就要求有不同的调压电路。因此，有载分接开关的电路由过渡电路、选择电路、调压电路三部分组成。

1. 过渡电路

过渡电路是跨接于分接点间的串接电阻电路，与其对应的机构为切换开关。它是在带电状态下变换变压器绕组的分接头。其工作原理为通过"架""拆"分接间电阻"桥"，实现切换过程中电流连续，分接间不短路，如图6-7所示。过渡电阻桥接于正在使用的分接头和将要使用的分接头，切换过程中动触头在过渡阻抗上滑过，负载电流可以继续经过桥输出而不停电，动触头到达将要使用的分接头时，完成切换过程，过渡阻抗从电路中切除。同时，过渡电阻还起到在两分接跨接时限制循环电流作用。

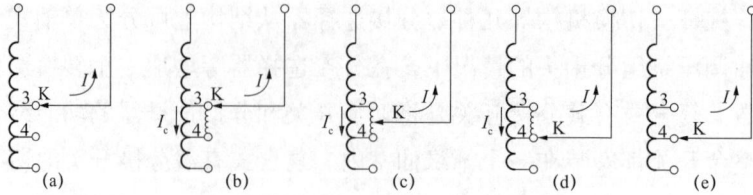

图 6-7　过渡电路的工作原理

（a）分接 3 输出；（b）电阻桥接；（c）电阻过渡；（d）完成过渡；（e）切除电阻

K—动触头；I—负载电流；I_c—循环电流

为了实现图 6-7 圆滑过渡过程，在机械结构上要有一组复杂的滑动接触，切换一个分接的时间本来很短，通常都采取简化形式，实际中都采用几步过渡，以几对触头来代替滑动触头。

过渡电路的种类很多，按电阻数分为单电阻、双电阻和四电阻等过渡电路；接触头间接触数的循环方式分为旗循环、对称尖旗循环和非对称尖旗循环等过渡电路。此外，还有可控硅开关电路、真空开关电路等过渡电路。

单电阻过渡电路（见图 6-8）采用单臂接法，具有非对称性。输出电压两次变化，其相量图像一面尖旗（见图 6-9），故称非对称尖旗循环。负荷方向变化使主通断触头切换容量增加四倍，应用时要特别注意。与其他过渡电路相比，触头切换任务轻，电气寿命长。

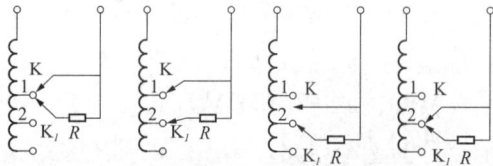

图 6-8　单电阻过渡电路

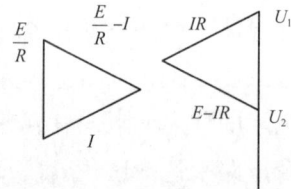

图 6-9　单电阻过渡相量图

双电阻过渡电路采用双臂接过渡电阻，可以分为选择开关的双电阻过渡过程（见图 6-10）和切换开关双电阻过渡过程（见图 6-11），相量图外观像一面旗，故称旗循环，主通断触头切换任务轻，安全性好。

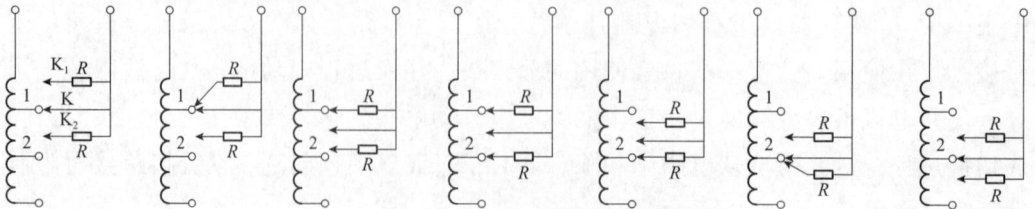

图 6-10　选择开关双电阻过渡电路

从上述分析可看出，输出电压经过四次的变化，输出电压变化的相量图（见图 6-12）的外观图形像一面旗子，因此，它是一个旗循环变换法。

分接开关为了完成过渡过程必须要有一个相应切换机构，小容量选择开关采用夹片式切换机构；双电阻过渡选择开关采用单滚柱式切换机构、双滚柱式切换机构；切换开关有采用滚转式切换机构、摆杆式切换机构、杠杆式切换机构。

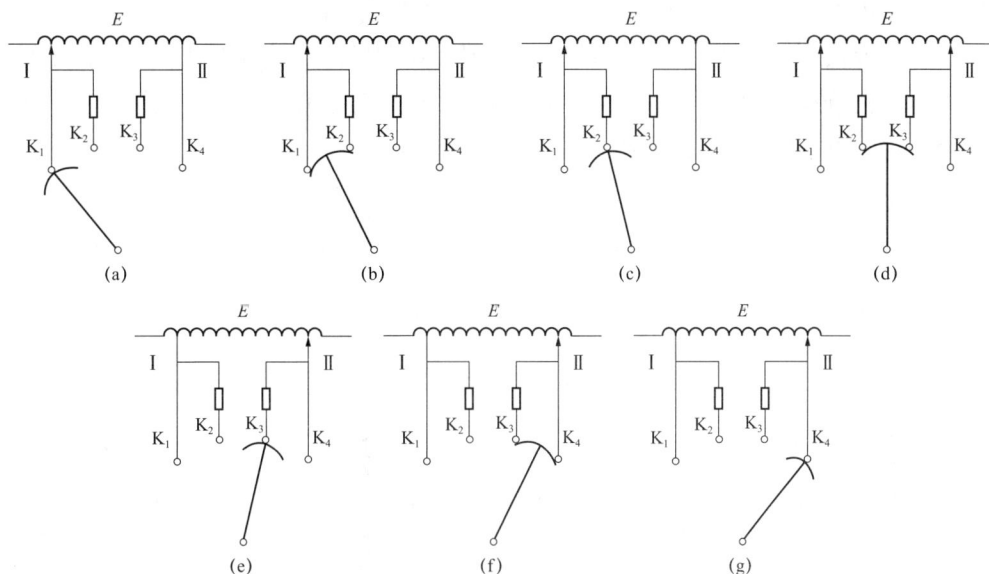

图 6-11　切换开关的双电阻过渡电路

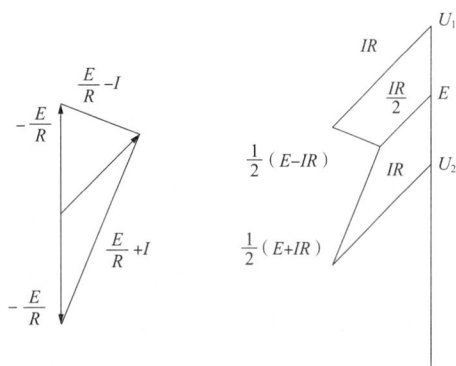

图 6-12　双电阻过渡相量图

2. 选择电路

选择电路是为选择分接绕组分接头所设计的一套电路，与其对应的机构为分接选择器和转换选择器等。

选择开关没有专门的选择器，它是让切换和选择触头合二为一直接在各个分接上依次转换。所以只能适用电流不大，级电压不高的有载调压变压器。为了适应大容量高电压有载变压器调压，有载分接开关采用组合式结构。它有专门的选择器来选择分接头，把切换电流的任务专门交给切换开关，而分接选择器则把分接头分为两组，即单数组（1、3、5、…）和双数组（2、4、6、…），单、双数动触头接通彼此相邻的两个分接头，分接开关的变换操作在于两个转换的交替组合，即选择器单、双数动触头轮流交替分接头，同时切换开关向左或向右往返切换相结合。

组合式分接开关为了实现上述的动作原理，其选择器在结构上把单、双数定触头按顺时针方向分布在两个圆周上，定触头通过动触头与中心环相连，分接开关具体的分接变换动作顺序如图 6-13 所示。

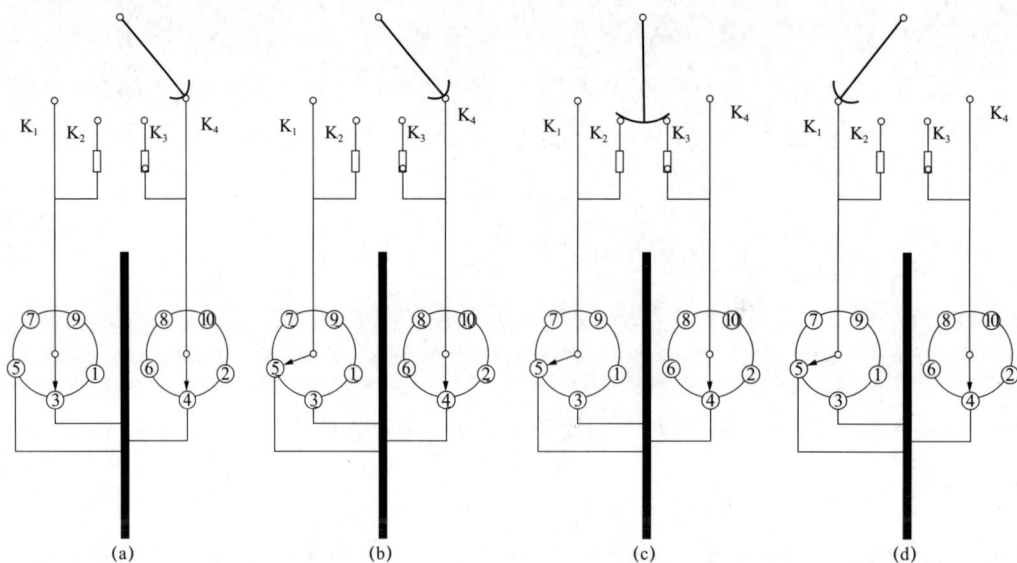

图 6-13　由分接 4→5 变换顺序图

（1）由分接 4→5 变换顺序。图 6-13 中，图（a）分接开关变换操作前，分接选择器单数触头组接于分接 3，双数触头组接于分接 4，切换开关处在双数位置；电流通过分接 4 由切换开关双数触头 K_4 输出。图（b）分接选择器动作，把分接选择器单数触头组先由分接 3 变换到分接 5 位置，此过程中，没有通断负载电流。图（c）切换开关动作。切换开关从双数位置变换到单数位置。图（d）变换结束，分接选择器单数触头组接于分接 5，双数触头组接于分接 4，切换开关处在单数位置；电流通过分接 5 由切换开关单数触头 K_1 输出。分接开关完成从分接 4→5 的变换。

（2）由分接 4→3 变换顺序。图 6-13 中，图（a）分接开关变换操作前，分接选择器的单数触头组接于分接 3，双数触头组接于分接 4，且是分接 4 导通。图（b）分接开关开始变换，由于分接选择器的单数触头组已接于分接 3，所以分接选择器不动。图（c）切换开关从双数位置切换到单数位置，电流通过分接 3 由切换开关单数触头 K_1

输出，就完成了从分接 4 → 3 的变换。

总之，分接开关在某一方向（1 → n 或 n → 1）返调一挡时，分接选择器的动触头是不动的，只要切换开关从一个位置切换到另一个位置就可以了。但如果继续变换分接（分接 3 → 2）时，则动作顺序应是先选择器动作，后切换开关切换。另外，分接选择器是在无负载下选择分接头，相当于无励磁分接开关，所以在变换分接时，只有分接选择器选择结束后，切换开关才能动作，完成电流的切换。

3. 调压电路

有载调压电路的作用与无励磁调压电路的作用相同，但较为复杂。有载调压电路分为基本调压电路、自耦调压电路和三相调压电路三种。若按调压方式，可分为线性调压电路、正反调压电路和粗细调压电路；按连接方式，可分为星形三相中性点调压电路、三角形连接线端调压电路、三角形连接二相加一相线端调压电路和三角形连接中部调压电路；按调压部位，可分为中性点调压电路、中压线端调压电路、单独调压器调压电路和第三绕组调压电路。不同调压电路的调压范围和绝缘要求是不相同的，而且还影响到变压器的制造成本和重量。调压电路的特征和适用范围见表 6-2 ～表 6-4。

表 6-2　　　　　　　　　　　　基本调压电路的特征和适用范围

名称	电路图	主要特征	适用范围
线性调压	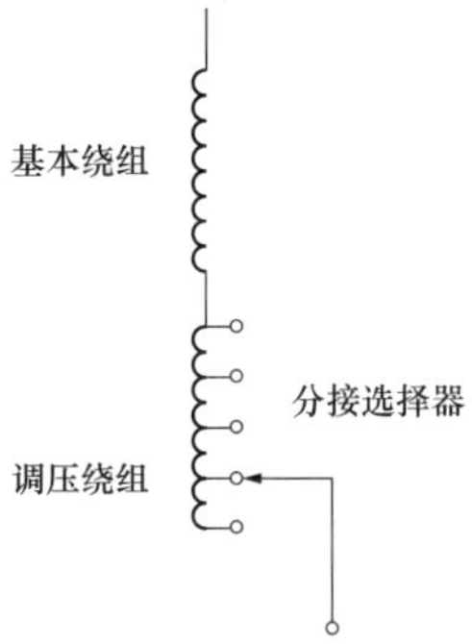 基本绕组　分接选择器　调压绕组	基本绕组线性地加上调压绕组的线匝。调压范围不大，调压百分数为 ±3×2.5%，即调压范围为 15%（最大 20%）及以下者均可采用。这是由于调压范围增加时，调压绕组的冲击梯度增加幅度更大的缘故。电压不高时，可得到最佳的调压范围	适用于调压范围为 15% 及以下的电力变压器和更大调压范围的低电压工业用变压器
正反调压	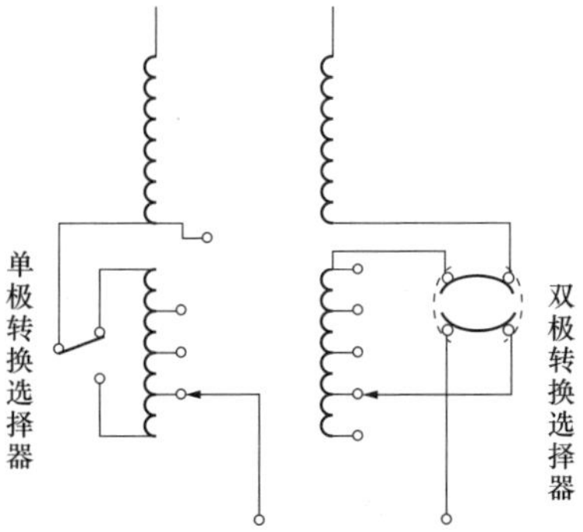 单极转换选择器　双极转换选择器	基本绕组可正接或反接调压绕组匝数，也称正反励磁调压。在相同的调压绕组上，调压范围增加一倍，但在最小有效匝数时整个绕组均通过电流，电阻损耗大。在相同调压范围内调压绕组上冲击梯度低。左图的单极调压电路使调压绕组与基本绕组间有偏移电压	用于电压较高、调压范围大的电力变压器。但最好采用电路图右图的双极调压电路，可使调压绕组始终与基本绕组连通

153

续表

名称	电路图	主要特征	适用范围
粗细调压	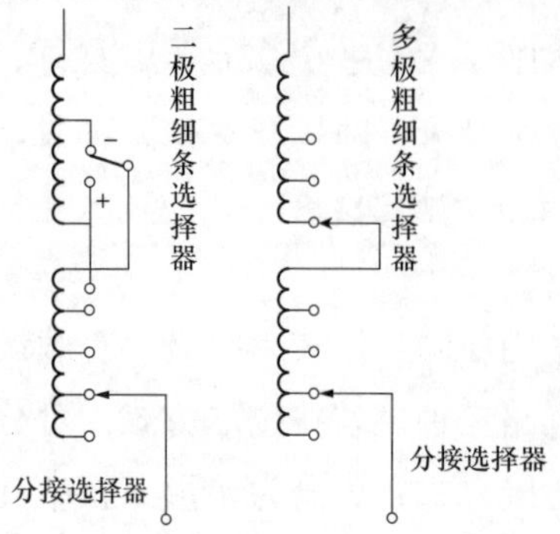	在最小分接匝数位置上，电阻损耗较小。从绝缘的观点看，绕组结构布置复杂。多级粗调的调压电路，有更宽的调压范围，可以使电压从 0 ~ 100% 变化。此外还有特殊布置的粗细调压电路，如 48 级的调压电路	绝缘结构复杂，一般电力变压器较少采用，多用于大调压范围的工业用变压器

表 6-3 自耦调压电路的特征和适用范围

名称	电路图	主要特征	适用范围
中性点调压	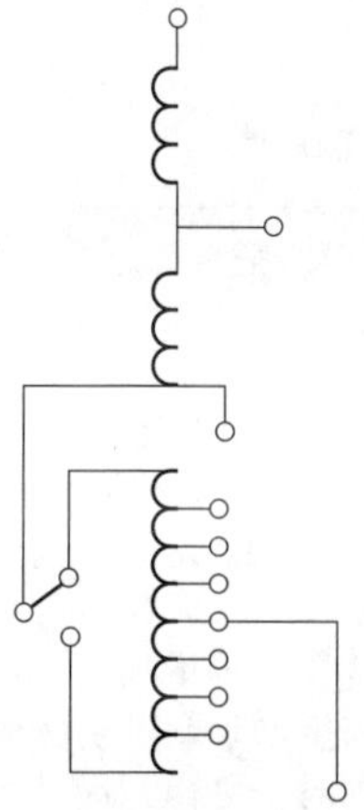	变压器一、二次绕组电压比 > 2，调压范围 ≤ 15% 时采用。调压绕组在中性点端，绝缘水平低，且可采用三相中性点有载调压分接开关。变压器成本低，体积小	高压电力自耦变压器或某些工业用变压器
中部调压	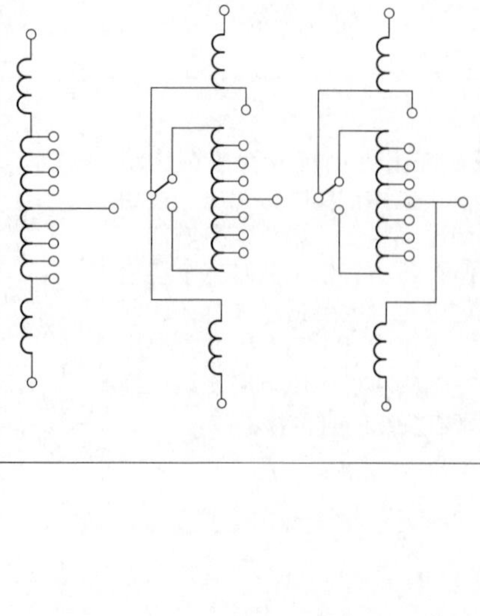	左图的电路中压调压范围 ≤ 15%，其余的电路，调压范围可增至 30%。右图为高、中压侧同时调压，且高压侧调压范围更大，这时调压线圈和有载分接开关电流较小	常用于高压联络电力变压器中

续表

名称	电路图	主要特征	适用范围
单独调压器调压	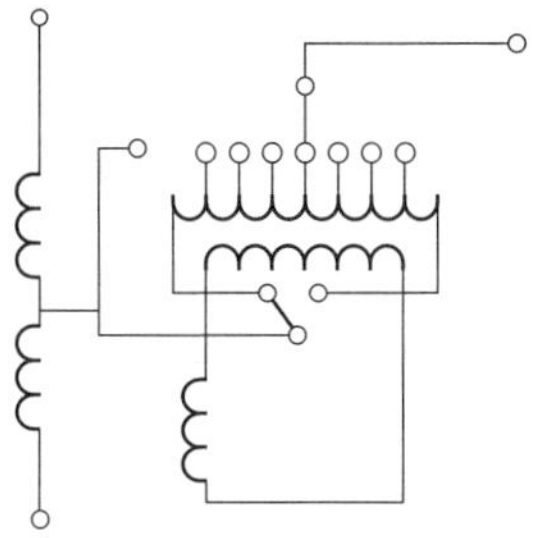	左图是自耦变压器因受运输方面的限制，而采用单独调压器的电路。此外，调压器一次绕组接在主变压器不同相上可以获得相位调节	用于高压大型自耦变压器中
第三绕组调压	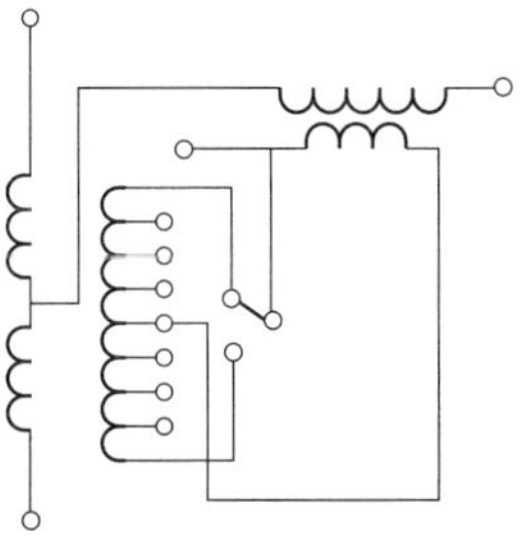	二次电压高或电流大，而有载分接开关不能满足时，采用的第三线圈调压，使第三线圈的调压参数适合于标准型有载分接开关的参数	常用于工业用变压器中，但也可用于高压自耦电力变压器中

表 6-4　　　　　　　　　三相调压电路的特征和适用范围

名称	电路图	主要特征	适用范围
星形三相中性点调压	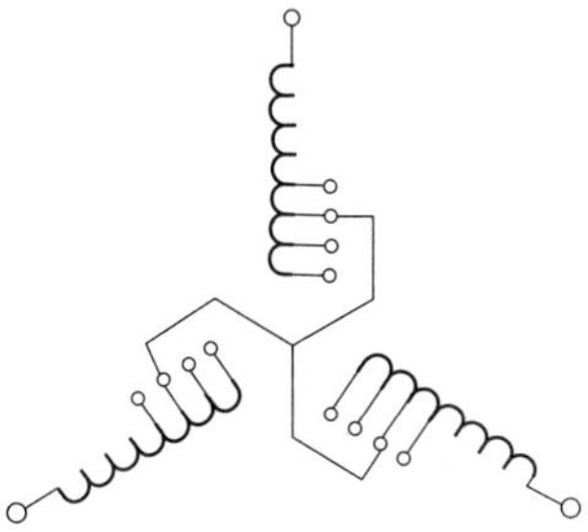	在高压绕组中性点进行调压是最普遍而经济的方法，调压绕组可做成分级绝缘，绝缘水平低，且可共用一台星形连接的有载分接开关，开关结构紧凑	双绕组电力变压器用得较多
三角形连接线端调压	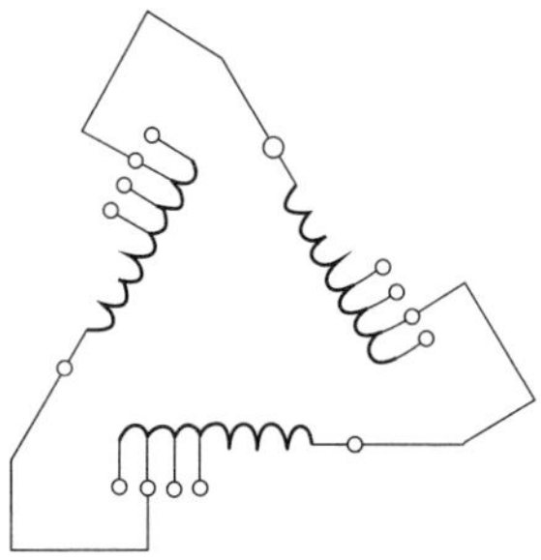	电压 ≤ 60kV 级，变压器负载电流 ≤ 350A 时可以用一台有载分接开关电压为 110 ～ 220kV 级时，必须用三个单相有载分接开关	三角形连接的三相变压器

名称	电路图	主要特征	适用范围
三角形连接二相+一相线端调压		电压为 110～220kV 时，可用一个二相开关和一个单相开关的组合体。这种电路比上一种电路较为经济	高压三角形连接的电力变压器
三角形连接中部调压		只要变压器允许，这种电路比其他三角形联结电路经济，可以降低调压绕组和有载分接开关的绝缘水平	高压三角形连接的电力变压器

4. 真空有载分接开关原理

真空有载分接开关与非真空有载分接开关工作原理基本相同，选择电路和调压电路基本相同。虽然两者都采用过渡电路的原理来实现分接变换操作，但两者的过渡电路有明显的差异。真空有载分接开关与非真空有载分接开关过渡电路差异见表 6-5。

表 6-5　　　　　真空有载分接开关与非真空有载分接开关过渡电路差异

序号	项目	非真空有载分接开关过渡电路	真空有载分接开关过渡电路
1	触点数目和过渡电阻数目	为了减轻有载分接开关每个触头切换工况和触头增容，提高有载分接开关触头切换安全可靠性，过渡电路拟增加触头数目、触头断口数目和过渡电阻数目的方法	真空管断流容量大，无须增加触点数目和过渡电阻数目，莫如把负载集中在一个真空管上，而尽可能采用减少真空管和过渡电阻数目的经济方法
2	过渡电路的应用	中小型选择开关采用单电阻两触点或双电阻三触点，大中容量切换开关采用双电阻四触点并联双断口式或四电阻六触头串联双断口式	不受变压器类型的限制，大中容量切换开关或选择开关均可采用单电阻两触点单断口、双电阻三触点或四触点的单断口的"导变型"过渡电路
3	触点后备保护	非真空切换开关电弧触头程序开距和机械开距很大，触头有间隙不可能发生电弧不熄或间隙电击穿造成的级间短路事故。因此，电弧触头就不需要设置后备安全保护	真空间隙小、真空度良好时级间绝缘是足够的。一旦真空管发生泄漏时，随时可能发生电弧不熄、过电压真空击穿或后重燃现象，可导致级间短路事故。因此，真空管需设置后备安全保护

续表

序号	项目	非真空有载分接开关过渡电路	真空有载分接开关过渡电路
4	过渡电阻热容量	在非真空有载分接开关中，触头切换时程约为 40ms，过渡电阻载流时间较短，因而过渡电阻发热量较小，电阻温升较低；在导变型真空有载分接开关中，触头切换时程增至约 80ms，过渡电阻的载流时间比非真空有载分接开关几乎增长一倍，电阻发热较为严重，温度较高。在两者通过相同的额定通过电流下，导变型真空有载分接开关的过渡电阻截面要比非真空有载分接开关过渡电阻的截面增大 50% 左右	

（二）M 型有载分接开关结构

M 型系列有载分接开关是一种典型的组合式有载分接开关，M 型系列有载分接开关如图 6-14 所示，由切换开关、分接选择器和电动机构等组成。

1. 切换开关

切换开关由切换开关本体和切换开关油室组成。

（1）切换开关本体由绝缘转轴、快速机构、触头切换机构和过渡电阻器等组成。

1）绝缘转轴由头部传动轴、均压环和环氧玻璃丝缠绕管（或引拔杆）等组成，如图 6-15。其特点如下：具有高的绝缘强度，承担分接开关对地绝缘；高的机械性能，承受传动分接开关的全部转矩。连接分接开关头部齿轮装置和快速机构，把传动力经油室底部贯穿轴传至分接选择器。头部传动轴设计一薄弱环节，这样能有效防止安装错位断轴事故的扩大，且检修方便。

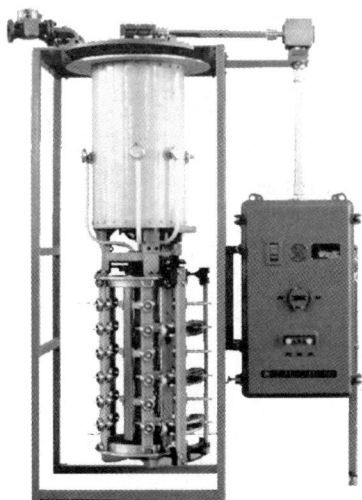

图 6-14　M 型系列有载分接开关

图 6-15　绝缘转轴

2）快速机构采用枪机释放机构。枪机释放机构由圆偏心轮、上滑盒、下滑盒、凸轮盘、爪卡以及储能弹簧等零件组成。储能弹簧装在上、下滑盒之间的导轨上。爪卡锁定凸轮盘，并由上滑盒的侧臂控制。枪机释放机构的结构、原理如图 6-16、图 6-17 所示。枪机机构最大优点是初始力矩大，定位好；机构的储能弹簧采用并列压簧，可靠性比拉簧高；机构采用立体布置，占地位少；快速机构直接置于切换机构之上，结构紧凑，且动作准确地传给切换机构；快速机构在输出方面配有惯性转盘，协助触头机构顺利地进行开闭动作。

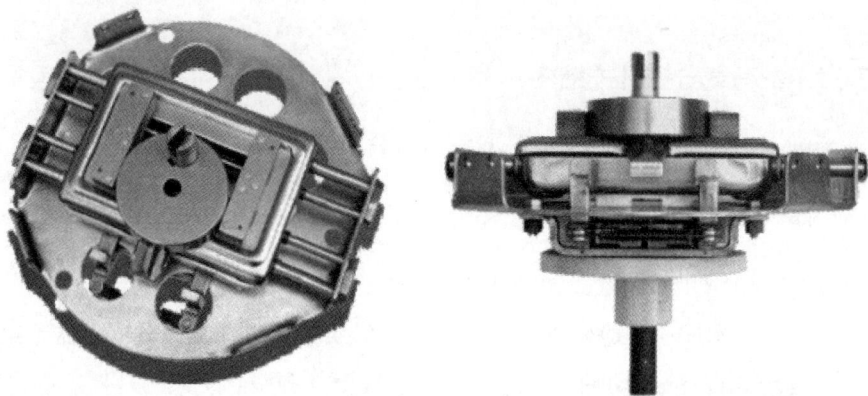

图 6-16　枪机机构

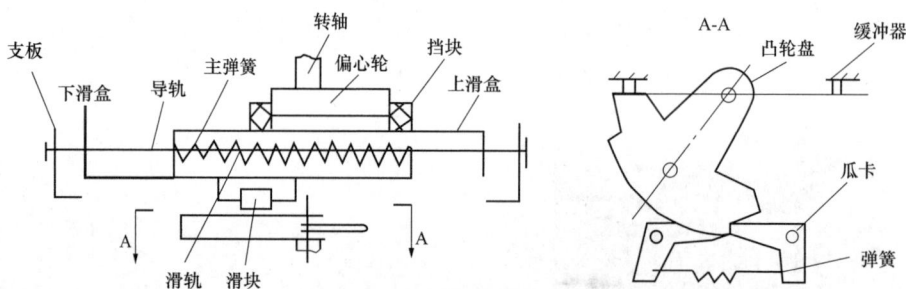

图 6-17　枪机机构原理

3）M 型系列有载分接开关的切换机构采用滚转式切换机构。触头系统包括主通断触头、过渡触头、主触头三部分，其中主通断触头和过渡触头称为电弧触头。三相分接开关三部分动触头内部为星形连接；单相分接开关其三部分触头连成并联。每一部分有两对主通断触头和两对过渡触头，过渡触头与过渡电阻器相连。主通断触头和过渡触头由铜钨合金制成，以提高触头电寿命。动触头安装在绝缘性能良好的上、下导板的导槽内，并与转换扇形件的曲槽滚销相连。

4）过渡电阻器过渡电阻在分接开关变换操作时，跨接调压绕组相邻两分接头，使负载电流不中断地从一个分接转换到另一个分接上。同时限制两分接桥接时循环电流，避免级间短路。过渡电阻的工作特点是值小，承载电流大和短时断续工作。

（2）切换开关油室是由分接开关头部、绝缘筒、筒底及密封件等组成。

1）分接开关头部由头部法兰和头盖组成，头部法兰上有四个弯管（包括一个直通管）。头盖由头部齿轮传动装置、分接位置观察窗、溢油排气装置和爆破盖等组成。头盖上有一爆破盖，盖的内侧人为制造有一薄弱环节。

2）筒底由铸铝合金制成，其上有两根贯穿传动轴，一分接位置指示自锁机构和一排油螺钉。筒底贯穿轴处预留渗漏的检修部位，便于检修，且检修工作量大为减少，检修成本较低。

2.分接选择器

分接选择器（见图6-18）分接选择器是按载流而不接通和开断电流设计的装置，实质上是无励磁分接开关。分接选择器由级进机构（槽轮机构）和触头系统组成。

（1）级进机构是一个由两个槽轮和一个拨槽件构成的级进传动装置（见图6-19）。每一分接变换操作时，拨槽件的级进运动，把分接选择器的桥式触头从一个接线端子转移到另一个接线端子上。两个槽轮是交替间歇工作的，其间，当拨槽件上的滚柱未入槽前，槽轮上凹面被拨槽件的凸面的"锁圆"所锁定，故使槽轮静止不动。在拨槽件上的滚柱入槽内的同时，"锁圆"转到单方面开放位置，于是槽轮被推转动。

图 6-18　分接选择器

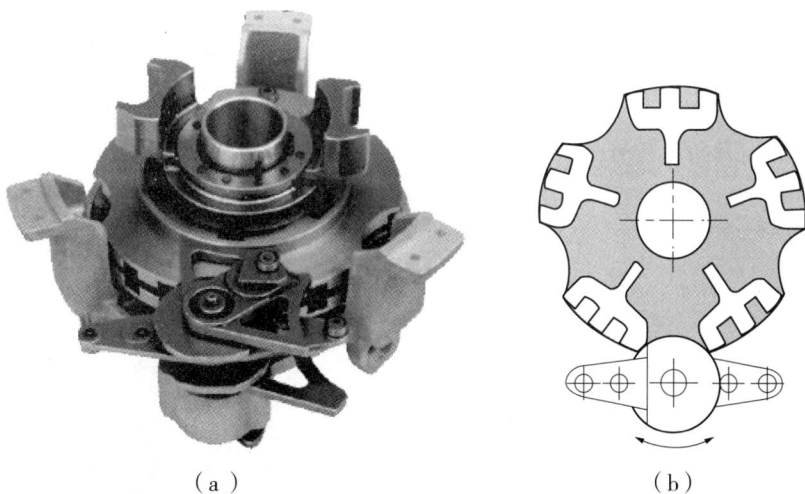

（a）　　　　　　　　　　（b）

图 6-19　级进机构及其动作原理

（a）级进机构；（b）级进机构动作原理

（2）分接选择器接触系统采用夹片式触头结构，其工作特点如下：桥式动触头弯成"山"字形结构，紧扣在钉式定触头上，形成"四点"接触方式（见图 6-20）。

（3）转换选择器在不增加变压器调压绕组抽头的情况下，用于扩大分接范围。通常设置在分接选择器近旁，它必须与分接选择器协同动作。当分接选择器超过整定工作位置继续操作时，转换选择器动作，并在分接选择器动触头转到另一分接位置的同时，换接完毕。

图 6-20　夹片式触头结构

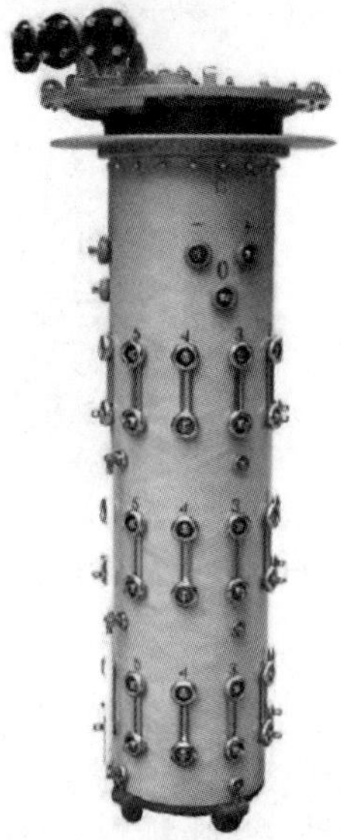

（三）V 型有载分接开关结构

V 型系列有载分接开关是切换开关和选择器合为一体的分接开关，开关为双电阻过渡，是一种典型的复合式有载分接开关，也叫选择开关，如图 6-21 所示。V 型有载分接开关由选择开关本体和油室三大部件组成。

1. 快速机构

CV 型有载分接开关快速机构（如图 6-22）采用过死点释放原理，其结构和工作原理如图 6-23，这种机构有一强拉力的弹簧，拉簧的一端固定在拐臂点 B 上，另一端固定在定点 C 上。当拨块旋转时，推动拐臂转动并将弹簧拉伸储能，如图 6-23（a）所示；当拐臂超越死点，弹簧突然释放，如图 6-23（b）所示，从而带动拐臂高速转动，使拨槽件快速带动槽轮完成一级变换。

图 6-21　V 型有载分接开关

快速机构上还有一个分接位置指示盘，每分接变换操作一次，都带动指示盘下部的齿轮转动一格。对于正反调或粗细调的调压方式，还有一个转换选择器的拨槽件，当选择开关超越整定工作位置时，指示盘下部的拨块拨动转换选择器的拨槽件转动一个角度，此拨槽件带动绝缘主轴上的转换选择器相应转动一个角度，于是转换选择器触头完成了转换。

图 6-22　快速机构

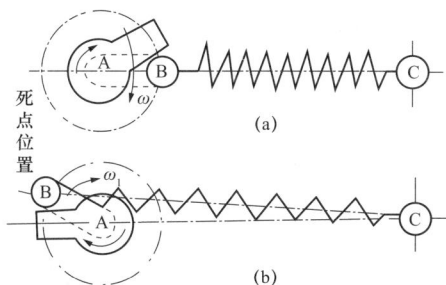

图 6-23 快速机构工作原理

（a）开始储能；（b）储能释放

2. 选择开关本体

选择开关本体（见图 6-24）选择开关本体是由过渡电阻器、触头切换机构和绝缘转轴等组成。

选择开关触头系统采用单滚柱切换机构。动弧触头设置三个单滚柱，双边的滚柱为过渡触头，中间为主通断触头。主动触头和电流输出动触头之间采用柔性轴与软编织线复合连接，起着长期载流的作用。

过渡电阻是直接固定在圆柱形支架上，电阻丝之间用胶木固定和隔离，两个过渡电阻丝的端部分别与左右过渡触头相连，另一端短接后与主通断触头连通。

主轴是空心绝缘管为基件，在基件上装有二类动触头组，上部为转换选择器（正反调压时才有）动触头组，下部为三相动触头组，三相沿主轴是轴向分布，不难做成三角形接法调压的分接开关，每相触头组上都有均压环（屏蔽环），改善相间的电场分布，提高相间的击穿电压。主轴

图 6-24 选择开关本体

的顶部做成三个扇形的凸台，与快速机构槽轮下的三个扇形凹面相连接。主轴要求有足够的绝缘性能和机械强度。

3. 选择开关油室

选择开关油室是由分接开关头部、绝缘筒、筒底及密封件等组成。

分接开关头部由头部法兰和头盖组成。头部法兰是由铸铝合金制成，耐腐蚀；其上有四个管路（包括一个直通管）：继电器弯管、吸油弯管、注油管路、溢油通管及旁通管。头盖由头部齿轮传动装置、分接位置观察窗、溢油排气装置和爆破盖等组成。

绝缘筒是一环氧玻璃丝缠绕筒，其上端与头部法兰相连，下端由筒底封住。

筒底由聚酯料团模压成型。整个筒底上仅有一个排油螺钉，用于分接开关气相干燥排泄煤油，干燥后须重新拧紧。

（四）真空有载分接开关结构

1. VM 型真空有载分接开关结构

VM 型真空有载分接开关在继承 M 型铜钨触头切换开关基础上研发出的一种真空有载分接开关芯体。技术参数性能不变，可以与 M 型铜钨触头切换开关芯体互换。

VM 型真空切换开关由真空切换开关本体和切换开关油室所组成。VM 型触头切换机构由三相的真空管切换单元等组成一个真空切换芯体。三相的真空管切换单元构成 Y 联结的连接方式。它们均按真空切换芯体径向平面辐射方向按 120° 均布，空间位置得到充分利用。

VM 型为改装型，可完全兼容所有 M 型铜钨触头切换开关芯体。只要两者切换开关简单地更换，就可实现 M 型有载分接开关的真空化技术改造。

VM 型真空切换开关芯体经试验测试，性能可靠，其机械寿命高达 120 万次，真空管触头在 650A 切换电流下，烧损量只相当于铜钨触头烧损量的 10%，其真空触点寿命高达 60 万次，且在分接变换 30 万次之内免维护。

2. VV 型真空有载分接开关结构

VV 型真空有载开关是在 V 型有载分接开关的先进技术基础上扬长避短、优化研发的复合式真空有载分接开关，把切换与选择功能合一，构成真空选择开关。在真空有载分接开关中，复合式真空有载分接开关具有类似于组合式真空有载分接开关的"分接预选和负载后切"功能，且运行安全可靠性比组合式真空有载分接开关高，其结构简洁，性能优越。VV 型真空分接开关采用真空管替代电弧触头，油不污染，提高分接开关的绝缘强度，解决了 V 型有载分接开关存在的绝缘裕度不足的问题；其次是将转换选择器的触头系统从油室内部移到油室外部，并与分接开关本体的三相触头相对应，呈立体布置方式。因而，不仅便于分接开关的吊芯检查和维护，而且也便于变压器的分接引线。

第二节　分接开关安装、检修关键工艺

电力变压器使用的分接开关（无励磁分接开关、有载分接开关）的安装验收与运行维修要求，可以参照 DL/T 574—2021《变压器分接开关运行维修导则》相关规定。

一、分接开关安装与验收要求

（一）现场安装与调试

（1）变压器真空注油后应拆除旁通管。
（2）检查分接开关各部件有无损坏与变形。

（3）必要时吊芯检查项目如下：

1）检查分接开关各绝缘件，应无开裂、爬电及受潮现象；

2）检查分接开关各部位紧固件应良好紧固；

3）检查分接开关触头及其连线应完整无损、接触良好、连接正确牢固，铜编织线应无断股现象。必要时测量触头的接触电阻及接触压力、行程或超程；

4）检查有载分接开关过渡电阻有无断裂、松脱现象，检查弹簧压力，并测量过渡电阻值，其阻值应符合设计要求；

5）检查分接引线绝缘及各部位绝缘距离；

6）分接引线长度应适宜，分接开关受力均衡。

（4）检查油室与储油柜之间连接管道应畅通，阀门应开启。

（5）油室密封检查。在变压器本体及其储油柜注油时，将油室中的绝缘油抽尽，检查油室内应无渗漏油现象，最后进行整体密封检查，包括附件和所有管道，均应无渗漏油现象。

（6）清洗油室与芯体后，注入符合规定的绝缘油，储油柜油位应与环境温度相适应，并略低于变压器本体储油柜油位。

（7）在变压器抽真空时，安装旁通管将油室与变压器本体连通，使变压器本体与油室同时抽真空。有载分接开关爆破盖处应有明显的禁止踩踏警告标志，如有载分接开关储油柜不能承受此真空值，应将通到储油柜的管道拆除，关闭所有影响真空的阀门及放气塞。解除真空后拆除旁通管对油室常压加油，油室作常压注油时，应留有出气口，防止将压力释放装置胀坏。有载分接开关油室不宜采用单独抽真空注油方式。

（8）检查电动机构，包括它的驱动机构、电动机传动齿轮、控制机构等应固定牢靠，操作灵活，连接位置正确，无卡滞现象。转动部分应注入符合制造厂规定的润滑脂。刹车装置上无油迹，刹车可靠。加热器工作正常。电动机构箱安装平整无应力，箱门开、关无卡滞，箱内清洁，无异物，无脏污，密封性应符合防潮、防尘、防小动物或合同防护等级要求。

（9）检查分接开关本体指示的分接位置和操作机构指示的分接位置、远方指示的分接位置，三者应一致。

（10）检查分接开关和操动机构连接的正确性，确认水平轴与垂直轴安装正确。分接开关和电动机构连接后应先做连接校验；检查切换开关或选择开关动作切换瞬间到电动机构动作结束之间的圈数，开关触头完全就位到操动机构动作结束之间的圈数，分接开关两个旋转方向的动作圈数和顺序应符合制造说明书要求。连接校验合格后，再进行手摇操作检查。

（11）手摇操作检查，应操作一个循环。检查传动机构应灵活，电动机构箱中的联锁开关、极限开关、顺序开关等动作应正确；极限位置的机械止动及手摇与电动闭锁应可靠；然后才可电动操作。

（12）电动操作检查。将分接开关手摇操作置于中间分接位置，接入操作电源，然后进行电动操作，检查电动机构转向应正确，若电动机构转向与分接开关要求的转向不相符合，应及时纠正；然后逐级分接变换操作一个循环，检查启动按钮、紧急停车按钮、电气极限闭锁动作、手摇操作电动闭锁、远方控制操作均应准确可靠。在每次分接变换操作时，电动机构的分接变换动作和分接变换指示灯的指示应一致；在每个分接变换操作后，远方分接位置指示器、电动机构分接位置指示与分接开关分接位置指示均应一致，动作计数器动作正确。

（13）三个单相分接开关机械联动、电气联动的同步性能应符合制造厂要求。

（14）油流控制继电器或气体继电器动作的油流速度应符合制造厂要求，并应校验合格，其跳闸触点应接变压器跳闸回路。在油浸式真空有载分接开关上，除跳闸触点引出跳闸外，气体继电器的信号触点应接报警回路。

（二）现场验收

1. 现场验收要求

（1）投运前安装（检修）单位应按投运前验收项目进行交接验收，同时将分接开关的产品安装使用说明书、合格证、控制器说明书与整定值、过压力的保护装置说明书与整定值、安装（检修）记录、调试记录、油化报告等技术资料移交运行单位。现场应备有分接开关现场规程、检修记录簿、缺陷记录簿。

（2）有载分接开关采用自动调压控制器时，应尽量配用同一厂家的产品，投运前自动控制器的检查和调试应符合制造厂和调度定值通知单的规定，自动控制器电压互感器断线闭锁保护应正确可靠。

（3）有载分接开关的电动机构控制回路应设有变压器过流闭锁装置，其整定值应取变压器额定电流的 1.2 倍，为保证电流闭锁动作正确可靠，要求电流继电器返回系数不应小于 0.9。

2. 投运前验收项目

（1）无励磁分接开关的检查与验收项目：

1）操动机构操作灵活，分接位置指示清晰，变换正确，内部实际分接位置与外部分接位置指示正确一致且三相一致；若配置远方分接位置显示器，应检查远方分接位置指示与实际相一致。

2）机械操作定位装置的定位螺栓在每个分接均固定到位。

3）机械操动机构无锈蚀并涂有润滑脂，与变压器连接部位及开关头部密封无渗漏。

4）电动操动机构箱应符合油浸式非真空有载分接开关的规定。应检查电动操作回路已接入断路器位置信号触点，检查变压器带电闭锁电动操作回路功能正常，确保变压器带电情况下的电动操作回路闭锁。电动机构极限位置机械闭锁应动作正确可靠。

5）1000kV变压器采用中性点调压，无励磁分接开关安装在调压补偿变压器侧，分接开关位置在送电操作前，应检查三相分接开关位置相一致。

（2）有载分接开关的检查与验收项目：

1）外观检查。油室与储油柜之间的阀门应在开启位置；油位指示正常；吸湿器良好；外部密封无渗漏；电动机构箱应清洁、密封措施完善；从油室头部法兰上引至变压器下部的进、出油管标志明显；保护装置完好无损；电动机构、分接开关与远方监控系统上的分接位置指示正确一致。

2）传动机构检查。传动机构应固定牢靠，连接位置正确，且操作灵活，无卡涩现象；传动机构的摩擦部分涂有适合当地气候条件的润滑脂。

3）电动机构箱检查。电动机构箱安装应水平，垂直转轴应垂直、动作应灵活，加热器应良好。

4）电气控制回路检查。电气控制回路接线应正确，绝缘良好；电气元件动作正确、接触可靠，不应发生误动、拒动和连动。电机保护、旋转方向保护、手动操作保护正确可靠；驱动电机的熔断器应与其容量相匹配，宜选用电机额定电流的2～2.5倍或按制造厂规定配置。控制回路的绝缘性能应良好。

5）切换装置检查。切换装置的工作顺序应符合制造厂规定；正反两个方向操作时有载分接开关动作完成至指示到位停止的圈数误差应符合制造厂规定。

6）电气联锁检查。在两个极限位置时，其机械限位功能与电气限位开关的电气联锁动作应正确。

7）控制闭锁检查。远方操作、就地操作、紧急停止按钮、电气闭锁和机械闭锁正确可靠。

8）操作检查。变压器无电压下手动操作不少于2个循环、电动操作不少于5个循环，其中电动操作时电源电压为额定电压的85%及以上。手摇操作检查项目应符合手摇操作检查规定，电动操作检查项目应符合电动操作检查规定。

9）传动试验。对有载分接开关的油流控制继电器或气体继电器进行整组传动试验，动作正确。

10）非电量保护装置检查。防爆盖和压力释放阀完好无损。防爆盖上面应有明显的防护警示标识；压力保护装置宜采用防爆盖，如同时装有压力释放阀，应符合制造厂要求并和变压器本体压力释放阀相匹配，开启压力不宜小于130kPa。如油室采用防爆盖和压力释放阀双重保护时，运行中压力释放阀接信号回路。

11）变换操作检查。单相有载调压变压器组分接变换操作时应采用三相同步的远方或就地电气操作并有失步保护；三台单相变压器组或并联运行变压器应具有可靠的同步操作、失步监视保护，各有载分接开关处于同一分接位置时，方可电气联动操作；

各有载分接开关处于不同步时，在发出操作信号时，应闭锁此分接变换操作。

12）在线净油装置检查。如装有在线净油装置，检查在线净油装置滤芯已经安装好，其控制回路接线正确可靠；各管道连接处密封良好；各部位均无残余气体；启动净油装置，检查压力表压力符合制造厂规定，运行时应无异常的振动和噪声。

二、分接开关检修关键工艺

（一）检修前的准备、检查、测试及其他事项

（1）检修项目、工艺要求和质量标准应根据运行、维护和试验中发现的缺陷及检修性质确定。

（2）工器具、仪器设备、材料备品和专用工具应根据检修要求配备。

（3）检修前应组织人力、安排进度、落实责任并按安全工作规程要求办理工作票，完成检修开工手续和安全技术措施。

（4）检修前应根据检修目的，检查有关部位，查看有关缺陷情况，测量必要的数据并进行分析。

（5）检修前应检查各部分密封及渗漏油情况，并做好记录。

（6）检修前应进行手动和电动分接变换操作，检查各部分动作的正确性。

（7）检修前应记录分接位置，宜调整至整定工作位置。

（二）无励磁分接开关的检修关键工艺

无励磁分接开关的检修关键工艺见表6-6。

表6-6　　　　　　　　无励磁分接开关的检修关键工艺

序号	部位	检修内容	检修方法	工艺质量要求
1	操动机构	拆卸	常用工具	应先将开关调整到极限位置，安装法兰应做定位标记，三相联动的传动机构拆卸前也应做定位标记
		灵活性	目测	（1）松开上方头部定位螺栓，转动操作手柄应灵活无卡滞，若转动不灵活应进一步检查卡滞的原因。（2）检修时应添加或更换齿轮箱润滑油
		密封性		转动轴密封良好无渗漏油现象，如有渗漏油现象应适当调整压紧螺母，仍无效则更换密封垫
		指示	目测	检修前应调整到极限位置，解开传动连接应做好标记，分接实际位置应与指示位置一致，否则应进行调整
		定位、限位、联动的一致性		（1）逐级手摇时检查定位螺栓应处于正确位置。（2）极限位置的限位应准确有效。（3）三相联动指示和各相实际动作应一致

序号	部位	检修内容	检修方法	工艺质量要求
2	开关	完整性	目测	应齐全、完整无缺损，所有紧固件均应拧紧、锁住，无松动
3	触头	表面	目测	（1）触头表面应光洁，无氧化变色、镀层脱落及碰伤痕迹，弹簧无松动。 （2）擦拭清除氧化膜。 （3）触头如有严重烧损时应更换
		灵活性	测量	动、静触头间接触电阻应符合产品要求
		压力试验	塞尺	触头接触压力均匀、接触严密，或用0.02mm塞尺检查应插不进
		触头分接线	目测	所有紧固件、分接线均应连接牢固，无放电、过热、烧损、松动现象，发现松动应拧紧、锁住
4	绝缘件	完整性和清洁	目测	（1）绝缘件、绝缘筒和支架应完好，无受潮、破损、剥离开裂或变形、放电，表面清洁无油垢；发现表面脏污应用无绒毛的白布擦拭干净，绝缘筒如有严重剥裂变形时应更换。 （2）操作杆绝缘良好，无弯曲变形，铆接无松动；拆下后，应做好防潮、防尘措施保管，宜浸入合格绝缘油中。 （3）绝缘操作杆U形拨叉应保持良好接触，如有接触不良或放电痕迹应加装弹簧片，确保拨叉无悬浮状态
5	操动机构	复装	常用工具	（1）先检查密封面应平整无划痕，无漆膜，无锈蚀，更换密封垫。 （2）对准原标记，拆装前后指示位置应一致，各相手柄及传动机构不得互换。 （3）密封垫圈入槽、位置正确，压缩均匀；法兰面啮合良好无渗漏油。 （4）调试应在注油前和套管安装前进行，应逐级手动操作，操作灵活无卡滞，观察和通过测量确认定位正确、指示正确、限位正确。 （5）操作3个循环，擦洗触头表面

（三）有载分接开关的检修关键工艺

1. 电动机构箱检修

（1）每年清扫1次，清扫检查前先切断操作电源，然后清理箱内尘土。

（2）检查机构箱密封与防尘情况。

（3）检查电气控制回路各触点接触应良好。

（4）检查机械传动部位连接应良好，应有适量的润滑油。

（5）使用500～1000V绝缘电阻表测量电气控制和信号回路绝缘，电阻值不小于

1MQ。

（6）刹车电磁铁的刹车皮应保持干燥，不可涂油。

（7）检查加热器应良好。

（8）验收要求手摇及远方电气控制正反两个方向至少操作各 1 个循环的分接变换。

2. 切换开关或选择开关检修

（1）关闭油室至储油柜之间的阀门，打开油室抽油管上的阀门，降低油室内的油位至油室顶盖下方。打开顶盖，按说明书的要求，拧出螺钉。

（2）小心吊出切换开关或选择开关芯体宜在整定工作位置进行，并逐项进行检查与维修。检修项目如下。

1）清洗油室：排尽油室内的污油，打开油室至储油柜管路上的阀门利用储油柜的油冲洗管道及油室内部，再用合格绝缘油冲洗。

2）清洗除切换芯体或选择开关动触头转轴：清除切换芯体或选择开关动触头转轴上的游离碳，然后用合格绝缘油冲洗。

3）切换开关或选择开关芯体的检查与维修：

a. 检查所有的紧固件应无松动。

b. 检查快速机构的主弹簧、复位弹簧、爪卡应无变形或断裂。

c. 检查各触头编织软连接线应无断股、起毛。

d. 检查切换开关或选择开关动、静触头的烧损程度。

e. 检查载流触头应无过热及电弧烧伤痕迹，主通断头、过渡触头烧伤情况符合制造厂要求。

f. 检查过渡电阻应无断裂，同时测量直流电阻，其阻值与产品出厂铭牌数据相比，其偏差值不大于 ±10%。

g. 有条件时，测量切换芯体每相单、双数触头与中性引出点间的回路电阻，其阻值应符合要求。

h. 检查选择开关槽轮传动机构应完好。

i. 检查火花间隙有无放电烧损痕迹，必要时更换。

j. 必要时，对真空有载分接开关真空灭弧室进行真空度检测。

4）必要时应将切换开关或选择开关芯体解体检查、清洗、维修与更换零部件，然后测试动作顺序与测量接触电阻，合格后置于起始工作位置。

（3）将切换开关或选择开关芯体吊回油室，复装注油。

（4）通过储油柜补充绝缘油至规定油位。

3. 分接选择器检修

有载分接开关的分接选择器、转换选择器的检修。检修项目如下：

（1）检查分接选择器和转换选择器触头的工作位置。

（2）检查分接开关连接导线应正确，绝缘杆应无损伤、变形，紧固件应紧固，连接导线的松紧程度应不使分接选择器受力变形。

（3）对带正反调压的分接选择器，检查连接"K"端分接引线在"+""−"位置上与转换选择器的动触头支架（绝缘杆）的间隙不小于10mm。

（4）检查分接选择器与切换开关的6根连接导线及其绝缘距离与紧固情况，紧固件紧固，连接导线正确完好，无绝缘层破损，并与油室底部法兰的金属构件间应有10mm的间隙。

（5）检查级进槽轮传动机构应完好。

（6）手摇操作分接选择器1→n和n→1方向分接变换，逐挡检查分接选择器触头分合动作和啮合情况，触头接触应符合要求。

（7）检查分接选择器和转换选择器动、静触头应无烧伤痕迹与变形。

（8）检查切换油室底部放油螺栓应紧固。

第三节　案例分析

一、有载分接开关切换芯子辅助触头螺栓脱落异常事件

（一）异常概况

2020年1月，某110kV变电站1号主变压器有载分接开关重瓦斯动作，1号主变压器失电。现场吊芯检查后发现放电点三处：①切换芯子A相双数侧上辅助触头固定螺栓放电脱落，上触头脱落并卡在下触头上方；②切换芯子B相放电间隙放电；③分接选择器C相"2"挡触头均压罩与A相"1"触头均压罩间放电。变压器本体油中溶解气体数据显示乙炔由0上升到93μL/L。

（二）设备信息（见表6-7）

表6-7　　　　　　　　　　　　异常设备信息

主变压器型号	SSZ10–63000/110	有载型号	CM Ⅲ–500Y/72.5B–10193W
变比	110kV/35kV/10kV	出厂日期	2008年8月
联结组别	Y0/y0/d11	投运日期	2009年5月

（三）现场检查情况

1. 重瓦斯动作前工况

故障前 1 号主变压器带 10kV Ⅳ 段带负荷。故障前主变压器未经历近区短路等不良工况，故障时天气晴，AVC 控制分接开关动作，由 3 挡切换至 4 挡。

2. 诊断性试验情况

现场对主变压器开展了油中溶解气体分析、变比测试、直流电阻测试、分接开关测试，试验结果如下。

（1）油中溶解气体分析数据见表 6-8。

表 6-8　　　　　　　　　　　主变压器历次油中溶解气体分析数据

试验日期	H_2	CO	CO_2	CH_4	C_2H_4	C_2H_6	C_2H_2	总烃	微水	备注
2012-6-8	20.82	364.6	944.02	4.86	0.32	0.51	0	5.69	7.9	在线监测
2013-1-5	20.81	409.6	785.58	5.45	0.41	0.56	0	6.42	/	短路跳闸
2013-5-7	18.06	386.53	894.43	5.63	0.42	0.55	0	6.6	/	在线监测
2014-6-6	19.27	415.35	1093.52	6.54	0.49	0.79	0	7.82	5.5	在线监测
2015-4-13	24.47	440.83	873.74	7.34	0.55	0.89	0	8.78	2.1	检修试验
2016-5-10	22.17	354.18	1112.9	7.53	0.72	1.18	0	9.43	5.9	在线监测
2017-6-16	22.96	368.32	1214.2	8.34	0.88	1.38	0.12	10.72	4.6	在线监测
2018-4-10	17.3	362.45	1315.22	7.66	1.12	1.58	0.20	10.56	4.0	在线监测
2019-5-16	12.68	261.91	1549.56	7.45	1.23	1.65	0.22	10.55	7.3	在线监测
2019-12-11	245.8	241.21	1505.39	32.5	22.90	2.25	93.34	150.99	6.2	分接跳闸

变压器本体绝缘油色谱检测发现乙炔为 93.34μL/L、氢气为 245.8μL/L，总烃为 150.99μL/L，均超过 DL/T 722—2014《变压器油中溶解气体分析和判断导则》规定的注意值（氢气：150μL/L；乙炔：5μL/L；总烃：150μL/L）。三比值为 202，低能放电。放电部位可能存在于引线与电位闪烁部件之间连续火花放电；分接抽头引线和油隙闪络；不同电位之间的油中火花放电；感应悬浮电位之间的火花放电。

主变压器故障后，现场更换有载分接开关切换芯子后进行测试。故障后，现场进行了变压器直流电阻、变比以及更换有载分接开关芯子后过渡电阻、接触电阻和录波测试，试验结果未见异常。

（2）变比测试数据见表 6-9。

表 6-9　　　　　　　　　　　变比测试数据

对象	挡位	AB/AmBm 误差（%）	BC/BmCm 误差（%）	CA/CmAm 误差（%）	允许 误差（%）
高压 – 低压	1	−0.21	−0.21	−0.21	±1
	2	−0.29	−0.29	−0.29	±1
	3	−0.11	−0.11	−0.11	±1
	4	−0.19	−0.19	−0.19	±1
高压 – 低压	9B	0	0	0	±0.5
	10	−0.06	−0.09	−0.09	±1
	11	0.07	0.04	0.05	±1
	12	0	−0.03	−0.03	±1
高压 – 中压	挡位	AB/AmBm 误差（%）	BC/BmCm 误差（%）	CA/CmAm 误差（%）	允许 误差（%）
	2	0.03	0	0.03	±1
	3	−0.10	−0.13	−0.13	±0.5
	4	−0.06	−0.06	−0.06	±1

变比试验数据合格。

（3）直流电阻试验数据见表 6-10。

表 6-10　　　　　　　　　　　直流电阻试验数据

挡位	AO（mΩ）	BO（mΩ）	CO（mΩ）	实测相间差（%）
1	270.3	270.7	271.3	0.37
2	265.2	265.6	266.0	0.3
3	260.9	261.5	261.9	0.38
4	256.0	256.5	256.9	0.35
8	237.5	238.3	238.6	0.46
9	232.6	232.9	232.6	0.13
10	238.3	239.2	239.2	0.38
11	242.6	243.5	243.5	0.37

直流电阻试验数据合格。

（4）有载分接开关试验数据见表 6-11。

表 6-11 有载分接开关试验数据

过渡电阻	A	B	C
单（Ω）	2.342	2.366	2.325
双（Ω）	2.337	2.377	2.355
接触电阻	A	B	C
单（μΩ）	129	124	122
双（μΩ）	182	186	186

3. 吊芯检查情况

现场一次设备外观检查无异常，主变压器本体瓦斯无气体，油枕、压力释放阀未见异常。主变压器有载分接头在 3 的位置，指针在绿区，有载分接开关气体继电器无气，压力释放阀无异常。

（1）有载开关。筒内发现 1 个脱落的螺栓和 4 个平垫（见图 6-25），均有放电痕迹。现场吊出有载分接开关，发现有载分接开关切换芯体 A 相双数侧上辅助触头固定螺栓放电烧损（见图 6-26），上辅助触头脱落并卡在下触头上方；有载分接开关切换芯体 B 相放电间隙有明显放电痕迹。有载分接开关绝缘油颜色发深。

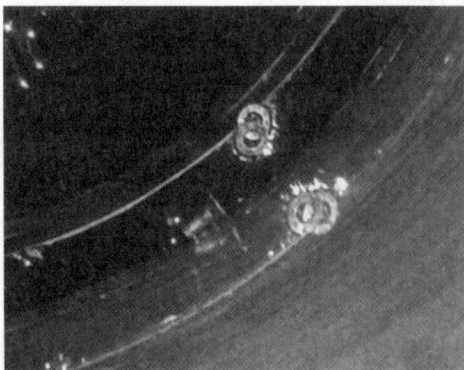

图 6-25 脱落的 1 条螺栓和 4 个平垫

图 6-26 辅助触头固定螺栓烧损

（2）主变压器内检情况。主变压器放油，打开有载分接开关附近人孔内检，发现分接选择器（本体油箱内）C 相"2"触头均压罩与 A 相"1"触头均压罩间有放电现象（见图 6-27）。

（3）主变压器吊罩情况。对主变压器吊芯检查，除上述三处部位放电部位外，绕组、铁心等各部位检查未见异常。

图 6-27　分接选择器 C 相"2"触头均压罩与 A 相"1"触
头均压罩间放电痕迹

（四）原因分析

现场进行了变压器直流电阻、变比以及更换有载分接开关芯子后过渡电阻、接触电阻和录波测试，试验结果未见异常。

根据现场检查结果，组织主变压器厂家和有载分接开关生产厂家共同召开会议。对该主变压器有载分接开关重瓦斯保护动作掉闸事件进行分析。故障初步原因分析如下。

故障发生前。由于主变压器有载分接开关切换芯体 A 相双数侧上辅助触头固定螺栓质量不良，变压器运行中逐渐松动，发生放电直至脱落。脱落的上辅助触头随轨道下滑，并卡在下辅助触头上部，造成切换时双数侧上、下辅助均无法接通。

网控人员对该主变压器进行由 2-3 分接调压时，双数侧上、下辅助均无法接通，A相在 2-3 分接间调压时开路。A 相开路时，中性点电压升高。

现象一：由 2-3 分接调压前，2 分接中性点，即三相的 2 分接电压升高。在分接选择器部分 A 相"2"分接触头均压罩与距离最近且耐压最薄弱的 A 相"1"分接触头均压罩间放电。

现象二：放电间隙末端与中性点连接，即三相的放电间隙末端电压升高。切换芯体 B 相放电间隙放电，引发有载分接开关重瓦斯保护动作，主变压器掉闸。

综合现场检查与各项检测结果，由于变压器为中性点调压，故障点均在中性点附近，对变压器绕组冲击较小。同时现场试验包括局放试验测试数据均合格，因此确定本次故障未对变压器造成绕组变形或匝间短路等破坏性影响，变压器可继续正常运行。

（五）总结及后续

1. 变压器本体检修

对该主变压器有载分接开关进行整体更换；主变压器吊芯对变压器绕组、铁心、绝缘件等进行检查；主变压器滤油。

2. 进行诊断试验

对该主变压器进行诊断性试验。包括直流电阻、变比、整体绝缘电阻、整体介质损耗及电容量、整体泄漏、铁心及夹件绝缘、套管介质损耗、电容量和末屏绝缘、有载分接开关录波、频响法绕组变形、低电压短路阻抗以及感应耐压局放试验，试验结果未见异常。

二、换流变压器真空有载分接开关乙炔异常事件

（一）异常概况

2022 年 3 月 28 日，在某特高压换流站年检期间开展换流变压器有载分接开关绝缘油试验时，发现 4 台有载分接开关油色谱乙炔值相比往年异常增长。极 Ⅱ 低 Y /D-B、极 Ⅱ 低 Y/Y-C、极 Ⅰ 高 Y/Y-A 和极 Ⅱ 低 Y/D-A 的有载分接开关乙炔值分别为 14.574、3.574、2.788 和 2.326μL/L，复测后无差异，其余分接开关乙炔值均在 1μL/L 以下。换流变压器用 VR 型真空有载分接开关油室中乙炔主要来源于每次正常切换时暴露于油中的主触头尾流放电。通常，在固定的切换次数下油中乙炔浓度将保持恒定。在换流变压器有载分接开关控制策略不变的前提下，每年有载分接开关的切换次数大致上保持固定。

（二）设备信息

异常有载开关型号：VRG 型。

（三）现场检查情况

现场对主变压器开展了油中溶解气体分析和吊芯检查，结果如下。

1. 油中溶解气体分析

分析数据见表 6-12。

分析可知，极 Ⅰ 高 Y /Y-A 和极 Ⅱ 低 Y/D-B 有载分接开关独立油室内部应存在其他形式的高能量放电，导致有载分接开关油室中乙炔值异常增长。此外，其他 2 台有

载分接开关的乙炔值相比往年也有异常增长，可能也存在放电隐患。因此，对这 4 台有载分接开关进行吊芯检查。

表 6-12　　　　　　　　　　　　换流变油中溶解气体分析数据

设备名称	试验日期	H_2	CO	CO_2	CH_4	C_2H_4	C_2H_6	C_2H_2	总烃
极Ⅰ高 Y/Y-A	2022-03	35.64	247.2	2040.16	7.992	4.544	1.091	2.788	16.415
	2021-04	114.6	511.92	3297.14	19.64	9.82	1.45	12.41	43.32
极Ⅱ低 Y/Y-C	2022-03	84.05	325.03	3698.341	17.447	5.956	2.137	3.544	29.084
	2021-04	8.2	32.05	188.36	14.35	5.76	3.79	0.44	24.34
极Ⅱ低 Y/D-A	2022-03	64.497	368.354	2279.98	16.776	3.943	3.377	2.326	26.422
	2021-04	1.66	153.63	55.76	14.96	1.53	4.76	0	21.25
极Ⅱ低 Y/D-B	2022-03	95.748	349.241	3273.04	17.745	12.138	1.724	14.574	46.181
	2021-04	9.35	52.9	489.82	7.57	4.06	0.50	0.1	12.23

2. 吊芯检查情况

在对极Ⅱ低 Y/D-B 有载分接开关进行吊芯检查时，发现在扇面过渡电阻上部的白色支撑板上存在大量黑色杂质颗粒。经无毛吸油纸擦拭后，颗粒表面呈金属光泽，判断为金属碎屑，如图 6-28 所示。

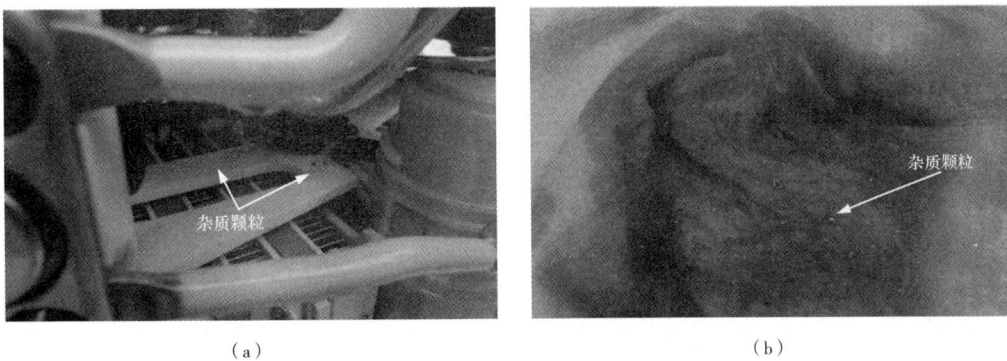

（a）　　　　　　　　　　　　　　　　　　（b）

图 6-28　支撑板及表面金属碎屑

（a）撑板表面情况；（b）金属碎屑

在拆除过渡电阻到转换开关连接线的紧固螺栓时，发现该螺栓存在松动，螺栓表面有放电烧蚀痕，如图 6-29 所示。其余 2 台有载分接开关吊芯检查后也发现了相同缺陷。

（四）原因分析

VRG 型有载分接开关的电气原理如图 6-30 所示。当有载分接开关从分接挡位 n（tap n）转换至分接挡位 $n+1$（tap $n+1$）时，在经过主触头 MC 和主通断触头 MSV 分别转移负载电流 I_L 后，负载电流由 tap n 经转换开关过渡支路 TTF 流经过渡电阻 R，最后到达中性点 NP（见图 6-30）。本次吊芯检查中发现的烧蚀点发生在过渡电阻连接中性点的区域。

（a）　　　　　　　　　　　　　（b）

图 6-29　支撑板及表面金属碎屑

（a）连接螺栓松动烧蚀；（b）正常螺栓与烧蚀螺栓对比

由图 6-31 可知，从过渡电阻流出的电流经紧固螺栓，由长导杆传导至中性点。长导杆本身由转换开关盒子（MTF 和 TTF）底部竖直穿过至其顶部与中性点连接。对于长导杆和紧固螺栓的连接，其结构设计为：过渡电阻的引出线由紧固螺栓压接于 T 型铜护套上，紧固螺栓与贯穿过转换开关的长金属导杆通过螺纹配合。当螺纹旋紧时，T 型铜护套与导杆紧密压接，负载电流可从压接端子流经铜护套，然后经金属导杆连接至中性点。

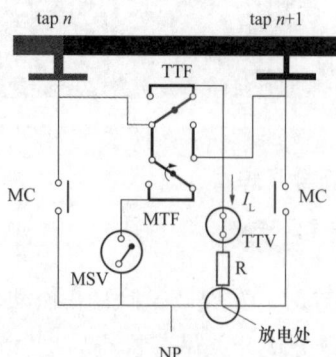

图 6-30　VRG 型有载分接开关的电气原理

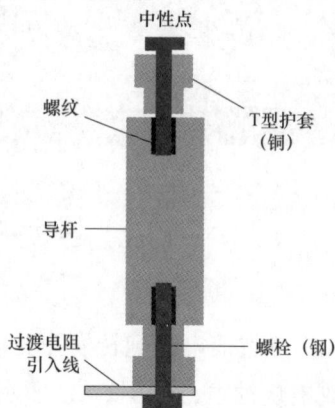

图 6-31　连接中性点长导杆

由于烧蚀发生在紧固螺栓与导杆连接处，对其中一台的导杆烧蚀螺孔进行纵向切剖，并与正常螺孔剖面比较，如图 6-32 所示。相比正常剖面，发现螺孔底部有约 5 丝螺纹被烧毁，并在底部形成明显烧蚀孔洞，其余几台的情况均类似。

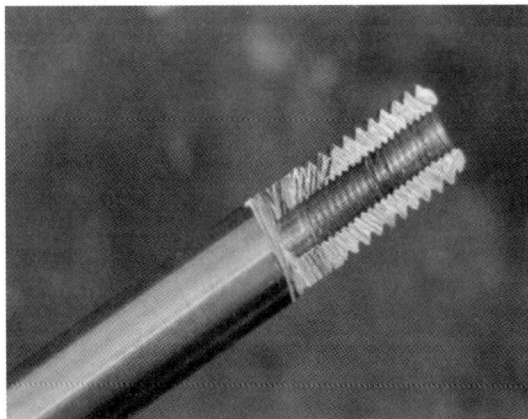

图 6-32　导杆烧蚀螺孔行纵向切剖

综上可知，由于过渡电阻与中性点通过导杆过渡连接，导杆两端采用盲孔式平面压接载流。该结构（铜质）载流截面小，高度依赖盲头螺栓（钢质）对铜导杆的压接压力。如果压接不紧密或松动，就会造成钢质螺栓分流过热以及载流平面间隙放电。

（五）总结及后续处理

（1）过渡电阻与中性点连接处紧固螺栓和螺孔之间的松动是导致乙炔异常的直接原因；

（2）真空有载分接开关检修规程乙炔注意值偏高，需要进一步讨论和研究；

（3）真空有载分接开关的乙炔增长可以反映油室内部的缺陷状态，加装油色谱在线监测装置是必要的。

三、有载开关波形测试异常事件

（一）异常概况

2016 年 3 月 15 日，检测人员对变压器进行例行试验，发现在变压器有载分接开关调压过程中发出"咔咔"的声响，进行直流有载分接开关特性测试时，过渡波形出现接零点，波形异常。

（二）设备信息（见表6-13）

表 6-13 异常分接开关信息

生产厂家	某公司	型号	M Ⅲ 600Y-123/C-10193WR
出厂日期	2005	出厂编号	1010683

（三）现场检查情况

现场对主变压器开展了分接开关切换试验和直流电阻测试，结果如下。

1. 分接开关切换波形试验

试验人员对分接开关开展了切换波形试验，从分析结果（见图6-33）可以看出，当单数分接头切换到双数分接头时，三相过渡波形均出现接零，而由双数分接头切换到单数分接头时不存在接零，而且 M 型双电阻理论过渡波形不明显。

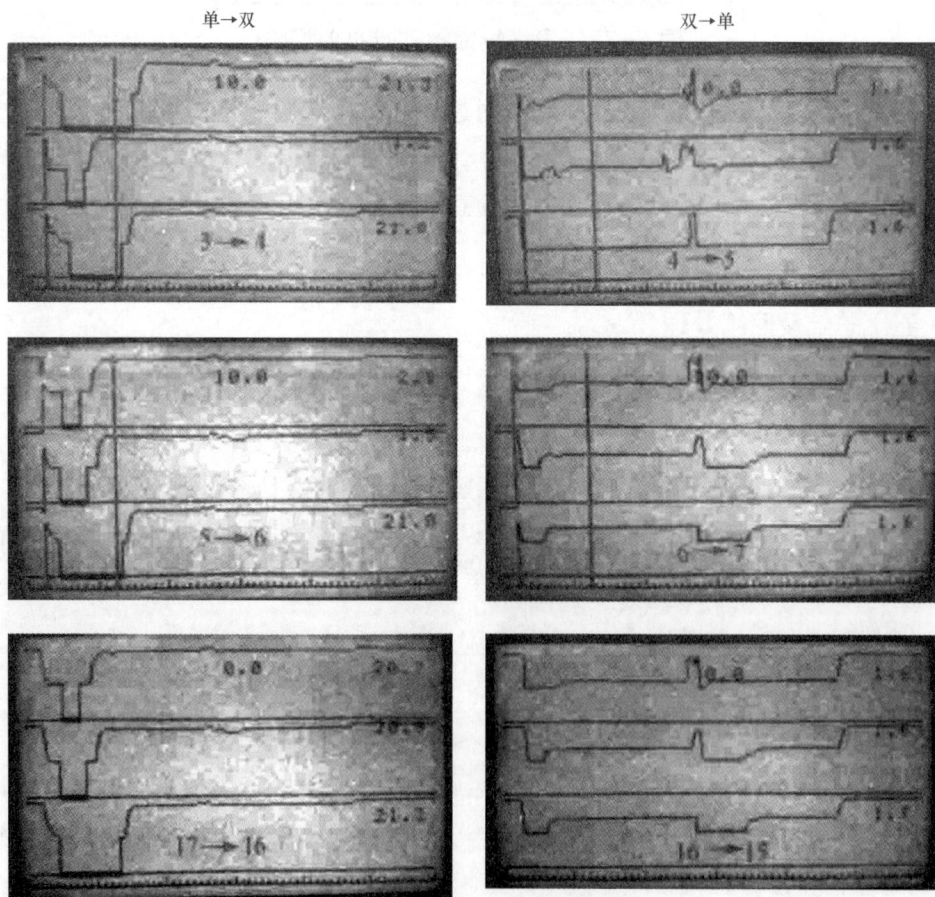

图 6-33 分接开关切换波形

2. 分接开关切换波形试验

检测人员对变压器高压侧绕组进行直流电阻测试，测试结果如表 6-14 所示。

表 6-14　　　　　　　　　　　主变压器直阻测试结果

挡位	AO（mΩ）	BO（mΩ）	CO（mΩ）	实测相间差（%）
1	322.8	324.4	325.6	0.8671
2	318.8	319.5	321.5	0.8467
3	314.9	314.8	317.3	0.8259
4	310.6	310.5	313.6	0.9337
5	306.5	308.5	309.2	0.8806
6	302.5	302.8	305.2	0.8923
7	298.4	299.8	301.2	0.9380
8	294.4	295.4	297.4	0.9508
9	290.1	290.4	292.3	0.7931
10	294.5	295.4	297.3	0.9847
11	298.1	298.2	301.2	0.9725
12	302.2	303.6	305.1	0.9593
13	306.2	306.8	309.1	0.9468
14	310.3	311.7	313.2	0.9343
15	314.3	316.0	317.2	0.9224
16	318.4	319.8	321.3	0.9105
17	322.5	323.9	325.4	0.8989

该主变压器每档直阻相间差值满足规程要求，挡位间直阻变化量也符合变压器每档变化规律，排除引线、绕组影响。

（四）原因分析

试验人员对有载调压波形的出现接零段的原因进行分析，认为有载调压过渡波形异常的主要原因有两点：

（1）变压器在运行过程中很少进行调压操作，有载调压装置的分接头长期运行在一个分接位置，不经常切换，有载调压装置过渡电阻表面形成一层氧化油膜，导致有载调压波形的出现接零段；

（2）有载分接极性转换开关长期浸于变压器油中，附着较厚的油膜，而有载调压测试仪器提供的最大测试电流为 1A，不足以击穿油膜，导致测试过程中出现接零现象。

（五）异常处理

检测人员对有载调压进行反复切换，通过开关切换打磨有载开关表面的氧化层，处理后波形仍存在接零段。

在试验过程中利用大电流冲击油膜，检测人员采用三相合一的方法，将测试线夹在同一相上，让三相的测试电流加在一相上，测试电流由原来的 1A 增加至 2.7A，试验波形均符合标准。电流由 1A 增加至 2.72A 后波形的接零段消失，油膜被击穿，由此判断变压器正常运行时高压侧电流远大于 27A，油膜不会影响变压器的正常运行。

（六）总结

停电试验之前，先查询变压器的有载调压自上次检修后的调压次数，当变压器高压侧直流电阻出线异常或有载调压波形出线异常时，可对变压器有载调压装置的分接开关进行反复多次切换，打磨接头处的氧化层，看试验数据前后的变化。

有载调压装置的测试电流较小，对于长期运行的变压器，有载调压装置内部的油可能会形成油膜，测试中可以通过增加测试电流的方式冲击油膜。

四、有载开关波形测试异常事件

（一）异常概况

2020 年 4 月 12 日，某 110kV 变电站 2 号主变压器正常运行，在进行有载分接开关远方调压操作后，2 号主变压器有载分接开关气体继电器重瓦斯保护动作，随后主变压器本体气体继电器重瓦斯保护动作。

（二）设备信息

异常设备信息见表 6-15。

表 6-15　　　　　　　　　　　　　　　　异常设备信息

主变压器型号	SSZ10-40000/110	有载型号	M Ⅲ -500Y/72.5B-10193W
变比	110kV/35kV/10kV	出厂日期	2006 年 8 月
联结组别	Y0/y0/d11	投运日期	2006 年 12 月

（三）现场检查情况

1. 分接开关吊芯检查情况

有载分接开关进行放油后，打开开关头盖提出切换开关并对其进行检查，油室底部未发现异物，但发现有载分接开关切换开关 C 相主触头存在放电烧蚀痕迹（见图6-34），并且有载分接开关油室内的静触头也存在放电烧蚀痕迹（见图 6-35），初步判断为有载分接开关故障导致有载分接开关重瓦斯保护动作。但根据有载重瓦斯保护及本体重瓦斯保护均动作现象，结合主变压器试验结果，判断主变压器有载分接开关选择开关存在故障。

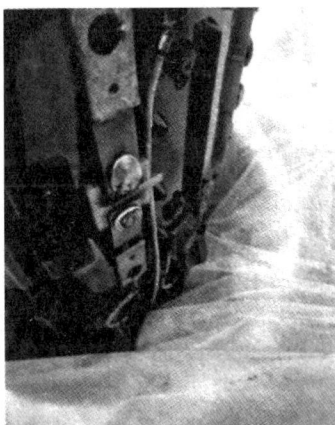

图 6-34　C 相主触头放电痕迹　　　　图 6-35　静触头放电痕迹

2. 主变压器内检情况

在彻底放干净主变压器本体内部油后，通过主变压器人孔进行钻检，发现主变压器油箱底部有脱落的有载分接开关选择开关均压罩，并且对有载分接开关选择开关进行检查，发现有载分接开关选择开关 C 相"7"挡上屏蔽环及 B 相"6"挡下屏蔽环放电烧蚀严重，选择开关动触头已烧毁（见图 6-36），并且选择开关绝缘主轴存在放电痕迹，动触头轨道连接点存在放电痕迹（见图 6-37）。对主变压器绕组检查未发现异常情况。

（四）原因分析

在对有载分接开关检查时发现，主变压器有载分接开关有载重瓦斯及本体重瓦斯均动作，根据现场实际现象及吊罩后检查结果，判断为是由于主变压器有载分接开关选择开关故障造成的气体继电器动作。

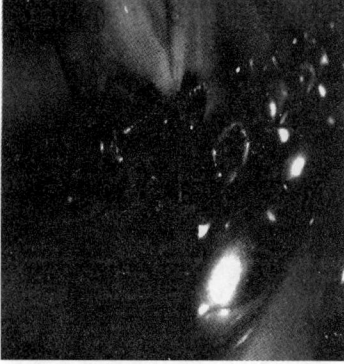

图 6-36 分接选择器动触头烧蚀　　图 6-37 动触头轨道连接处放电痕迹

分接选择器烧蚀如图 6-38 所示，由图可知：B 相触头"6"下端部有烧损痕迹，C相触头"7"有烧熔现象，两个触头之间的屏蔽罩有烧损。说明开关 B、C 相之间存在放电现象，导致屏蔽罩烧毁。M 型该型号开关相间绝缘水平为工频 50kV、冲击 265kV，该绝缘水平、绝缘距离行业内都完全相同。

分接选择器动触头放电痕迹如图 6-39 所示，烧损在动触头的中部位置，开关处于正常接触的状态，开关调挡到位后才出现的烧损。若动触头接触压力不可靠引起烧损，所有的静触头都会存在烧损痕迹，导电环圆周也会出现烧损。但现场分接选择器的其余静触头没有烧损的痕迹，且导电环只有触头"7"位置烧损。说明动触头不存在接触不可靠的情况。

图 6-38 分接选择器烧蚀　　图 6-39 分接选择器动触头放电痕迹

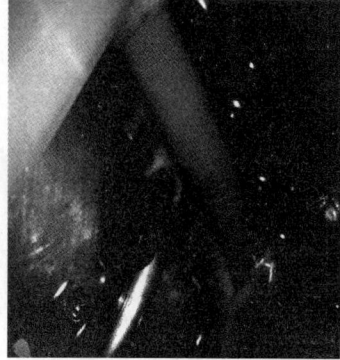

综合上述现象得出结论：选择开关 B、C 相间瞬间有短路现象，使得回路中产生大电流，大电流进一步造成切换芯子弧形板静触头和油室触头烧蚀。

而造成 B、C 相间短路产生大电流的可能原因包括：①在 5/6 号绝缘板条 B、C 间变压器油中有悬浮异物；②相间瞬间有过电压产生。

根据后台监控记录检查显示，在故障发生时没有检测到过电压现象的发生，初步排除相间过电压导致相间短路的原因。在对脱落的均压罩检查时发现，均压罩上存在放电烧蚀痕迹（见图 6-40），同时在对选择开关 B 相 "6" 触头及 C 相 "7" 触头均压罩端屏蔽环检查过程中，发现 B 相 "6" 端的屏蔽环下端存在放电迹象（见图 6-41）。

图 6-40 均压罩上放电痕迹

图 6-41 屏蔽环下端放电痕迹

结合上述现象，判断造成该故障的原因为：选择开关固定螺栓的均压罩由于在安装过程中存在损伤，随着运行时间的加长，该均压罩在切换过程中脱落，与同端屏蔽环绝缘距离不够，两者之间放电将均压罩击飞，均压罩在被击飞过程中，由于切换中有载分接开关油流的原因，带动均压罩流入至 B 相 "6" 下端屏蔽环与 C 相 "7" 上端屏蔽环之间，造成绝缘距离不够，使得两个屏蔽环之间放电短路，产生大电流，烧毁选择开关触头以及屏蔽环，造成此次故障的产生。

（五）总结及后续处理

加强对相应主变压器运行状态的监视，加强主变压器有载分接开关运行状态的监控，增加有载及本体的油化试验频次，及时了解主变压器及有载分接开关的状态。

五、有载开关波形测试异常事件

（一）异常概况

2017 年 12 月 23 日，某 110kV 变电站 2 号主变压器进行油色谱试验发现，乙炔含量 285.72μL/L（标准为 5μL/L），氢气含量 403.28μL/L（标准为 150μL/L），乙炔含量远远超过标准注意值，本体油耐压试验结果 56kV，有载分接开关油耐压试验结果 44kV，未见异常，复测结果无异常。立即安排对该主变压器进行带电测试，高频局放未发现异常放电信号特征图谱，红外热像检测未发现明显过热点，铁心接地电流测试结果在 2.8mA 左右，远小于 100mA 的标准注意值。

（二）设备信息（见表 6-16）

表 6-16　　　　　　　　　　异常设备信息

主变压器型号	SSZ10-40000/110	有载型号	CM Ⅲ-500Y/72.5B-10193W
分接开关出厂日期	2008 年 3 月	分接开关投运日期	2008 年 10 月

（三）现场检查情况

1. 主变压器有色谱试验数据分析

主变压器历年有色谱数据见表 6-17。

表 6-17　　　　　　　　　　主变压器历年有色谱数据

试验日期	相别	H_2	CO	CO_2	CH_4	C_2H_4	C_2H_6	C_2H_2	总烃
2012-4-11	2 号	48.24	633.53	654.12	9.65	0.65	1.63	0	12
2012-12-16	2 号	37.45	634.42	822.3	10.54	0.77	2.01	0	13.32
2013-9-17	2 号	40.16	741.8	1132.61	11.98	0.93	2.52	0.13	15.56
2014-3-17	2 号	33.13	633.65	1234.92	13.15	1.04	3.2	0.14	17.53
2015-4-12	2 号	45.54	890.02	1226.76	14.45	1.01	3.03	0.19	18.49
2016-4-26	2 号	37.89	786.73	1065.76	12.37	0.87	2.94	0.22	16.18
2017-12-23	2 号	403.65	976.2	1943.37	48.76	51.56	7.51	285.72	390.55
2017-12-23（复测）	2 号	464.37	986.18	1663.54	48.23	48.27	7.14	263.43	365.06
2017-12-23	有载	16528.2	374.40	2254.45	734.29	245.68	2351.25	2338.51	5669.73

分析有色谱数据可知：

（1）根据三比值法编码 202，特征组分气体乙炔含量严重超出注意值，总烃中乙炔占主要成分，相比增长率乙炔和乙烯增长明显，氢气含量也有增长，但明显小于乙炔增长速率，怀疑主变压器内部可能存在低能量放电。

（2）C_2H_2/H_2 是 0.56，不符合内漏的判断结果（$C_2H_2/H_2 > 2$ 认为有载向本体油箱渗漏造成），同时其他特征气体增长相比乙炔不显著，乙炔异常增长，没有一个缓慢增长过程。选取 H_2、CH_4、C_2H_4、C_2H_6、C_2H_2 五种特征气体作为样本，计算本体和有载油特征气体含量相关系数 $r=0.89$，（一般认为 $r \geq 0.9$ 即可认为有载分接开关可能存在内漏，r 越接近 1，有载分接开关内漏的可能性越大），以上分析结果均不满足有载渗漏条件，排除有载分接开关内漏可能。

（3）一氧化碳、二氧化碳含量变化很小，分析认为主变压器内部缺陷没有涉及油纸绝缘。

（4）主变压器内部乙烯含量并不太高，基本排除主变压器电回路内部过热可能。

2. 电气试验数据分析

对主变压器进行了直流电阻、绕组连同套管的介质损耗及电容量测试、铁心绝缘电阻测试、频响法绕组变形、阻抗法绕组变形测试，均未发现异常，有载分接开关吊检后切换部分的过渡波形和过渡电阻无异常。

对 2 号主变压器进行局部放电测试，环境背景在 45 ~ 55pC，$1.5U_m/\sqrt{3}$ 电压下，高压侧三相局放量均小于 200pC，小于标准要求的 500pC，试验前后主变压器本体油样乙炔含量无明显增长。

综合以上油化和电气试验情况，基本排除有载分接开关内漏、主变压器绕组变形的可能，判断主变压器内部可能存在悬浮电压放电，需要重点检查的有：温度计座套过长，与上夹件或铁轭、旁柱边沿相碰；穿心螺杆钢座碰触铁心；金属粉末或异物进入油箱中，淤积油箱底部在电磁力作用下形成桥路；分接选择器极性转换触头悬浮电压放电，铁心接地线与硅钢片的连接排过长，触及其他硅钢片。

3. 吊芯检查情况

排净分接开关绝缘油，利用主变压器本体的油压，观察主变压器本体油是否向有载油室渗漏，未见异常，将主变压器本体施加 0.01MPa 压力，也未发现有载分接开关油室有内漏现象，因此排除有载分接开关油室渗漏可能，如图 6-42 所示。

4. 吊罩检查情况

排净主变压器本体绝缘油，拆除主变压器所有附件，吊开主变压器大罩，检查温度计座套、穿心螺杆、铁心接地线与硅钢片的连接排均无放电痕迹，油箱底部无金属粉末或异物，检查发现分接选择器

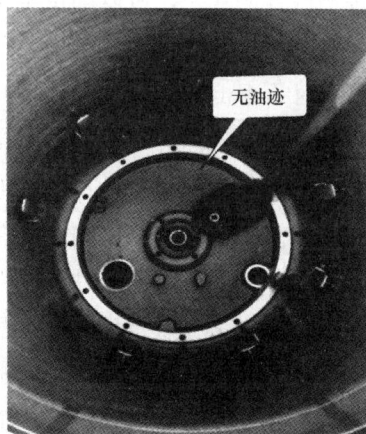

图 6-42　分接油室未见异常

极性转换触头在动静触头端部有放电烧蚀痕迹（见图 6-43），在触头正常接触位置没有放电痕迹。

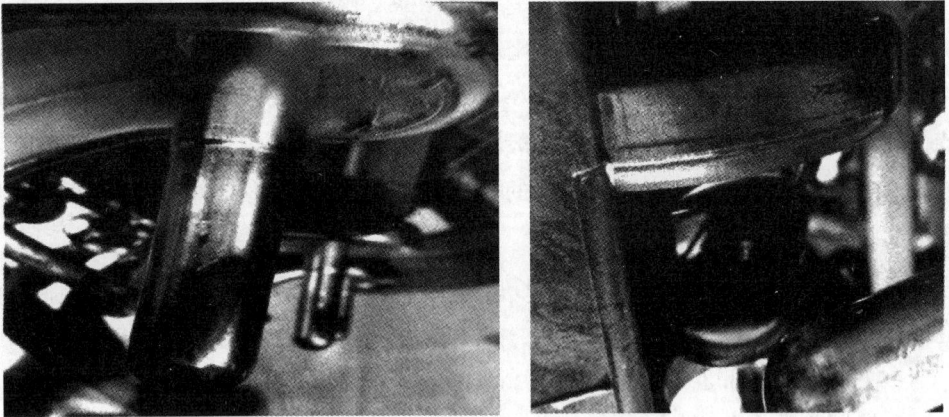

图 6-43　静触头端部放电痕迹

（四）原因分析

对于正反调压有载分接开关，在极性转换触头动作过程中，调压绕组瞬时与主绕组分离，调压绕组会瞬间悬浮，此时在极性触头断口（0→+、0→−）间会产生恢复电压，此恢复电压的大小取决于相邻绕组的电压以及分接绕组与相邻绕组与对地部分之间的耦合电容。当恢复电压超过一定值时，在极性触头断口间可能会引起放电，从而在主变压器本体中产生乙炔气体，如图 6-44 所示。

该变压器自投运至 2017 年 12 月之前一直在 9 挡以下运行，极性开关没有动作过，因此不会有放电及乙炔现象发生，7 月 20～27 日曾经到过 10 挡，8～10 月一直在6～8 挡，12 月 13～23 日最高也到过 10 挡。极性触头的烧损点在端部位置而非正常接触位置的现象，可以确定本次故障原因就是极性开关触头动作时因恢复电压过高引起的。

对于 CM 型开关用于 110kV 等级变压器，按照经验公式计算，一般恢复电压不会超过允许值，因而不需要加装电位电阻来降低此恢复电压。但有极个别的情况，恢复电压可能会高于允许值，需要加装电位电阻进行限制。

大修中发现的其他问题：①铁心接地片松动，检修人员稍微用力就能将铁心接地片拨出，如果不能保证铁心一点可靠接地，会造成悬浮电位放电。②有载分接开关在线滤油机流速为 12L/min，大于在线滤油机要求的 10L/min，存在有载分接开关重瓦斯误动作的可能。③变压器有载分接开关至气体继电器的主连管有两个直角弯，减缓有载分接开关油流的速度，当有载分接开关发生故障时，存在不能准确跳开重瓦斯的可能。

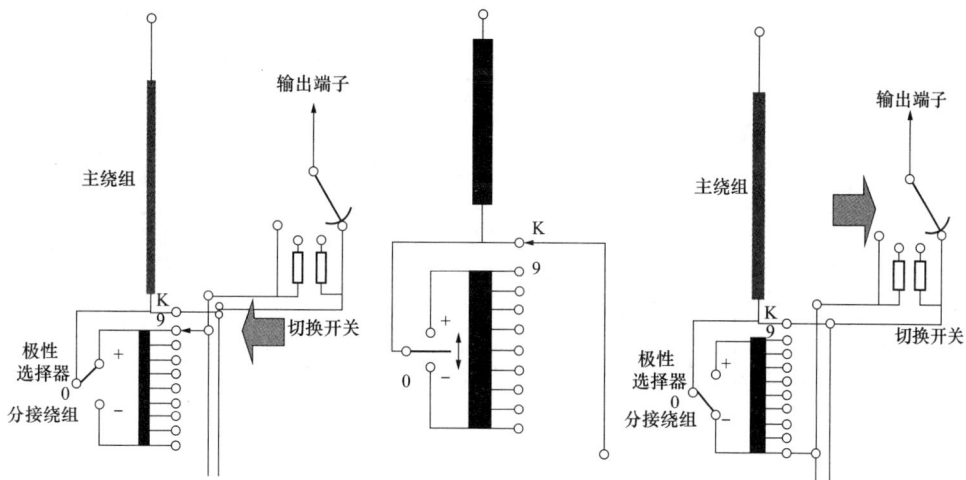

图 6-44　极性转换触头动作示意图

（五）缺陷处置过程

12 月 23 日首先对有载分接开关分接选择器进行了整体更换，新安装的分接选择器所有紧固件紧固良好，连接导线的松紧程度合适，连接"K"端分接引线在"＋""－"位置上与转换选择器的动触头支架的间隙均不小于 10mm，手摇操作分接选择器 $1 \rightarrow n$ 和 $n \rightarrow 1$ 方向分接变换，逐挡检查分接选择器触头分合动作和啮合情况均正常，具体见图 6-45。

图 6-45　更换分接选择器

加装板式电位电阻，使调压绕组始终有一个电位连接进行限制，在检查电阻外表面完好，测量电阻阻值正常后，检修人员从变压器人孔进入，借助中压中性点的立杆对有载分接开关的电位电阻进行固定，经过厂家的计算，先把 3 个 100kΩ 电阻串联连接在每相的 5 分接（当有载分接开关位于调压绕组中间位置 5 分接时，电位电阻两端的电压为零，当位于调压绕组的其他分接时，电位电阻两端会产生级间电压差，为调压绕组相电压的一半），然后再并联接到中性点，如图 6-46 和图 6-47 所示。

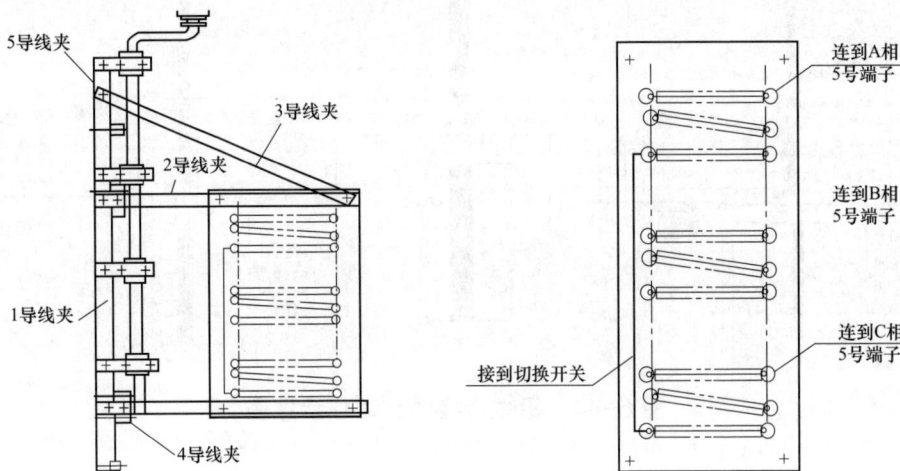

图 6-46　三相五分接示意图

有载分接开关加装电位电阻完毕后，检修人员检查有载分接开关本体指示位置和操作机构以及远方指示位置，三者一致，进行有载分接开关正反圈数的联结校验，然后手摇操作一个循环，检查传动机构动作灵活，电动机构箱中的连锁开关、极限开关、顺序开关均正确动作，电动逐级操作两个循环，检查远方、就地操作，紧急停止按钮与电气限位开关的电气连锁动作均正确。

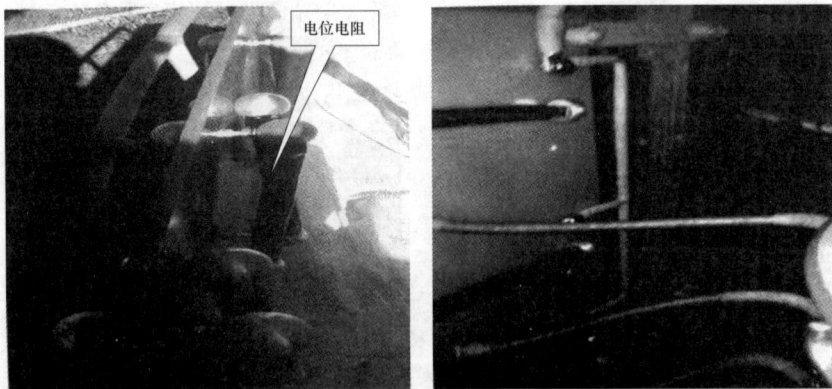

图 6-47　加装电位电阻

检修人员对该主变压器进行滤油和热油循环，热油循环油温控制 50±5℃，热油循环 12h 后，取油样化验，过滤后变压器油以乙炔含量仅为 0.088μL/L，达到要求。之后进行真空注油，按照油温油位曲线调整到合适的油位，注油完毕后整体充分排气，静置 24h 后再次排气。修后试验，绕组连同套管的直流电阻、变比、绕组绝缘电阻和吸收比、介质损耗因数与电容量、分接开关过渡波形、外施耐压、局部放电等试验均满足规程要求，12 月 25 日进行局放试验通过，局放前后跟踪主变压器油色谱试验无异常变化，下午某 110kV 变电站 2 号主变压器投入运行。

（六）总结及后续处理

变电检修室立即对容量为 40000kVA，有载分接开关为该厂生产的 CM Ⅲ–500Y/72.5 B10193W 型开关进行了排查，共 33 台。加强主变压器油化试验，检查开关极性触头是否动作过（即 9 挡到 8 挡，或 9 挡到 10 挡）。

如果极性触头动作过，变压器本体内没有乙炔，说明动作时的恢复电压在正常范围，可继续安全运行；如果极性触头动作过，变压器本体内发现乙炔，则与此情况类似，考虑加装电位电阻解决。

六、有载分接开关调挡异常事件

（一）异常概况

2020 年 3 月 5 日 16 时左右，某 500kV 主变压器运维人员梳理监控后台报文时，发现 3 号主变压器有载分接开关在未接到调挡指令时，挡位从 10 挡调至 6 挡。经现场确认，3 号主变压器实际挡位为 6 挡，监控后台与现场相符。

（二）设备信息

异常设备信息如下：
（1）主变压器型号：ODFPSZ–250000/500；
（2）分接开关投运日期：2002 年 1 月。

（三）现场检查情况

1. 监控系统及控制屏检查情况

监控后台报文信息显示，3 月 5 日 10 时 8 分至 10 时 19 分，3 号主变压器开始降挡，从 10 挡逐级降至 6 挡，其间后台无其他告警信息。监控后台画面显示 3 号主变压器显示挡位为 6 挡。

查阅 3 号主变压器测控装置报文，在该时间段内无遥控出口记录。检查直流系统无接地告警等异常信息，异常时段现场无工作。

检查 3 号主变压器有载分接开关控制屏，有载分接开关按要求切在"独立""RDC"（远方）、"手动"位置。

2. 一次设备检查情况

现场检查 3 号主变压器有载分接开关电动机构箱，远方 / 就地切换把手切在"远方"位置，机构电机电源和控制电源空气开关处于合位，挡位指针指在 6 挡位置。箱体内加热器投入，无明显异常声响和其他异常现象。主变压器本体特巡情况均正常。

3. 二次回路检查情况

（1）检查主变压器机构箱控制回路绝缘情况，控制回路对地绝缘为 200M，绝缘正常。

（2）对升降挡继电器动作功率进行检查，发现继电器动作功率均不足 0.3W，试验数据见表 6-18。

表 6-18 继电器功率试验数据

继电器名称	动作电压（V）	动作电流（A）	动作功率（W）
升挡继电器 1	55	0.006	0.33
升挡继电器 2	56	0.006	0.336
降挡继电器 1	56	0.006	0.336
降挡继电器 2	55	0.006	0.33

进一步检查发现升挡继电器 1 上的正电源 10 端子与降挡回路 11 端子间距过近，且端子间存在明显灰尘，如图 6-48 所示。

图 6-48 继电器接线端子图

（四）原因分析

（1）3号主变压器测控装置无遥控出口记录，排除后台与测控误调节的可能。

（2）监控系统未报站内直流接地告警等异常信息，排除直流接地及交流电源窜入直流电源的可能。

（3）初步怀疑升挡继电器上的10与11端子接线之间距离较近，在外部潮湿环境影响下，10与11节点偶发短时接通，同时降挡继电器动作功率不足0.3W，使得降挡继电器动作后驱动3号主变压器三相有载调压同时降挡。

（五）总结及后续处理

（1）针对公司管辖范围内主变压器，下发220kV及以上主变压器调压机构状态管控要求的通知，主变压器正常运行时将有载调压机构和具备电动功能的无载调压机构电动机电源拉开，从技术层面做好调压机构误动作的措施。

（2）统计分析31组主变压器有载分接开关上送后台和调度的监视信息，研究有载分接开关后台监控策略，提升集控端监视手段，确保设备监控无死角。

（3）进一步细化和完善有载分接开关等附属部件的检修方案和作业指导书，提升设备检修深度和广度，确保设备应修必修，修必修好。

第七章

油箱、油枕结构及典型缺陷分析

第一节 变压器油箱

油浸式变压器的油箱是保护变压器器身的外壳和盛油的容器，又是装配变压器外部结构件的骨架，同时通过变压器油将器身损耗所产生的热量以对流和辐射方式散至大气中。

作为盛油容器（不是静止的冷油，而是运动中的热油），油箱理所当然应该密封不漏油不渗油，它包括两方面的含义：①所有钢板材料和所有焊线均不得渗漏，这决定于钢板材质、焊接工艺规范和焊接结构设计；②机械连接的密封处不得漏油，这决定于密封材料的性能和密封结构的合理性。

作为外壳和骨架，油箱应具备一定的机械强度，主要包括五方面内容：①承受变压器器身和油的重量以及总体的起吊重量；②承载变压器所有附件（如套管、储油柜、散热器或冷却器等）；③在运输中承受冲击加速度的作用和运行条件下地震力或风力载荷的作用；④对大型变压器而言，器身在油箱内要真空注油，或在安装现场修理时，要利用油箱对器身进行干燥处理，这都要求油箱能承受抽真空时大气压力的作用；⑤除承受内部油压的作用外，还要保证在变压器内部事故时油箱不得爆裂。

作为散热部件，油箱结构形式随变压器容量的增大而有所改变。小型变压器的发热量较少，仅靠油箱表面散热即可满足变压器规定温升的要求。容量增大后，由于电磁损耗与容量的 3/4 次方成正比，而外表面积的增加却与容量的 1/2 次方成正比，即损耗的增加速度超过了油箱自然冷却表面积的增加速度。换言之，要使大容量变压器和小容量变压器具有同一水平的绕组温升和油温升，必须在结构上采取措施来增大油箱散热面积（如增加散热扁管或将箱壁做成瓦楞状等）。变压器容量再增大时，必须加装专用的外部连接的散热器或冷却器，并增设吹风装置和加速油流循环散热的冷却油泵，同时油箱结构也要适于导向冷却的要求。

193

一、按冷却方式分类

（一）平壁油箱

当变压器容量较小时，其油箱壁直接用钢板焊接而成，即可以满足散热的要求。

（二）瓦楞形（波纹式）箱壁油箱

瓦楞形（波纹式）油箱的外形结构简图如图 7-1 所示，它用于中小型变压器，其截面多为矩形或椭圆形，套管一般安装在油箱盖上（也可在箱壁侧面上安装低压套管，但这要牺牲一部分瓦楞散热面积）。瓦楞形油箱壁用薄钢板压制而成，箱壁本身具有较高的机械强度和弹性变形能力，因此，不必要在油箱盖上再安装储油柜（俗称油枕），由温度变化所引起的变压器油体积的胀缩可以通过油箱壁上瓦楞的变形进行补偿。

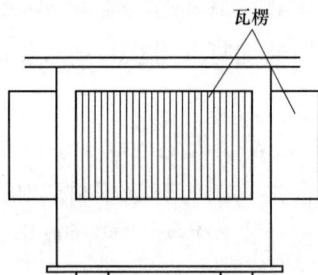

图 7-1　瓦楞形（波纹式）油箱的外形结构简图

（三）管式（散热器）变压器油箱

管式变压器油箱的外形结构简图如图 7-2 所示，它是由于在变压器油箱平壁上加焊上下连通的弯管而得名。这些弯管的作用是增加变压器的散热面积。为保证在相同散热面积的情况下减少变压器油的使用量，弯管的截面多采用"扁管"（为适应压弯的需要，截面为不对称的椭圆）。随着变压器容量的增加，需要布置多层扁管散热，但扁管的层数不能超过三排，以免内层排管的散热效果受到太大的影响。

当变压器油箱壁表面容纳不下更多数量的弯管时，就需要做成单独的管式散热器，再通过连接法兰将其连接到变压器油箱壁上，其外形结构简图如图 7-3 所示。

管式变压器油箱没有自行补偿变压器油随温度变化而胀缩的功能，因此，当变压器的用油量超过一定限值时，就必须在变压器上安装储油柜。

（四）片式（散热器）变压器油箱

片式变压器油箱的外形结构简图如图 7-4 所示，它利用散热片来增加变压器的传热面积，其外形美观，是一种新式变压器油箱结构。该种油箱先将散热片焊接在圆管上，再将圆管焊接在变压器油箱壁上，保证散热片内部空腔中的油与变压器油箱中的油相通，可适用于较大容量范围的变压器。当变压器容量达到800kVA及以上时，应安装压力释放装置，并在油箱通往储油柜的管路上安装气体继电器。也有制造厂家在较小容量的变压器上采用面积较大的散热片，其作用一方面是满足散热的要求；另一方面是利用较大的散热片组来补偿变压器油随温度变化所产生的胀缩。

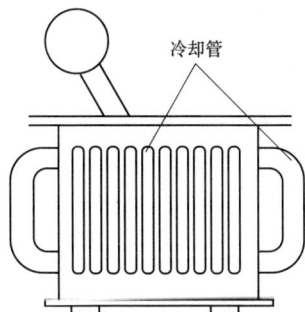

图 7-2　管式变压器油箱的外形
结构简图

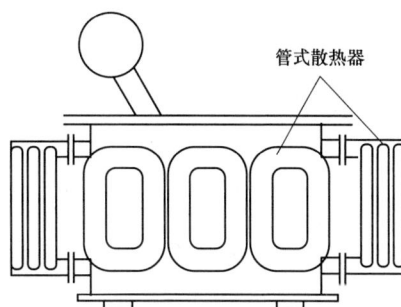

图 7-3　带管式散热器的变压器
油箱外形结构简图

随着变压器容量的增大，将散热片通过圆管直接焊接在变压器油箱壁上的做法已满足不了散热的要求，在此情况下，可将多片散热片焊接在一起而形成所谓的片式散热器，将多组这样的散热器通过连接法兰连接到油箱壁上，带片式散热器的变压器油箱外形结构简图如图7-5所示。该种变压器油箱通过在片式散热器的底部或侧面安装吹风装置来提高散热效率，适用的变压器容量范围可达到240MVA。与一般冷却器相比较的另一个优点是，在吹风装置发生故障的情况下，仍然可以带一定的负载（例如60%）运行，被广泛应用于城网低噪声变压器上。

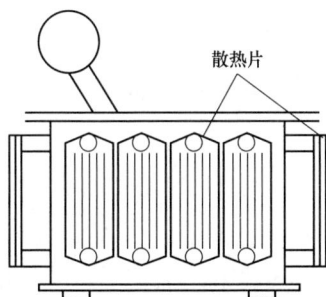

图 7-4　片式变压器油箱的外形
结构简图

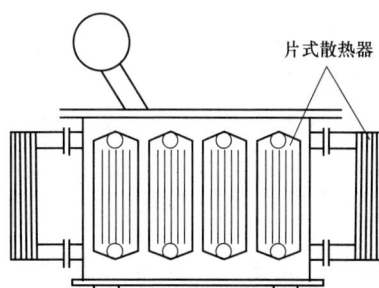

图 7-5　带片式散热器的变压器油箱外
形结构简图

（五）冷却器式油箱

对于巨型变压器油箱，单靠在油箱壁上加挂带吹风装置的片式散热器已不能满足散热性能的要求，必须在油箱壁上安置高效风冷却器，同时借助于潜油泵来加速油的流动，带走变压器损耗所产生的热量。带风冷却器的变压器油箱外形结构简图如图 7-6 所示。

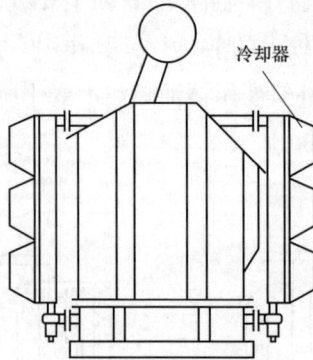

图 7-6　带风冷却器的变压器油箱外形结构简图

二、按油箱外形进行分类

（一）单相圆筒形油箱

单相圆筒形油箱的箱盖和箱底采用较薄的钢板拉伸成形，重量轻而力学性能好，为美国标准中的一种典型结构，多用于柱上式配电变压器。该种变压器的高压套管一般在箱盖上引出，低压套管多在箱壁侧面上安装。为适应柱上安装的需要，油箱壁上一般焊有标准形状的安装"挂钩"。

（二）筒式油箱

筒式油箱顾名思义其下部油箱主体为长方形或椭圆形油筒结构，顶部多为平顶箱盖，箱盖和油箱主体通过箱沿用螺栓连接合成整体（利用耐油橡胶条进行密封）。该种油箱适用于容量较小的变压器，大容量变压器由于变压器器身置于油箱筒内，受起吊设备能力的限制，在运行现场很难进行变压器器身检修。

（三）钟罩式油箱结构

钟罩式油箱是大型变压器最常用的一种结构形式，其油箱分上、下两节构成，当将上节油箱（俗称钟罩）吊开之后，变压器器身的绝大部分将暴露出来，这给现场检修带来了极大方便。

传统钟罩式油箱的截面多为椭圆形，其特点是制造工艺简单，而且油箱进行真空强度和正压试验时的力学性能较好。随着变压器油箱制造工艺的改进，特别是大型折板设备的应用，同时也是变压器外观质量的要求，目前的钟罩式油箱截面多采用八角形或矩形截面结构。

钟罩式油箱的顶部也有不同的形式，当变压器容量较小时，一般采用"平顶"油箱。所谓平顶，只是一种说法，实际中考虑箱顶在真空强度和正压试验时的机械强度要求，同时也是"内不聚气、外不存水"的需要，油箱顶盖多折出槽形或是"中脊"。

当变压器容量较大时，平顶钟罩满足不了运输界限的要求，必须将箱顶做成梯形或拱形，但后者的圆弧面由于不利于操作人员在其上面进行装配和检修，因而不为维护运行人员所欢迎。

（四）钳式列车运输油箱和抬轿式列车运输油箱

对于特大型变压器，受铁路运输条件的限制，必须将其油箱做成适宜钳式列车运输或抬轿式列车运输的结构。钳式列车运输油箱在挂入钳式列车后，油箱本身被视作一节列车，其长轴两端的专用吊攀承受变压器重力和列车牵引力的作用，因此，要求钳式列车运输油箱具有很高的机械强度。抬轿式列车运输油箱是将固定在列车上的两件横梁与焊于油箱上的支架相连接，从而将变压器抬离轨面进行运输。钳式列车运输油箱和抬轿式列车运输油箱的外形结构简图分别如图 7-7 和图 7-8 所示。

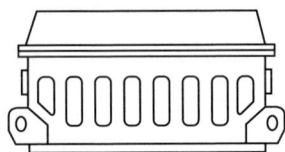

图 7-7　钳式列车运输油箱外形结构简图　　图 7-8　抬轿式列车运输油箱外形结构简图

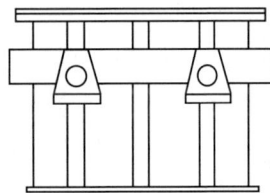

除了上述这些常见的油箱类型外，还有一些特殊的油箱结构，如壳式变压器油箱分为上、中、下三节；对于大型电力变压器，由于其低压绕组引出端的许多个通水冷却铜排一般都由油箱侧壁引出，这要求在侧壁上开很大的窗口；高压电缆出线或与 SF_6 组合电器相接的变压器结构要适于油 – 油套管或油 –SF_6 套管引出；单相运输的组合式三相变压器结构要适于在安装现场进行三相组合的需要；安装于列车上的移动式变压器（列车变电站用），其油箱结构要与列车的形状和尺寸相适应等。

三、常用油箱的结构

（一）中小型变压器油箱

1. 管式油箱

管式油箱是中小型变压器采用的一种老结构形式，已逐渐被瓦楞箱壁油箱所代替，但这种油箱由于制造简单，传热性能也较好，目前仍不失为一种广泛应用的典型结构

（小型配电变压器尤为如此）。早期曾用圆管作为散热管，但因其用油量大，现在都已被扁管所代替。扁管的截面是一个不对称的椭圆，以适应压弯加工的需要。扁管压弯时将截面上半径大的一侧靠近弯管模（或冲头），半径小的一侧处在弯管的外侧，这样的截面形状在压弯时（尤其是采用冲床压弯时），管壁的宽面上不容易产生皱褶。

弯管经过单管试漏后，即可以往油箱壁上焊接。箱壁上用于与弯管焊接的管孔由自动送料的冲床冲出，每排内各管之间的距离和不同管排间的距离均为标准尺寸。冲孔的形状与弯管的截面形状相吻合（仅留有极小的对撞间隙）。对装时管端伸出箱壁约 1.5mm（相当于管的壁厚），由箱壁内侧焊接后，即可形成略高出箱壁内表面的平滑焊线。

管式油箱的箱沿结构简图如图 7-9 所示。图 7-9（a）结构最为简单，由箱壁折边直接形成箱沿主体，并在四个角各补焊一小块钢板形成整体箱沿，多用于容量很小的矩形截面油箱。这种结构须采用较宽的带孔密封胶条，以避免压紧密封垫时胶垫向油箱内侧滑动。由于箱壁折边形成的箱沿机械强度较弱，不能承受大的夹紧力，因此，在使用中受到了一定限制。图 7-9（b）是利用箱壁伸出少许，加焊扁钢形成的箱沿结构。图 7-9（c）与图 7-9（b）结构相似，只是用角钢代替扁钢形成箱沿。图 7-9（d）与图 7-9（c）的区别是箱壁低于角钢平面少许，以便内侧焊接，并在箱沿内侧加焊圆钢护框对胶条进行限位。图 7-9（b）、图 7-9（c）与图 7-9（d）都是中小型变压器油箱常用的箱沿结构，并且可用于防止不带孔的密封胶条压紧时向油箱内侧滑动。图 7-9（e）是一种箱沿上无孔的结构，它与图 7-9（b）结构相似，只是箱沿平面的宽度较小，其外侧增加了一个用圆钢制作的框圈，如图所示沿箱沿外周用螺栓及上、下两个压板将箱盖压紧实现密封。这种结构适于大量生产，可以节省大量钻孔工时，而且不必担心因孔距问题影响箱盖的互换。

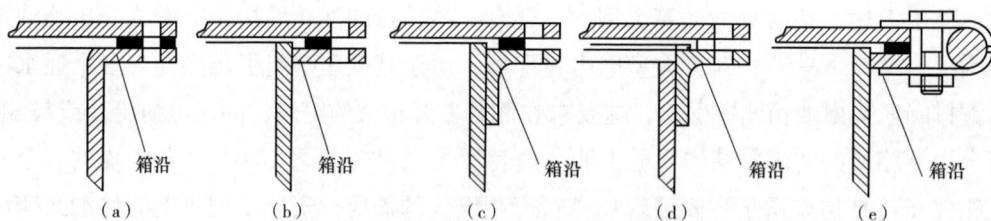

图 7-9 管式油箱的箱沿结构简图
（a）箱壁折边箱沿；（b）扁钢箱沿结构；（c）角钢箱沿结构；
（d）带圆钢护框箱沿；（e）无孔箱沿结构

管式油箱吊攀结构简图如图 7-10 所示。图 7-10（a）是除柱上式以外的小型变压器常用的吊攀结构，它用厚度为 4～6mm 的钢板冲压成形并去除毛刺即可，不必再经过机械加工，结构简单也较实用。图 7-10（b）吊攀结构可用于承受较大的重量，它由钢板切割而成，且与起吊用钢丝绳接触的表面加工成圆弧形。

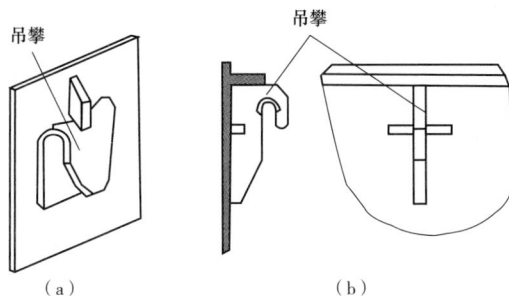

图 7-10　管式油箱吊攀结构简图

（a）冲压成型吊攀结构；（b）普通钢板吊攀结构

2. 片式散热器油箱

片式散热器油箱在本体结构上与管式油箱没有什么区别，只是不必在箱壁上开许多焊接弯管的椭圆孔。就每组片式散热器来说，只有上、下两个集油管与油箱连通（可以固定焊死，也可以通过法兰连接做成可拆卸式结构）。散热片一般用薄钢板轧制而成，每个单片尺寸都一样，每两个单片合成为一只散热片。片宽一般有 310、460、530mm 三种规格，片间距为 45mm，上、下两根集油管多使用 ϕ80 焊接钢管，其中心距范围为 1600～3200mm（每间隔 200mm 一挡）的标准尺寸，以适应不同的油箱高度。每组散热器根据散热容量的要求，可以由不同数量的散热片组成。在集油管上开有与散热片端部外形相吻合的长槽口，散热片与集油管之间采用专用自动焊机从外侧焊接，然后再将焊好的、带散热片的集油管像管式油箱的弯管一样与箱壁焊牢（或焊上连接法兰）。在可拆卸片式散热器的上部集油管上焊有排气塞和吊攀，下部集油管上焊有放油塞。当变压器需要吹风冷却时，下部集油管上还要焊有固定吹风装置的支板。

为了减少片式散热器的振动，降低噪声和防止漏油，同一台变压器各组片式散热器之间应该用钢板互相连接起来。

片式散热器从单位面积散热量来说略低于管式散热器，但由于片式散热器采用薄钢板成形，重量上在同等散热能力时，比管式散热器轻得多；从制造的角度来看，如采用适合的专用焊接机组和成形机组形成机械化流水作业，片式散热器比管式散热器更具优越性，而且前者也更符合大多数人的审美观。

3. 瓦楞箱壁油箱（也称波纹式油箱）

瓦楞箱壁油箱出现之前，在小型变压器上曾有过在箱壁上焊上若干条"肋板"，以增加油箱的表面积，从而改善散热性能。但由于这种肋板不与变压器油直接相接触，只靠箱壁热传导散热，故而散热效率提高有限，对容量稍大一些的变压器就无济于事了。瓦楞箱壁油箱实际是利用箱壁本身材料弯折而成的"空心筋板"，瓦楞内侧充油，与油箱内部的油连成一体，实实在在地增加了油箱的散热面积，从而大大地改善了变压器的冷却性能。同时，利用瓦楞箱壁具有较大弹性变形的能力而弥补了变压器油的

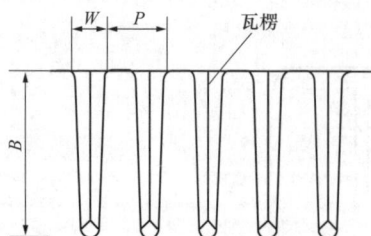

图 7-11　瓦楞箱壁的形状

热胀冷缩，可以省去储油柜而做成所谓全密闭变压器。瓦楞箱壁的形状如图 7-11 所示，瓦楞厚度 W 和瓦楞节距 P 都是标准尺寸，它们与瓦楞宽度 B 组合成若干标准尺寸系列，以此为前提，用专用设备连续压制而成，而且可以留出不压瓦楞的空当，以备在该处压弯或滚圆形成要求的箱壁截面形状，也可以用两片或四片对接合成一个箱壁。箱壁成形以后，再与事先准备好的箱底和箱沿对焊而形成完整的油箱。

瓦楞高度较大时，为防止内部油膨胀时瓦楞箱壁的变形过大，在瓦楞压制的同时压出几个凸台，然后用特制的点焊机将凸台处点焊。为保证油箱强度，与瓦楞相接的箱沿部分或箱底部分仍有一段短的平壁，这段短壁的厚度通常比压制瓦楞的钢板要厚一些，以便在其上焊接吊攀或其他附件。小型瓦楞油箱通常不用螺栓来密封箱盖，它的箱盖一般做成弯边防滴式，并用冲压成型的压块通过焊在箱壁上的吊攀将箱盖进行压紧密封，如图 7-12 所示。这种压块和吊攀相结合的结构也常用于单相圆筒式变压器油箱，对容量较大的变压器，无论是管式或瓦楞箱壁油箱，通常都采用图 7-10（b）所示的吊攀结构。

当瓦楞宽度 B 较大，且长度又较长（油箱较高）时，应该沿瓦楞边缘（外围）用扁钢将各瓦楞连接起来，以增加其整体刚性，使其在运输和变压器运行中不致产生较大的振动和噪声。

瓦楞箱壁油箱变压器如图 7-13 所示。

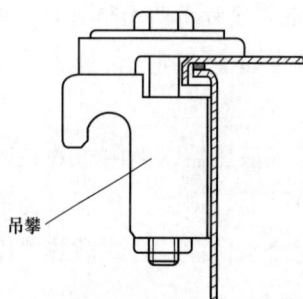

图 7-12　小型瓦楞油箱密封结构　　图 7-13　瓦楞箱壁油箱变压器

（二）大型变压器油箱

大型变压器油箱的容积很大，在箱底上要放置几十吨，甚至上百吨重的器身，连同变压器油及其油箱本身和相应附件的重量有时可达数百吨。在运输中，油箱就是变压器的"包装箱"。高电压大容量变压器要求真空注油，在安装现场检修中，又要求利用油箱本身作为密封耐压容器进行器身的真空干燥处理。因此，对大型变压器油箱的机械强度有很严格的要求。

油箱的力学性能，除了考虑在各种受力条件下的机械强度外，还必须充分考虑到在真空压力作用下，油箱作为"薄壳"结构的稳定性问题。

1. 大型变压器油箱的常用结构

（1）变压器油箱常用纵剖面结构如图7-14所示。图7-14（a）为最简单的一种，称为筒式油箱。老结构中箱壁由横竖型钢或用厚钢板弯折而成的槽型加强铁进行加强，对矩形截面的油箱，常将其横向布置的加强铁沿箱壁四周形成封闭加强环（俗称"腰梁"）。新结构一般取消了腰梁，仅用竖直槽型加强铁对箱壁进行加强。箱底一般在外部用槽钢进行网格状加强，同时在槽钢上焊接小车或支架固定板（如果有的话）。箱盖常采用较厚的钢板，借助套管法兰、升高座等进行加强，并根据需要可能布置专用加强铁。筒式油箱的高度受运输尺寸限制时，可做成两节油箱，如图7-14（b）所示，在运输时，可拆掉上节油箱，用与运输界限形状相吻合的临时梯形箱盖对器身进行密封，以满足运输的需要。筒式油箱制造方便，节省材料，力学性能也较好；但当检修或检查变压器器身时，必须用较大的起重设备将器身吊出油箱之外，为此在安装工地需要有较高的检修车间，并装有起重能力很大的起重机，这会增加不少投资。因此，当变压器容量增大到一定限度时，运行部门就不希望再用这种筒式油箱，而要求采用钟罩式油箱。

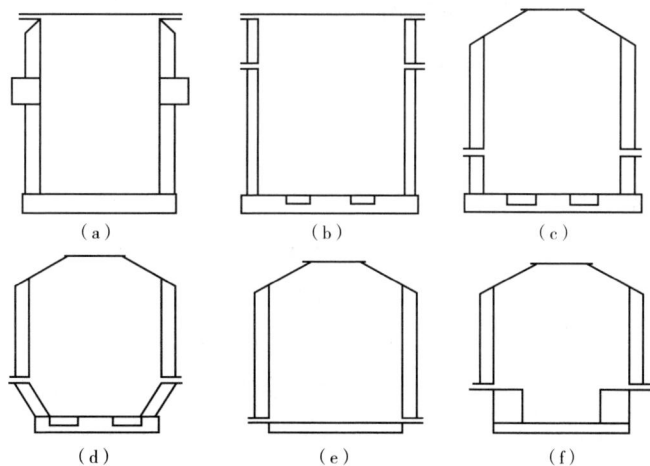

图7-14 大型变压器油箱常用纵剖面结构

（a）筒式油箱；（b）双节筒式油箱；（c）一般钟罩式油箱；（d）盆底钟罩式油箱；
（e）平底钟罩式油箱；（f）槽底钟罩式油箱

钟罩式油箱的典型结构如图7-14（c）所示，为适应运输界限的要求，油箱顶部分成三部分（顶盖、高压侧盖、低压侧盖），呈"屋脊"形。下节油箱高度较小，只包含铁心下铁轭的一部分。在揭去钟罩后，绕组和引线部分可以完全外露，这取消了对运行地点具备重型起重设备的要求。当油箱太宽而受铁路运输条件的限制时，其箱底还需内收而做成如图 7-14（d）所示的"盆状"结构。箱底一般在外部用槽钢进行网格状加强，同时在槽钢上焊接小车或支架固定板（如果有的话），并用厚钢板将小车底板垫平，以利于变压器本体的棍杠运输。当变压器的高度尺寸太大时，可以将箱底外部的槽钢加强铁去掉，改在油箱内部用 T 形加强铁进行加强，同时 T 形加强铁之间的空间可作为强油冷却的导油通路。

图 7-14（e）结构为无下节油箱的钟罩式油箱，上节油箱（钟罩）直接与箱底用螺栓连接密封。其优点是除去钟罩后，器身完全暴露出来，这对老铁心结构中铁轭穿心螺杆的检修是非常必要的。目前，由于铁心普遍采用无孔绑扎结构，其下铁轭需要检修的部位是很少的，平底油箱已失去了存在的必要。此外，平底油箱不仅刚度差，而且当除去钟罩后残存的变压器油将从四周流出，造成油的损失和环境污染。目前这种结构已基本不用。

图 7-14（f）是所谓的"槽形箱底"钟罩式油箱，而且有时可以利用槽形箱底的侧壁紧固下铁轭（下铁轭只带有一对简单的平板夹件）。铁心起立后，先装入槽形箱底，然后再套装绕组，绕组就支撑在槽形箱底的平板上。这种结构很紧凑，绕组的下部支撑牢固（从而有利于提高其抗短路电动力冲击的能力），而且可以省掉一些结构件，以减少变压器油的用量，从而减轻变压器的总重量。但绕组端部坐落在大面积的钢板上，会导致端部漏磁场引起的杂散损耗的增大（甚至引起局部过热）。此外，在操作过电压的作用下，还会使端部钢板"充磁"。

（2）大型变压器油箱常用横剖面结构如图 7-15 所示。图 7-15（a）是最常用的扁圆形截面油箱，可用于单相双铁心柱的变压器或三相三铁心柱的变压器；图 7-15（b）、（c）、（d）都是单相三柱、单相四柱、三相三柱、三相五柱铁心常用的油箱结构，其中图 7-15（b）是老产品常用的圆角矩形截面油箱，其四角圆弧在滚圆机上滚圆而成。为与特定的滚圆设备相配套，圆弧半径一般取几档确定的系列值。随大型折板设备在油箱制造中的应用，图 7-15（b）结构已不多见，取而代之的是图 7-15（c）所示的所谓八角截面油箱结构和图 7-15（d）所示的矩形截面油箱结构。八角截面油箱的八角由折板机弯折成形，其箱壁拼缝为对接；矩形截面油箱的箱壁由四块边壁拼接而成，焊缝为角接。从制造工艺的角度来看，矩形截面油箱更具优势，但八角截面油箱可以少用一些变压器油。图 7-15（e）是老产品常用的不对称扁圆截面"适形"油箱，可用于单相或三相变压器，其较小的一端作为高压引线或有载分接开关安装之用。对三相自耦有载调压电力变压器，由于结构上需要三个独立安装的单相开关，因而其油箱横截面常作成图 7-15（f）所示的一端放大截面油箱结构，此时为使油箱顶部不致超界，其开关侧的平顶部分必须降低高度。图 7-15（g）为三相变压器用的三相"适形"圆弧截面油箱结构，其适形的一侧一般是高压侧，油箱凸出的部分用于高压引线的引出。随油箱加工设备的改进，这种结构在新产品中已不多见，代之的是图 7-15（h）所示的三相"适形"折边油箱结构。图 7-15（i）和（j）为单相变压器的"适形"油箱。对特大型变压器，"适形"油箱结构可能满足不了运输界限的要求，这就需要将其高压引线部分安装在一个可以拆卸运输的单独油箱内，从而有图 7-15（k）所示的三相可卸式引线油箱结构。

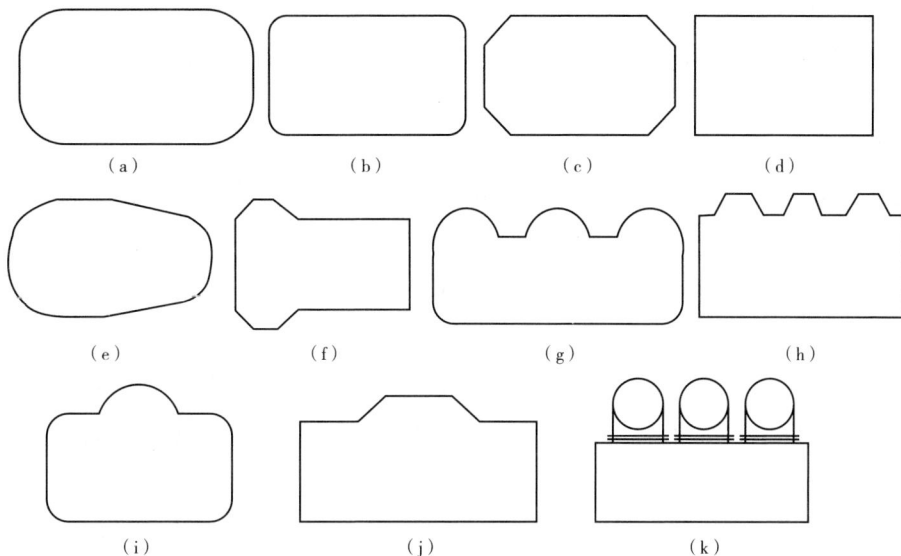

图 7-15　大型变压器油箱常用横剖面结构

（a）扁圆形截面油箱结构；（b）圆角矩形截面油箱结构；（c）八角截面油箱结构；（d）矩形截面油箱结构；（e）不对称扁圆截面油箱结构；（f）一端放大截面油箱结构；（g）三相"适形"圆弧截面油箱结构；（h）三相"适形"折边油箱结构；（i）单相"适形"圆弧油箱结构；（j）单相"适形"折边油箱结构；（k）三相可卸式引线油箱结构

2. 壳式变压器油箱

壳式变压器也称外铁式变压器，其绕组线饼套在水平放置的铁心柱上。这种结构油箱紧靠铁心，结构十分紧凑，又由于各线饼竖直放置，使得变压器绕组可以得到有效的冷却。此外，又因为绕组利用油箱和铁心（铁心再通过油箱）有效楔紧，故而具有很高的抗短路电动力冲击的能力。

由壳式变压器结构所决定，其油箱结构与一般的心式变压器有很大的区别。壳式变压器油箱分为上、中、下三节，下节油箱承受器身重量，将变压器铁心水平放置在下节油箱的箱沿上；中节油箱上半部分内部四周焊有水平槽梁用于压紧铁轭和撑紧绕组，整个器身完全处于中、下节油箱内。上节油箱与中节油箱通过箱沿连接用于装配内部引线和外部套管等附件。中节油箱高度尺寸要有较高的精度要求，它既要保证铁轭的可靠压紧，又要保证其与下节油箱箱沿处的可靠密封。

壳式变压器结构简图如图 7-16 所示。

3.巨型变压器运输油箱

巨型变压器运输油箱有钳夹式和抬轿式两种形式，其外如图 7-7 和 7-8 所示，两种油箱运输时都不是像普通变压器那样放在运输车的平台上。钳夹式油箱是将变压器通过两端的吊攀挂在列车带换向器轮组的"钳臂"上，将变压器本体作为一节"列车"进行运输，因此，要求油箱能承受变压器本体运输重量和列车运输中的一切加速度所产生的冲击力的作用。钳夹式油箱和抬轿式油箱运输时，一般均要求油箱箱底距铁路轨面高度为 200 ~ 250mm，由此可以解决特大型变压器超高不能通过铁路运输外限的问题。

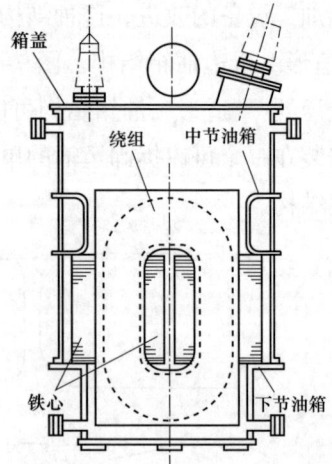

图 7-16　壳式变压器结构简图

为保证油箱在运输过程中的机械强度，两种油箱一般都由槽形钢板拼成的"箱形"梁组成油箱的框架。在钳夹式油箱两端的吊攀区域内采用双层箱壁，以取得加强效果，每个吊攀由两块厚钢板制成，其中心距必须与钳式列车上的挂钩中心距相对应。

当变压器装配完成后，其本体重量很大，为防止吊攀和油箱本体变形，在工厂内部起吊时，必须使用专用吊具。

四、油箱的常见故障

（一）渗漏油

变压器油箱的渗漏油不外乎两个方面：一是密封渗漏；二是焊缝渗漏。

1.密封渗漏

密封渗漏的主要原因在于密封面的结构、密封材料的质量和安装工艺等方面。

密封面的结构形式有多种，其中结构较好是截面为矩形的密封槽和 O 形的密封槽，它们分别采用矩形密封胶条和 O 形密封圈进行密封。其中，O 形密封槽结构的特点是节省密封材料，但它对密封面的光洁度要求高，一般在用于密封部位较小的密封面上。而矩形密封槽结构用于密封部位大且面广的密封面上，它对密封面的光洁度要求不高，只要光滑平整即可，但其密封材料的用量多。矩形密封槽结构要求密封槽的截面应比胶条的截面稍大，密封槽的深度应比胶条的厚度小 30% 左右，也就是胶条的压缩量为胶条厚度的 1/3。这种密封形式的优点：一是密封面与胶条之间是面接触，接触面大，受力均匀密封效果好；二是由于胶垫在槽内，胶垫受压缩 1/3 后，密封的金属面就与密封槽的护框相碰，保证了胶垫的最佳压缩量，使胶垫不会因过分受压而加速老化，可提高胶垫的使用寿命，所以油箱箱沿就是采用这种密封面结构。

变压器密封材料应具有良好的耐油性、抗老化性、较好的机械强度和适当的弹性，同时，还要求不能污染变压器油。变压器油箱上用的密封材料是丁腈橡胶，它的耐温水平为 59 ～ 120℃。在保证密封材料的压缩量的情况下，密封材料的原料配制、生产工艺等决定了密封材料的质量，而密封材料的质量直接的决定了油箱的密封性能的好坏。

有了好的密封面结构和密封材料，若安装工艺不符合质量要求也会造成油箱渗漏油。所以安装时，先应对密封面进行处理，保证各密封面平整、清洁，选择合格的密封胶条，对密封面紧固时要均匀地紧各个螺栓，保证胶垫各处的压缩量都符合要求。其中，"条"形压缩 1/3 左右，"O"形压缩 1/2 左右。对箱沿密封胶垫接头黏合牢固，并放置在油箱法兰直线部位的两螺栓的中间，搭接面平放，搭接面长度不少于胶垫宽度的 2 ～ 3 倍。

2. 焊缝渗漏

油箱由于焊接质量不好，往往会在焊接处存在砂眼或焊接开裂，从而造成变压器渗漏油。

处理这种渗漏油的方法一般是补焊，最好的方法是直接对油箱内外壁的渗漏点进行补焊处理，这样既安全又可靠彻底。但这种补焊方法只能在变压器吊心时进行，变压器不吊心时，也可采用带油补焊。

变压器带油补焊时，严禁使用气焊补焊，而采用电焊补焊的方法。补焊的焊条一般较细，为防止穿透和着火，补焊部位必须在油面 100mm 以下，采用分次焊接。对渗漏油较严重的孔隙带油补焊时，可先用铁屑等堵塞或点铆后再进行补焊。在靠近密封胶垫或其他易损部位附近施焊时，应采取冷却和保护措施。

带油补焊一般均采用负压带油补焊，也就是在关闭储油柜连管上阀门后，排出油箱部分油，对油箱抽一定真空，使油箱内处于负压状况。清除渗漏处的油污，即可进行补焊，补焊完成后，解除真空，用油箱内的油压检查焊接质量。对冷却器或散热器也可采用负压补焊，方法是关闭它们与油箱连接的阀门，使冷却器或散热器处于负压状态并进行补焊。负压补焊的优点是焊接时熔化的铁水因负压而向孔隙的内部注入，因而补焊质量较好，但补焊时产生的高温使油箱内的变压器油分解出高温过热的特征气体，会干扰色谱分析的结果。另外，带电补焊时应有防火的措施。

如果渗漏的位置补焊困难或者铸件上有砂眼，可采用优质的快干堵漏胶进行粘堵，也能取得较好的效果。

另外，特别要注意变压器油面以上处的密封不良，如电容式套管头部、储油柜上部等，由于此处密封不良不会有渗漏油，还只是进水，且平时运行维护时不易发现，可能会造成变压器的严重故障，所以，在安装和检修时，要重视这些部位的密封情况。

变压器除了向外界渗漏油外，高压电容式套管中的油或有载分接开关油室内的油也有可能向变压器本体渗漏，这种渗漏由于发生在变压器内部也称为内渗漏。会造成高压电容式套管缺油，或有载的污油污染本体清洁的变压器油并造成色谱分析误判断。

（二）油箱漏磁发热

大型变压器靠近大电流引线和绕组的油箱部位，受到引线漏磁场和绕组漏磁场的作用，产生漏磁发热，使油箱壁的局部位置或箱沿螺栓上产生过热。另外，漏磁通经油箱从上节油箱传至下节油箱，在上、下节油箱之间会产生微小的电位差，如果上、下节油箱接触不良，甚至会在箱沿附近产生放电现象。

漏磁发热处理是在油箱内侧采用磁屏蔽的方法，即在保证绝缘距离的前提下，在油箱内侧高漏磁（局部过热）处加装用硅钢片加工成的磁屏蔽，使漏磁经磁屏蔽闭合，从而减少漏磁产生的涡流发热。箱沿放电现象的处理是让上、下节油箱接触良好，也可用短接铜片连接与上、下节油箱的法兰之间，使上、下节油箱可靠地连接在一起，避免它们之间产生电位差。在大电流出线套管附近的箱盖部分加装隔磁带。

第二节　变压器储油柜

油浸式变压器的器身需要浸在变压器油中，保证变压器的绝缘强度，传出变压器运行时器身所产生的热量，减缓绝缘的老化。由于变压器运行时，散出器身产生的热量需要温度梯度，所以运行时变压器油的温度要比环境温度高，并且由于环境温度变化和变压器负载的变化，变压器油的温度是在一定范围内变化的，而当变压器油温度变化时，变压器油的体积也发生变化。储油柜就是满足变压器油体积变化，补偿这部分热胀冷缩的体积的装置。储油柜又称油枕，安装在变压器油箱上部，用弯管与变压器油箱连通。储油柜的容积一般为变压器油量的 8% ～ 10%，应能满足在最高环境温度、满负载运行时油不溢出；在最低环境温度变压器停止运行时储油柜内应有一定的油量。此外储油柜的作用还可限制变压器油与空气的接触面，减少油受潮和氧化的程度；运行中通过储油柜对变压器进行补油，能防止气泡进入变压器内。

一、储油柜的结构与分类

目前，储油柜有两类基本形式。一种是普通型储油柜（敞开式），储油柜中的油面直接与空气相接触。另一种是密封式储油柜，它们是在储油柜中加装了防止油老化装置，根据其不同的结构有胶囊式储油柜、隔膜式储油柜及金属膨胀器式储油柜。

（一）普通式储油柜

普通式储油柜是用一个圆桶形金属容器制成的。在储油柜的顶部有两个孔，一种用于储油柜注油的孔，平时用塞子密封；另一种孔是与吸湿器相连。储油柜的底部开孔后焊上与变压器本体相连的连管，连管进入储油柜内的部分高出储油柜底面 2～3cm，用于挡住储油柜底部的水分和污油进入变压器本体内，储油柜的底部还有一个用于排污油的排油螺钉；储油柜侧端面上装有油位计指示油位的高低。储油柜中不加装任何防止油老化装置，油面通过吸湿器而与大气接触，存在着变压器油氧化和受潮的问题。所以一般只在小型变压器上使用。

（二）胶囊式储油柜

胶囊式储油柜内装设一个胶囊，胶囊内部通过吸湿器与大气相通，胶囊外表面与油和储油柜内壁接触，如图 7-17 所示。变压器运行时，变压器内的油位因温度上升时，储油柜内的油面上升，挤压胶囊，使胶囊中的空气排出一部分。当温度降低时，储油柜内油量减少，在大气压力作用下，胶囊的体积增大。储油柜的呼吸是通过胶囊进行的，油与空气完全隔离，大大降低了变压器油的氧化速度和受潮程度，起到保护变压器油的作用。这种储油柜外观上的特点是密封面处于储油柜的侧面。

为了防止阳光对变压器油的劣化作用，胶囊式储油柜可采用带小胶囊的油位计和磁力式油位计。带小胶囊的油位计是用小胶囊将储油柜内的油与油位计中的油隔开，其中小胶囊中的油与油位计相通，仅供指示油位作用，虽然油位计中的油劣化，但不污染储油柜中的油。胶囊式储油柜还可采用磁力式油位计，它是利用储油柜中磁力式油位计的浮球随油位上下位移，带动磁力式油位计指针的偏转。

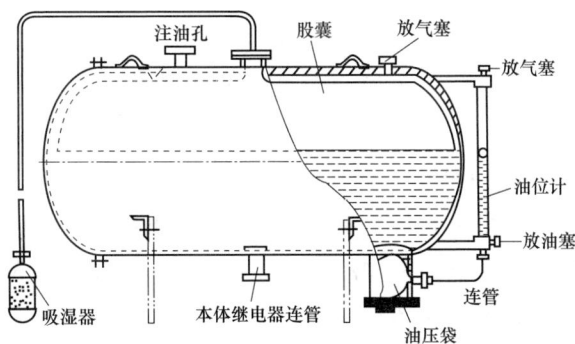

图 7-17　胶囊式储油柜的结构（带小胶囊油位计）

（三）隔膜式储油柜

隔膜式储油柜是由两个半圆柱体组成。储油柜内装设一个隔膜，隔膜的周边压装在上、下柜沿之间，隔膜的内侧紧贴在油面上，外侧与大气相通，起着变压器油与大气的隔离作用，如图 7-18 所示。集聚在隔膜外部的凝结水可通过放水阀排出。储油柜下部有一个集气盒，变压器运行时油体积的膨胀和收缩都要经过集气盒使油进入或排出储油柜，而伴随油流中的气体被集聚在集气盒中，不能进入储油柜，从而可避免出现假油位。集气盒上的玻璃板观察窗可观察集气情况，其气体可通过排气管端头的阀门排出。这种储油柜采用磁力式油位计，用一根连杆连接在隔膜与磁力式油位计之间。当变压器油随温度变化产生热胀冷缩时，紧贴在油面上的隔膜产生上下方向的位移，从而带动油位计指针的转动。另外隔膜上还有一个放气塞，用于排除隔膜与油面之间的气体。

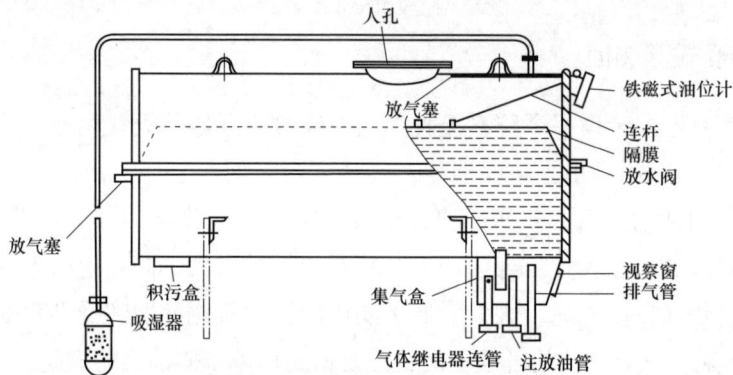

图 7-18　隔膜式储油柜的结构

（四）金属膨胀器式储油柜

金属膨胀器式储油柜是近几年出现的一种新式的储油柜，它是利用不锈钢波纹节做成的膨胀器作为变压器油体积补偿组件，从而使变压器油与大气隔开。波纹节是一个膨胀体，其容积可随变压器油温的变化而产生膨胀或收缩。其结构上按油处在膨胀器的内部和外部，可分为内油式储油柜和外油式储油柜两种。

1. 内油式储油柜

内油式储油柜如图 7-19 所示，金属膨胀器为椭圆形并立放置在一个底盘上，膨胀器内部充满变压器油，外部处于大气中，并加装防尘外罩，外观形状多为立式长方体。膨胀器随变压器油温的变化而上下移动，自动补偿变压器油体积的变化。膨胀器的顶部装有一根排气管，可用于排除膨胀器上部的气体。油位计的指针直接安装在波纹节上，波纹节随油温的变化上下移动时，指针也随其升高或降低，通过储油柜外罩上的窗口即可观察与监视油位。

2. 外油式储油柜

外油式储油柜通常有外油卧式和外油立式两种。外油卧式金属膨胀器储油柜如图 7-20 所示。膨胀器为圆形，卧式放置在储油柜筒体内，储油柜筒体与膨胀器之间充满变压器油。膨胀器的内部与大气相通，膨胀器的一端为固定端，另一端为活动端。活动端借助于装在储油柜内壁上的导向滚轮，可作左右滚动，外观形状多为横放椭圆柱形。膨胀器随变压器油体积的膨胀和缩小变化而左右移动，自动补偿油体积的变化。膨胀器上有一个呼吸口，作为膨胀器内部气体呼吸之用。储油柜的上、下各有一根管子，其中下管子是注油管，可对储油柜进行注油；上管子是储油柜的放气管，用来排除储油柜内部的气体。油位计是用一根固定在活动端的拉带拉动油位指示。

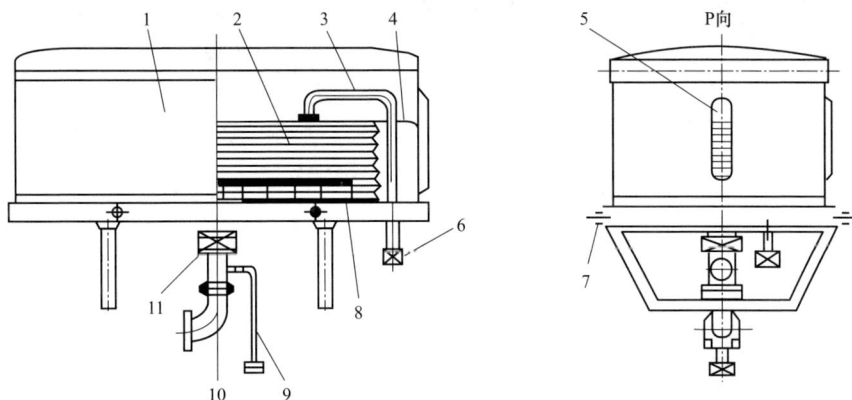

图 7-19 内油立式金属膨胀器储油柜

1—外壳；2—储油柜本体（膨胀节）;3—金属软管；4—油位指标针；5—观察窗；

6—抽真空（排气）管及阀门；7—吊装环；8—压力保护装置；9—注（补）排管及阀门；

10—软连接管；11—蝶阀

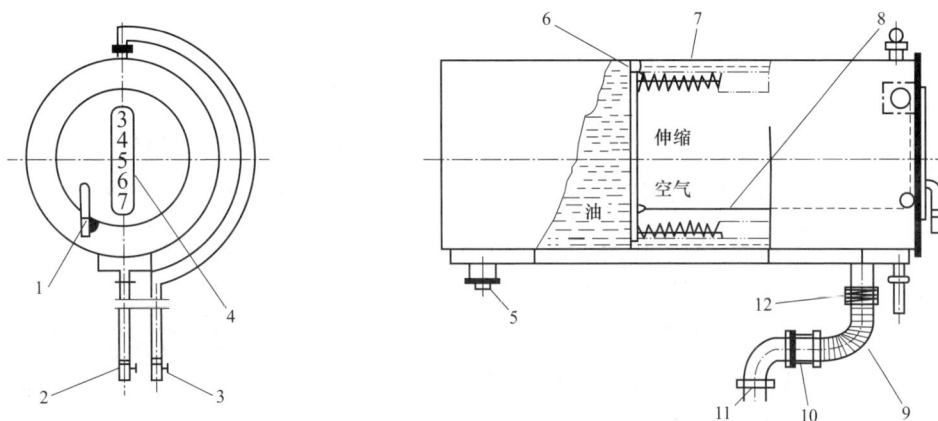

图 7-20 外油卧式金属膨胀器储油柜

1—呼吸口 - 波纹管腔内空气由此进出，工作时阀门常开；2—注油口 - 由此注入绝缘油，

工作时阀门常闭；3—排气口 - 注油时由此排净柜内空气，工作时阀门常闭；4—油位指示窗；

5—排污口；6—圆周均布的导向滚轮；7—储油柜外壳；8—拉带式油位指示；9—波纹管；

10—气体继电器；11—接变压器；12—蝶阀

外油立式金属波纹储油柜如图 7-21 所示，波纹管伸缩方向为纵向，并采用了外挂式磁耦合翻转油位计，可避免外油卧式和内油式金属波纹储油柜的主要问题；超柔性波纹管附加应力小，对变压器本体影响很小。

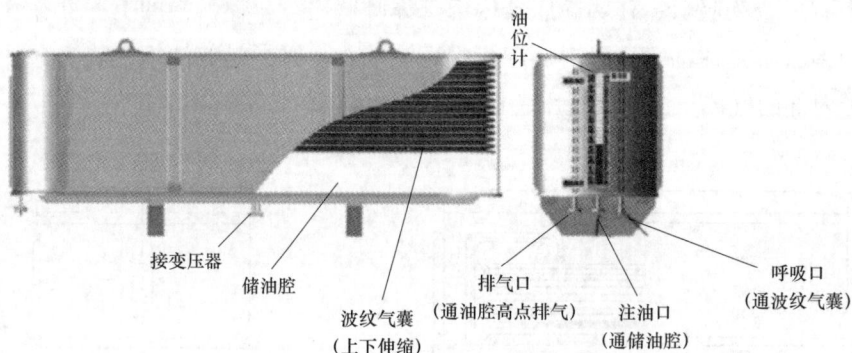

图 7-21　外油立式金属波纹储油柜

二、储油柜常见缺陷

（一）假油位

由于胶囊式和隔膜式储油柜采用间接的方法来指示储油柜的油位，运行中可能会出现假油位。假油位是指油位计指示油位与储油柜的实际油位不相符，不同储油柜结构产生假油位的原因是不相同的。

1.胶囊式储油柜的假油位

（1）小胶囊油位计本身指示不准。若在小胶囊的油位计注油时，小胶囊内部的气体未排尽，由于空气的膨胀系数比油大，造成油位计的指示油偏高，当环境温度高变压器负载大时，油位计可能会喷出油。若油位计顶部的呼吸塞拧得过紧，造成油位计内的空气不能自由呼吸，也会发生假油位。曾经也发生由于安装人员对储油柜的结构不了解，先对储油柜注油至正常油位，再对油位计加油，此时小胶囊内部根本无油，所以变压器油温变化时，油位计的油位无变化。

（2）吸湿器堵塞。吸湿器堵塞时，胶囊内部的空气不能自动地与外界呼吸，储油柜油面上会产生额外的空气压力，并作用到小胶囊上，使油位计产生假油位，这种情况往往是指示油位偏高。

（3）储油柜与胶囊之间的空气未排尽及胶囊破裂。这两种情况更多的表现会对变压器油产生劣化，胶囊破裂可能危及变压器的正常安全运行。但从假油位方面而言，只要吸湿器畅通，对油位计的指示油位影响不是很大。

2. 隔膜式储油柜的假油位

（1）磁力式油位计本身指示不准。磁力式油位计转动卡涩、连杆弯曲等，都会造成磁力式油位计本身指示不准，从而产生假油位。

（2）吸湿器堵塞。吸湿器堵塞时，隔膜上部的空气不能自动地与外界呼吸，对变压器运行是不利的。由于隔膜紧贴在油面上，油热胀冷缩时隔膜应能随油面的变化上下位移，从而带动磁力式油位计的指针转动，所以假油位应该不明显。

（3）隔膜与油面之间的空气未排尽。由于空气的膨胀系数比油大，造成磁力式油位计的指示油偏高。

（4）隔膜破裂。隔膜破裂时，在重力作用下，使隔膜沉入油中，造成磁力式油位计指示偏低。

3. 金属波纹式储油柜假油位

外油式储油柜的膨胀器为圆柱形，卧式放置在储油柜内，膨胀器随变压器油体积的膨胀和缩小变化而左右移动，自动补偿油体积的变化。正常运行时，储油柜内、膨胀器外为满油状态。但在实际运行中，外油式储油柜也存在假油位现象。其原因主要有以下 2 点。

变压器补油、排气方式不当，致使油位指示偏高。变压器本体完成注油后，须从储油柜注油口缓慢补油，在油位计指针指到相应温度的刻度线后，关闭呼吸口阀门，使油位计保持不动。继续注油，气体在油的推动下从油枕排气口排出，直至油从排气口流出，并呈现油柱状后停止注油，关闭排气口阀门。静置规定的时间后，再次打开油枕排气口，继续缓慢注油，直至油再次从排气口流出，并呈现油柱状后停止注油，关闭排气口阀门，打开呼吸口完成补油。不按此步骤进行补油排气，则储油柜中就会存在残留气体，堆积在储油柜上端，致使油位指示偏高。

外油式膨胀器储油柜本身结构特性影响。变压器在运行过程中，受外界环境温度、本身负载变化等因素影响，变压器的本体温度随之波动，油面出现上升或者下降。当变压器本体温度降低时，储油柜中油面便开始下降补偿本体油位，同时膨胀器开始向左运动拉伸，但油面的降低方向与膨胀器运动方向成 90°。油面降低时，储油柜上端先形成真空区，受真空吸力以及膨胀器本身重量的影响，膨胀器顶部先开始向左运动直至出现倾斜，此时若存在轻微卡涩或者膨胀器呼吸不畅，油位继续下降，膨胀器顶部继续向左运动，当真空的吸力，与油面的推力达到平衡时就会出现假油位，如图 7-22 所示。

（二）储油柜密封不良

隔膜式储油柜的法兰既需要压紧隔膜，又起着储油柜上、下两节之间的密封。这种结构决定了该密封面比较容易发生渗漏油，且发生渗漏油的实例很多。对胶囊式储油柜要注意油面以上部分的密封情况，如放气塞、胶囊口与吸湿器连管处等密封，因为这些部位密封不良会造成水分进入变压器内部，危及变压器的安全运行。

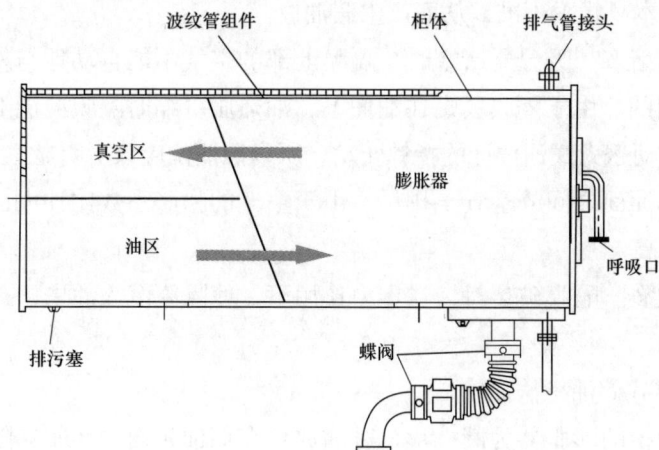

图 7-22　金属波纹储油柜假油位现象

（三）胶囊或隔膜破裂

胶囊或隔膜破裂时，外界的空气直接与变压器油相接触，氧气和水分使变压器油产生劣化。所以检修时应检查胶囊或隔膜的完好性。

三、油位计的结构与分类

油位计是用于监视变压器的油面高度，结构可分为板式油位计、管式油位计及磁力式油位计等。

（一）板式油位计

板式油位计只是在小型的配电变压器上才使用。板式油位计安装在储油柜的端面上，有机玻璃板与反光镜之间的油道与储油柜相通。这种油位计结构简单，以油位计的反光镜显示油位，故油位指示不够清楚，有机玻璃板容易开裂。

（二）管式油位计

小型变压器上使用的小型管式油位计是用一根固定在储油柜端面上玻璃管，玻璃管的上、下端分别与储油柜的上部和下部相通。根据连通管的原理，用玻璃管中的油位指示储油柜内部的油位。这种结构由于玻璃管中的油受阳光照射容易劣化，从而影响变压器内部的油质。

胶囊式储油柜多采用大型管式油位计，为了避免阳光对变压器内部油的影响，用小胶囊来隔离油位计与储油柜之间的油。其中，小胶囊中的油与油位计相通，仅供指示油位作用。借助于储油柜油面高低变化产生对小胶囊压力的变化，间接地转换成油位计油位的高低。

（三）磁力式油位计

磁力式油位计以储油柜隔膜为感受元件，其连杆与隔膜上支板铰链连接，连杆的另一端与表体的传动机构相连，如图7-23所示。由于隔膜随油面作垂直升降，通过连杆把油面上下位移变成连杆绕固定轴的角位移，再通过齿轮副、磁偶（一对磁铁）等传动机构使指针转动，从而间接显示出油位。磁力式油位计还带有刻度0和10的最低和最高油位报警指示装置。

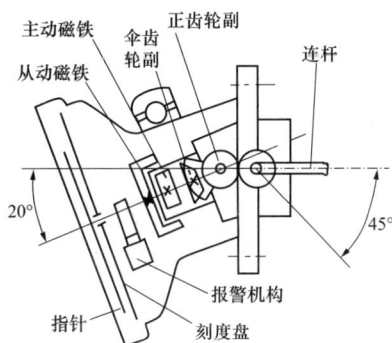

图 7-23　磁力式油位计的结构

磁力式油位计的另一种形式是浮球式传动机构，利用油中浮球随油面上下变化，转换成指针转动。适用于胶囊式储油柜油位指示，这种结构的表盘安装在储油柜的底部。

第三节　关键工艺

一、油箱及屏蔽安装

为了防止漏磁通在油箱中引起的损耗和局部过热，大型变压器往往在变压器上节油箱安装磁屏蔽板，如图7-24所示。

（一）安装

（1）将上节油箱放倒。

（2）用干净的白布擦净油箱内壁及磁屏蔽板。

（3）操作者脚踏油箱内壁操作时，必须穿洁净鞋。

（4）先放好绝缘垫板，然后放置磁屏蔽板，在磁屏蔽板与油箱固定板之间，放置绝缘角形垫板。用铁榔头从每块屏蔽板的中部开始至两端依次将固定板打弯敲平，打弯时磁屏蔽板两侧要对称进行，将磁屏蔽固定好。

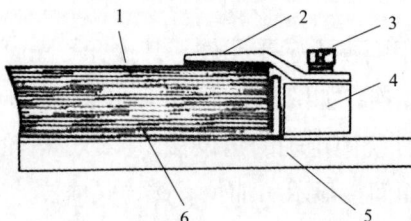

图 7-24　油箱磁屏蔽板的结构示意

1—磁屏蔽板；2—接地铜片；3—紧固件；4—接地螺母；5—上节油箱；6—绝缘垫板

（5）用 500V 绝缘电阻表测屏蔽板对油箱（地）绝缘良好，然后将磁屏蔽板与油箱接地螺栓连接在一起，并用万用表测量电阻应为零。

（6）每一次吊起上节油箱时，均应检查磁屏蔽板压紧和接地情况。

（二）其他结构屏蔽及装配

对于大容量变压器，由于磁屏蔽板尺寸较大，有些变压器磁屏蔽板的安装采用立式安装。该种结构磁屏蔽板在制作时增加了边框，边框周围布置固定用底板，对应油箱上焊接了螺柱，用于固定磁屏蔽。该种结构磁屏蔽在安装时不用将油箱放倒，用起吊设备配合专用吊具进行安装，这样可大大降低操作人员劳动强度，如图 7-25 所示。

为了满足更好的电气性能，对于 500kV 及以上产品油箱在安装磁屏蔽后，还要安装电屏蔽，如图 7-26 所示。电屏蔽由屏蔽板和绝缘纸板组成，用绑带绑扎在油箱上。电屏蔽通过引线和油箱进行单点连接。

二、油箱及附件的检漏

变压器油箱及附件的焊缝渗漏油问题，一直是困扰变压器行业的老大难问题。如何保证焊缝不渗不漏，首先，在焊接时就要认真操作，焊出高质量的焊缝。其次，对焊后的可漏焊缝进行试漏检验，以确保焊缝不渗漏。前者是防止渗漏的基础，后者是防止渗漏的保证。试漏是防止渗漏的一项极为有效的措施，试漏的方法有多种，下面对各种试漏方法分别加以介绍。

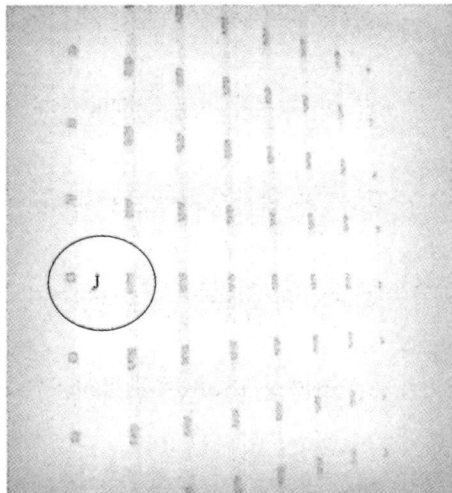

图 7-25　立式安装磁屏蔽结构

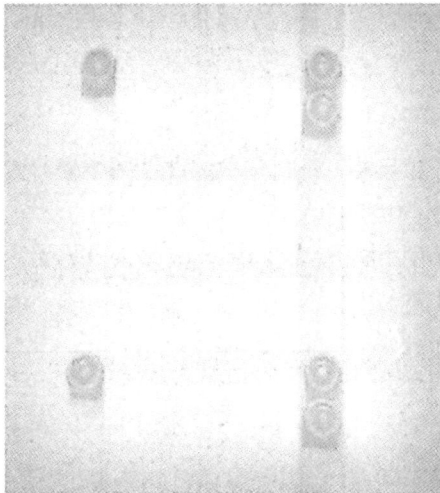

图 7-26　电屏蔽板的安装

（一）气压试漏检验

在大型变压器生产中，气压试漏是应用最广泛的一种试漏方法。它操作简单，检漏率高，直观性好，成本低。气压试漏可以分为两种：一种是对一个密闭容器整体气压试漏；另一种是对焊缝气压试漏。

1. 整体气压试漏

整体气压试漏就是将一个密闭容器，如油箱、联管、升高座等零件上的所有孔用密封胶条和盖板用螺栓紧固密封好，并且留出安装压力表和通入压缩空气的位置。把压力表安装好后，从压缩空气的入口通入压缩空气，所加的压力应严格控制在该零件所能承受的压力以下，以免零件在试漏过程中造成损坏或出现危险。

试漏容器内的压缩空气的压力达到一定值后，将空气进口关闭，使压力不再升高，然后用试漏液涂刷所有的焊缝，在焊缝的漏点位置，试漏液就会被吹起气泡。但是当被试焊缝上有较大漏点时，刷上的试漏液会马上被吹掉，形不成气泡，如果将蘸有试漏液的刷子放在漏点上时，就会在刷毛周围形成很多气泡，大的漏点会听到响声。试漏需要耐心和细心，有时刷上试漏液后并不是马上出现气泡，有时要一两分钟或几分钟后才能渗出很微小的气泡，在试漏过程中发现的漏点要用粉笔或记号笔在漏点处做好标记，待放气后再进行补焊。

在补焊前，应首先放掉内部的气体，在没有压力的情况下，按照标记找出渗漏点的准确位置，然后用气割割矩、碳弧气刨或磨光机等将有缺陷的焊缝进行打磨，直到将缺陷彻底清掉后再进行补焊。

在补焊时，应根据焊接母材来选用焊接材料，同时在考虑母材厚度、焊接位置等因素的情况下，调整焊接参数。补焊的焊缝要与周围焊缝相一致，以保证补焊的焊缝不影响整体外观质量。

2. 焊缝气压试漏

由于变压器油箱及零件的焊缝有 80% 以上是 T 形接头的角焊缝，而母材的厚度大部分又在 8mm 以上，一般情况下，这种厚度的 T 形接头的角焊缝不开坡口很难焊透，中间都留有一定的间隙，因此，极易出现贯穿性渗漏缝隙。T 形接头角焊缝试漏示意图如图 7-27 所示。

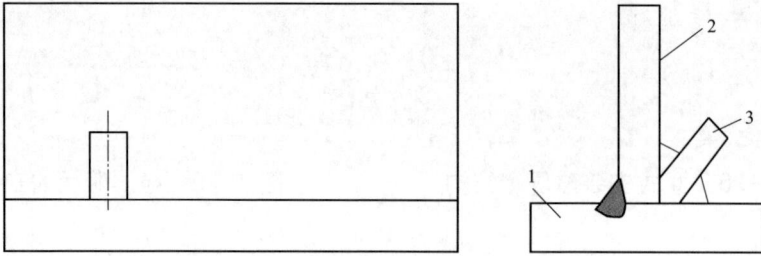

图 7-27 T 形接头角焊缝试漏示意图
1—平板；2—立板；3—试漏嘴

如果这个间隙贯穿整个 T 形接头，由于这个间隙的存在使整个气压试漏的检出率大大降低。假如内外焊缝上各有一个微气孔，而且两气孔相距很远（甚至有 1m、2m 或几米），由于 T 形接头的立板与水平板间隙本身很小，气体通过内焊缝气孔、间隙，再到外焊缝气孔处溢出，这个过程具有很大的降压作用。另外，再加上结构本身的强度所限，整体试漏的压力一般都较小，若油箱压力最大不超过 0.1MPa，在这种情况下，整体气压试漏就很难满足要求。

焊缝气压试漏就是把这种中间有间隙的 T 形接头的间隙作为一个密闭空间，用压缩空气对两侧焊缝进行试漏的方法。

这种试漏的方法操作非常简单。首先在焊缝焊接前要在 T 形接头的一侧焊上加压用的试漏嘴。试漏嘴结构示意图如图 7-28 所示。当焊缝较长时，为了防止由于 T 形接头的间隙太小，使压力和空气流速衰减过多而影响检出率，可在同一条焊缝上焊上几个试漏嘴，试漏嘴间距一般不超过 400 ~ 500mm。加压后，在两侧焊缝上刷试漏液，找渗漏点作标志，最后放压后再补漏，直到焊缝试完漏时，再将试漏嘴用焊接等方法封死。

下面对 T 形接头的焊缝试漏的压力进行计算。假设选用钢板的厚度均为 10mm，焊角高均为 5mm，熔深为 2mm，接头长为 L（见图 7-29）。

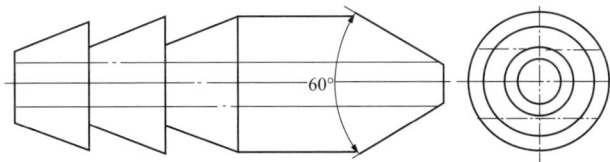

图 7-28　试漏嘴结构示意图

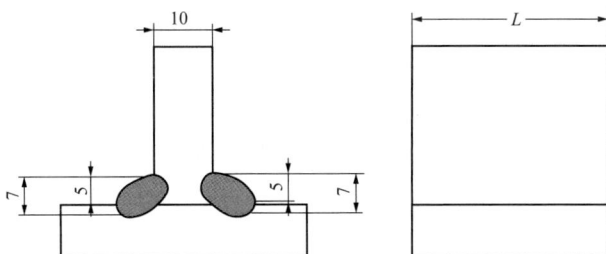

图 7-29　T 形接头焊缝尺寸示意图

焊缝试漏压力的计算如下：

间隙面积

$$S_1=（10-4）L=6L$$

焊缝有效截面积

$$S_2=2×7L\sin45°=10L$$

假设焊缝的抗拉强度 $σ$=44MPa

在这种情况下，焊缝所能加的最大压力为

$$P_{max}=σS_2/S_1=（44×10L）/6L=73.3MPa$$

一般来讲，是不需要加到这个压力的，不过通过以上的计算可以发现，对于一般焊缝加到 0.4 ～ 0.5MPa 的压力对结构不会产生任何影响，但对渗漏的检出率却大大提高了。

通过以上分析可以总结 T 形接头的焊缝用试漏嘴检测渗漏有以下优点：

（1）可以大大提高试漏压力，提高检出率。

（2）可以检测双面焊缝缺陷，使检查渗漏万无一失。

（3）使气体压力和流量衰减减小，提高检出率。

（4）由于接头间隙小，内部充气少，缩短了充气时间，减少了压缩空气用量，既提高了效率，又节约了能源。

这种试漏方法只适用于中间有间隙的接头形式，如中厚板的 T 形接头，而对于能够焊透的薄板的接头则不适合。

变压器结构件中有很多适用这种试漏方法焊接的结构形式，如油箱中箱壁与箱沿之间的接头、升高座壁与法兰的接头、贴到壁上的法兰结构等，用试漏嘴试漏的结构如图 7-30 所示。

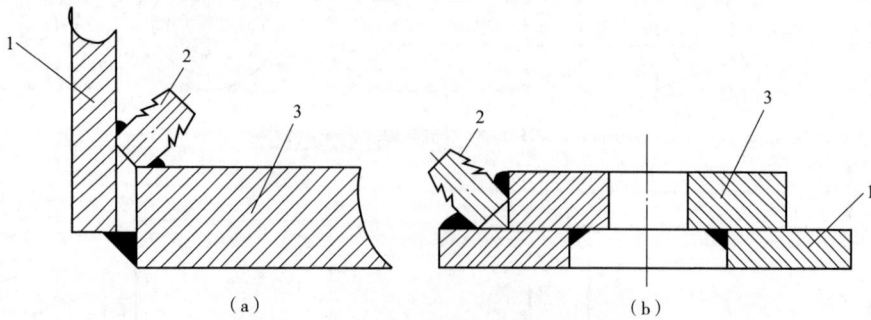

图 7-30　采用试漏嘴试漏的结构

（a）箱壁与箱沿；（b）贴到壁上的法兰

1—箱壁；2—试漏嘴；3—法兰

（二）表面渗透探伤

1. 着色探伤

着色探伤是利用渗透剂的渗透作用，渗入焊缝的表面缺陷内，然后再利用渗透剂与显像剂颜色的反差来显示缺陷痕迹的无损检验法。

着色探伤使用的材料有清洗剂、渗透剂和显像剂三种液体。清洗剂为无色透明液体，挥发性较强，利用它可以去除焊缝表面的污物。渗透剂一般是红色液体，颜色鲜艳，渗透性极强，它可以渗入宽度不小于 0.01mm、深度不小于 0.03mm 的缺陷内。显像剂是将渗入到焊缝缺陷中的渗透剂显示出来的一种液体，它的颜色要求与渗透剂有较大的反差以显示清楚，一般为白色。目前，这些溶剂都有定型产品和正规厂家，不必自己配制。

着色探伤操作时，首先要对检查的焊缝进行清理，去除毛刺、焊渣、氧化皮、焊瘤等。然后在焊缝表面喷上清洗剂，用棉纱将焊缝表面的污物清理干净，再喷上渗透剂，渗透时间一般不少于 10min。达到规定的渗透时间后，用清洗剂对焊缝表面的渗透剂进行清洗，但要注意不能造成过洗，最后喷上显像剂。由于在清除渗透剂时，渗入焊缝缺陷中的渗透剂清除不掉，喷上显像剂后在显像剂上显示出焊缝缺陷的轮廓。用磨光机对缺陷打磨，一方面是开一定的坡口，另一方面对缺陷做标记，清除显像剂后对焊接缺陷进行补焊。

2. 荧光探伤

荧光探伤和着色探伤统称为渗透无损探伤。它们都是利用溶剂对焊缝缺陷的渗透作用来检查焊缝表面缺陷的，不同之处是显示缺陷的方式不同，着色探伤的显示是利用渗透剂和显像剂的色差，而荧光探伤是利用渗透剂中的荧光物质在紫外线光的照射下产生荧光来显示缺陷。因此，根据它们的不同特点，它们的使用范围也有区别，着色探伤适用于光线较充足的焊缝部位，而荧光探伤则适用于光线较差、用着色探伤看不清的焊缝位置。

荧光探伤使用的材料主要有清洗剂和渗透剂，清洗剂和着色探伤的清洗剂基本相同，而渗透剂中要含有荧光物质。另外，还要配一盏能聚焦的紫外线灯。

荧光探伤操作时，首先对焊缝表面进行打磨，清理焊渣、焊瘤、飞溅等，再用清洗剂清除焊缝表面的污物。然后在焊缝表面喷涂渗透剂，渗透时间不少于 10min，再用清洗剂将焊缝表面的渗透剂清除，一定要清除干净。最后用紫外线灯照射焊缝表面，凡是焊缝上有缺陷的，缺陷内渗入的渗透液，在清洗时清洗不掉，在紫外线的照射下就会产生荧光，对于发现的缺陷，用记号笔做好标记之后，对缺陷进行打底补焊。

焊道中的贯穿性缺陷（如气孔、裂纹等）是导致焊缝渗漏的最主要的缺陷。检查这些缺陷，T 形接头在焊道单面焊后用荧光探伤是一种很有效的方法，如图 7-31 所示。这种方法比双面焊道焊后用荧光探伤和着色探伤检查焊道表面缺陷的方法更有效。因为 T 形接头单面焊后在未焊接的一面涂刷荧光液，由于荧光液的渗透性较强，若焊缝中存在缺陷，荧光液便很快地从缺陷部位渗透出来，这时，在单面焊一侧用紫外线灯照射焊道，

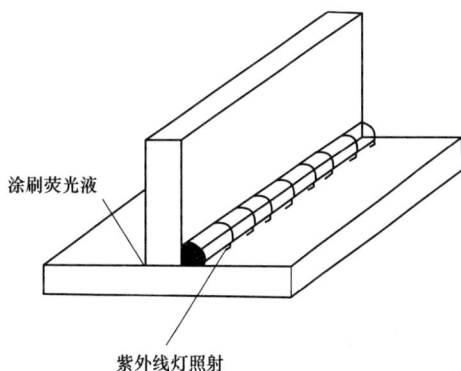

图 7-31 T 形接头单面焊后荧光探伤

缺陷处就会显出荧光点，不会发生误判现象，并且涂刷荧光渗透液后不用进行清洗。

由于荧光探伤检漏灵敏度较高、易操作、安全等优点，是变压器行业近年来普遍推行的一种检漏方法。对于一些整体气压试漏时无法试漏或不易观察的位置，如换流变箱底焊缝、油箱上加强铁扣押焊缝，在焊接过程中先将外焊缝进行焊接，内焊缝不焊或划焊，这时将焊缝表面清理干净，在未焊接或划焊的一面喷涂荧光探伤液，过一段时间，一般 2h 后采用紫外线灯照射焊缝一侧进行检漏。采用这种方法可以有效保证密封焊缝的焊接质量。

三、储油柜的安装

（一）储油柜

储油柜有三种基本形式：当容量为 630kVA 及以下时，为不带压力释放装置、气体继电器的储油柜；当容量为 800 ～ 6300kVA 时，为带有压力释放装置、气体继电器

的储油柜；当容量为 8000kVA 及以上时，为密封式储油柜，分为隔膜式、胶囊式、金属波纹式三种。

安装各种储油柜时，需将与变压器油相接触的表面清理干净。储油柜吊装在其支架柜脚上，安装紧固螺栓，但不必拧紧，当气体继电器、压力释放装置和与变压器主体及与各升高座之间的通气管安装完毕后，再进行紧固。

（二）隔膜式储油柜安装

隔膜式储油柜安装应按下列顺序：

（1）先检查隔膜是否干净，有无破损，并进行清理，尤其是与变压器油接触的一面。对安装的各零部件进行彻底清理。必须安装好隔膜与柜体法兰部分，确保密封良好。重新装入柜体后紧固放气塞，从气体继电器联管蝶阀充以 19.6kPa 压力的氮气或干燥空气，持续 30min 应无漏气现象（隔膜为 0.8～1mm 的一种橡胶布，由锦纶丝绸加强的丁氰胶）。

（2）先将铁磁式油位计伸入柜中，其连杆用绳绑在柜顶内壁的钩环上，而不与隔膜相连，并用 WYJBX 电缆线进行插头焊接，按电路图引出高、低油位报警信号。

（3）待变压器真空注油结束后，安装气体继电器，并从油箱上的油门或柜上的注放油管注油至正常油位。

（4）变压器注满油静置结束后，再从观察窗打开隔膜上的放气塞，有油溢出后，再正式把连杆与隔膜相连。

根据油位指示牌上的油位指示曲线，可确定油位计指针的位置。

（三）胶囊式储油柜安装

胶囊式储油柜安装时，应先充气检查胶囊渗漏，然后将胶囊平行地固定在储油柜内顶壁螺栓上，接好三通接头并密封好。其安装方式如下：

在变压器真空注油后，将储油柜放气塞与主体连通的蝶阀打开，拆下吸湿器密封垫圈。然后向储油柜柜体内注油，胶囊上浮，胶囊内空气经吸湿器排出，储油柜内空气由放气塞排出。当油注满从放气塞溢出时，拧紧放气塞，最后开启油位计呼吸联管，油位计内充满油，再从油箱下放油至储油柜规定的油位即可。

（四）金属波纹式储油柜安装

储油柜在变压器上的安装方式有两种：一种是沿变压器长轴方向，安装在一、二次套管之间；另一种是垂直于长轴方向，安装在变压器短轴一侧。储油柜与气体继电器之间采用波纹软管连接，以弥补可能有的尺寸偏差，减少安装应力，防止渗漏。储油柜应设注油管、排气管和呼吸管，注油管与排气管应连至变压器下部，且由阀门密封。

波纹储油柜的安装基本与胶囊储油柜相同，安装过程注意以下几点：

（1）安装前对波纹储油柜进行检查，重点在储油柜是否处于充压状态。如果打开密闭的管口盖板，储油柜内有明显气压，说明储油柜是按要求充压运输到现场的，内部波纹管不会震动损伤，且波纹管气密性良好。没充压的波纹储油柜不能安装使用，应与厂家联系，并做相应检查。

（2）从呼吸口向波纹内腔充气，以使波纹囊伸展一次，检查波纹伸展是否正常，同时为后续注油做好准备。

（3）对于大修改造项目，应注意储油柜安装后需保证与带电部位有足够的绝缘距离，对方形的内油立式波纹储油柜应特别注意楞边对高压侧绝缘的影响。

（4）对于将原有硬连管改为软连管的储油柜，还应注意在取消硬连管后储油柜轴向固定减弱，对原来采用平板支架的储油柜应采取加强措施。

（5）为实现注油后储油柜内气体排净，可使排气口一侧支架略高，至少不能低于另一侧。靠，连管下端应配密封严密的阀门。

（6）对于大修项目，安装储油柜需现场施焊时，应在储油柜护板上焊接，并采取断续焊以减小变形。

（7）注意产品说明书上其他要求。

（8）与储油柜相连的注油管、排气管连接点应密封可。

（9）波纹储油柜可采取与胶囊或隔膜储油柜相同的两步注油法（即先将变压器本体真空注油，然后给储油柜补油），也可采取从波纹储油柜上部排气口抽真空，与主变压器一起整体真空注油。

四、油位计的安装

为了指示变压器油由于温度的变化而使体积产生的变化，油浸式变压器在储油柜上应安装油位计。

（一）管式油位计安装

普通储油柜上安装管式油位计，小型管式油位计是将玻璃管用螺栓直接安装在小于等于 $\phi310$mm 储油柜的端盖上。大型管式油位计则采用带孔的座来安装玻璃管，并用一个红色玻璃球显示油位，用于大于等于 $\phi440$ 的储油柜上，如图 7-32 所示。

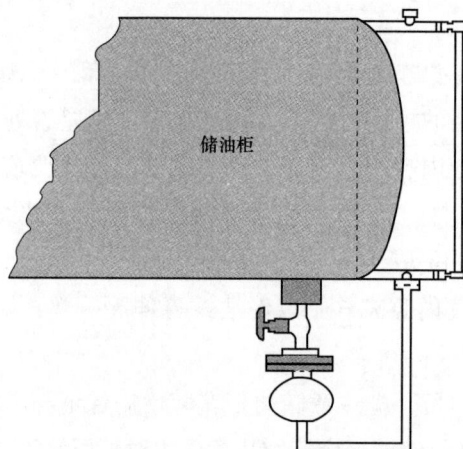

图 7-32　管式油位计的结构

（二）铁磁式油位计安装

铁磁式油位计用于隔膜式储油柜中，UZB 型（U—油位计，Z—指针型，B—变压器用）油位计是以储油柜隔膜为感受元件的，再通过一对磁铁等传动机构使指针转动，间接显示出油位。

安装时可用手连续将隔膜上下移动多次，检查表针的转动，刻度为 0 和 10 的最低和最高油位报警应正确。

浮球型（F）铁磁式油位计、YZF 型（Y—油位计，Z—指针式，F—浮球型）用于胶囊式储油柜，浮球位于油面上，随着油面变化而上下浮动，带动指针转动，把油面转化为盘式刻度。序号 A 为一般用，Z 为有载分接开关用，如图 7-33 所示。

五、变压器真空注油

大型油浸式电力变压器，在总装配完成后，成品试验前必须进行真空注油。

（一）真空注油工艺

1.适用范围

（1）各种电压等级大型油浸式电力变压器器身在本体油箱内注油。

（2）油箱能耐受全真空，220kV 级及以下变压器油箱耐受残压为 133.3Pa 以下；330 ～ 500kV 级变压器油箱耐受残压 50Pa 以下；750kV 级及以上变压器油箱耐受 13.3Pa 以下残压。

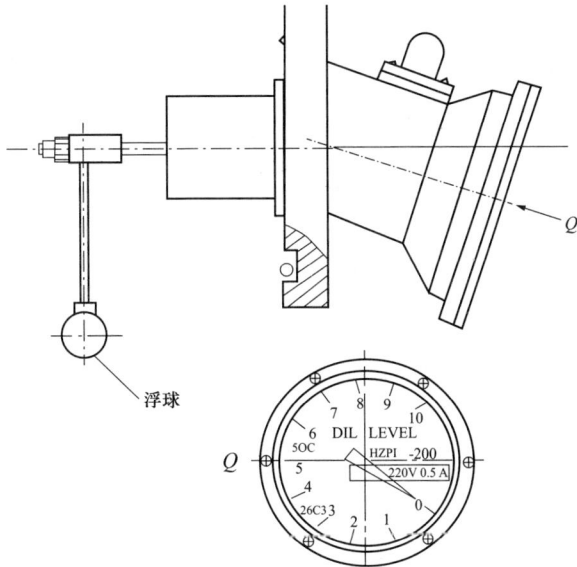

图 7-33 浮球型铁磁油位计的结构

（3）变压器成品总装配完成后，成品试验前进行。

（4）根据变压器结构的不同分为变压器非整体真空注油和变压器整体真空注油两种注油方式。

2. 准备工作

（1）变压器装配各组部件密封良好，紧固件紧固到位。

（2）清理变压器上、下节油箱外表面。

（3）准备好合格的变压器油。

（4）准备好注油，将真空管道清理干净。

（5）准备好真空机组和残压计。

（二）真空注油操作过程

1. 变压器非整体真空注油操作过程

该种方式适用于储油柜不能耐受真空或不能从储油柜进行对本体抽真空的变压器的真空注油。

（1）安装抽真空管道及注油管道，如图 7-34 所示。

（2）真空注油前，应将油箱通储油柜的阀门 V10 关闭，打开储油柜顶部放气塞。

（3）打开阀门 V1、V2、V4、V5、V6、V8、V9，启动真空泵，对变压器抽真空。抽真空过程中，注意检查油箱及管路密封情况，油箱及管路的泄漏率应小于 4000Pa·L/s。

（4）根据变压器结构的不同分为变压器非整体真空注油和变压器整体真空注油两

种注油方式。

（5）打开注油阀门 V11 注油，油温为 45 ～ 55℃。注油过程中，真空度应满足要求。注油过程中若真空度超过要求值，要减缓注油速度或暂停注油，以保证真空度。

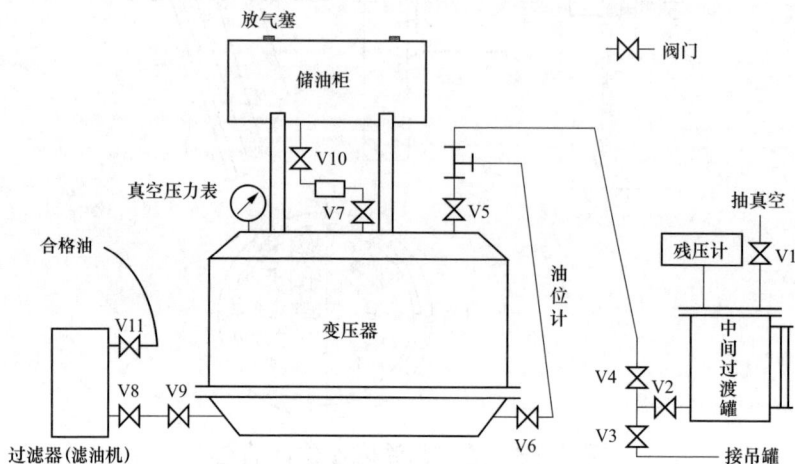

图 7-34　非整体真空注油管路

（6）脱气。

1）对心式变压器，待油面升高至距箱顶 200 ～ 300mm 时，停止注油。注油高度最低应浸过绝缘压板，最高以抽不出变压器油为准。关闭注油阀门 V11，继续抽真空，对油脱气，在规定的真空度下维持 2h 以上。如在注油后直接进行热油循环，可不进行 2h 的真空脱气。

2）对壳式变压器，油位到铁心压梁处，关闭注油阀门 V8，使油在滤机中自循环，继续抽真空 1h 以上。

（7）补油。

1）方法 1：抽真空脱气后，继续抽真空，使油箱内保持真空状态，缓慢打开注油阀门 V11，使油靠负压吸入，此时一定要控制注油速度，阀门尽量开得小些。当中间过渡罐进油时，关闭阀门 V11、V8、V9，停止注油，关闭真空泵。关闭阀门 V4，打开阀门 V3，使中间过渡罐油位到 1/3 左右时关闭阀门 V2，目的是排净管路中的气体，避免进入油箱。打开阀门 V4、V5、V7、V10，用吊罐油压补油，补油至与油表指示适合时停止。

2）方法 2：抽真空结束后，继续抽真空注油至中间过渡罐进油，关闭真空泵，关闭阀门 V5，打开阀门 V7、V10，通过过滤器（或滤油机）从油箱上部给储油柜补油至标准油面。必须保证注入的油是合格油，且管路中不能有气体，以免将气体带进变压器内。注油前箱顶装真空压力表，补油时观察正压值不大于 50kPa，以免压力释放器动作。

方法 1 和方法 2 可根据实际情况选用一种。

2. 变压器整体真空注油操作过程

该种方式适用于能从储油柜进行对本体抽真空的变压器的真空注油。

（1）安装抽真空管道及注油管道，如图 7-35 所示。

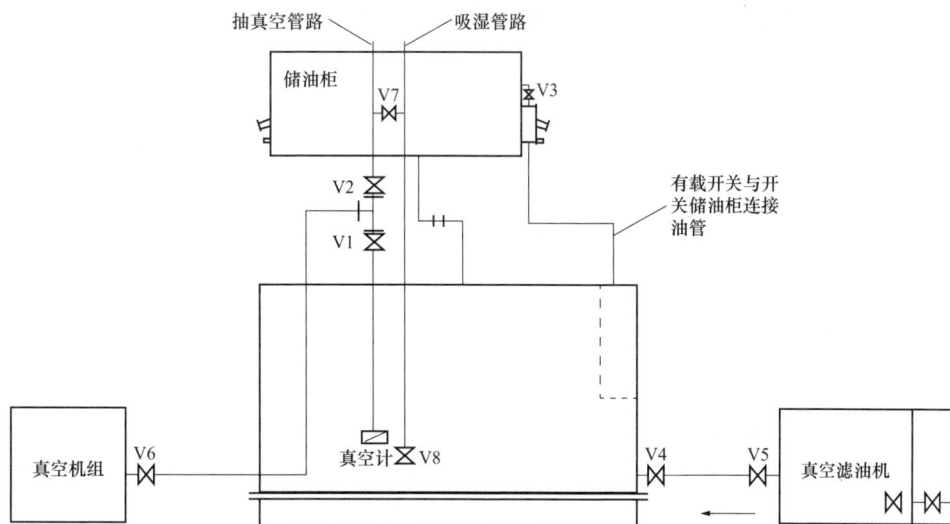

图 7-35　整体真空注油管路

（2）闭阀门 V8、V5，其余阀门全部打开，开动真空机组开始抽真空，真空度达到 200Pa 左右时测量系统（油箱及管路）泄漏率。

（3）真空注油的真空度应满足图样要求。达到真空度要求值后继续抽真空一段时间，此时间视产品的电压等级而定，维持时间见表 7-1。

表 7-1　　　　　　　　　　　　变压器真空注油时真空度和维持时间

电压等级（kV）	≤ 220	330	500	750	1000
真空度（残压）(Pa)	≤ 133	≤ 50	≤ 50	≤ 13	≤ 13
维持时间（h）	≥ 6	≥ 24	≥ 36	≥ 72	≥ 96
注油过程中真空度（Pa）	≤ 300	≤ 133	≤ 133	≤ 20	≤ 20

（4）打开阀门 V4、V5 开始注油，油温 50℃±5℃，注油速度不超过 6000L/h。注油过程中要始终抽真空，注油过程中真空度应满足表 13-39 的要求。如果真空度超过要求值，要暂停注油或减缓注油的速度，抽真空到规定数值以下后，再继续注油。

（5）当开关储油柜油位计显示为"4"时，关闭阀门 V3。本体储油柜油面应高于开关储油柜油面，并要留有由于停止注油后温度下降和真空负压造成的油面下降的余度。

（6）注油完成后关闭各阀门，拆除抽真空管路。打开阀门 V8，使胶囊内通过吸湿器与大气连通，胶囊外仍保持负压状态。

变压器抽真空前，器身允许暴露时间按表 7-2 规定选取，若超过此时间，则应延长抽真空时间，延长时间为超过时间的 2 倍，但一次最长暴露时间不得超过 30h。

（7）注意事项。

1）对于有载调压变压器，抽真空前在油箱和开关油室间用连通管连接。注油时油位计油表指示温度与油温适合时，关闭连接管阀门，保证本体油与开关油不混合。

2）变压器注油时不可过满，以免变压器油抽入真空系统。

3）对于变压器储油柜与开关储油柜不等高的，注油时注意不要让开关储油柜的油溢出。

4）一般油箱顶部不允许安装残压计（麦式真空计，以水银为介质），以防止水银抽入油箱。

（8）油箱泄漏率的计算方法。

$$泄漏率 = \left[\left(P_2 - P_1 \right) L \right] /1800$$

$$L = 主体油重 / 0.9 \times 有效容积$$

式中　P_1、P_2——残压值（Pa）；

　　　　L——油箱容积（L）。

表 7-2　　　　　　　　　　　在不同湿度下器身允许暴露时间

环境相对湿度	允许暴露时间（h）
≤ 60%	20
> 60% ~ 80%	18
> 80% ~ 90%	16
> 90%	14

六、储油柜的补油方法

胶囊式、隔膜式和不锈钢波纹式储油柜这几种密封结构储油柜的作用是相同的，都是一种油保护装置，可使变压器油减少与空气接触或者不接触，减少空气对油的氧化作用。

（一）胶囊式储油柜补油方法

将胶囊的气排除：打开储油柜上部的排气孔，由注油管将油注满储油柜，直至排气孔溢出油，立即关闭注油管和排气孔。

将多余的油从变压器下部油阀排出，此时空气经呼吸器（吸湿器）自然进入胶囊，到油位计指示正常油位为止。

（二）隔膜式储油柜补油方法

在注油前先将磁力油位计调整到"零"位，然后打开隔膜上的入气塞，将隔膜的气体排出，再关闭入气塞。

经注油管向隔膜注油，到比指定油位稍高位置时，再次打开入气塞充分地排出隔膜的气体，直至向外溢油为止，经过反复调整可达到指定油位。

当发现储油柜下部集气盒油标指示为空气时，应用排气阀进行排气。

正常油位低的补油方法，是利用集气盒下部的注油管与滤油机连接，向储油柜注油，注油过程中发现集气盒中有气时应停止注油，打开排气管的阀门向外排气，如此反复进行，直至储油柜油位正常时为止。

（三）不锈钢波纹式储油柜补油方法

应通过底部的注油管补油。

同时开启排气管阀门排气，直到稳定出没即关闭排气阀门，同时停止注油。

静置一小时，以便油中的气体析出而浮至储油柜的上部。

待变压器其他高部位的排气塞（如散热器、套管升高座）排尽气体，再作第二次注油。

在做第二次注油时开启排气阀门排气，至连续稳定出油即关闭进油阀和排气阀，此时油位高于预定值。

通过进油阀排油，使油位降至预定油位，立即关闭进油阀。

（四）油位计带小胶囊的储油柜的注油方法

众所周知，对于带独立小胶囊的油位计，是利用当变压器油热膨胀使储油柜油面升高时，产生压力迫使储油柜底部的小胶囊压缩，导致油位计的油面上升而达到指示油位的目的。所以，带有此类型油位计的储油柜的补油方法与其他类型的储油柜略有区别。

在大修中，储油柜未加油前，应先对油位计加油。其步骤是：将油位计的呼吸塞和小胶囊室的塞子打开，用漏斗通过油位计的呼吸塞座孔慢慢地加油；同时用手边按边移动或用其他手段（如将胶囊按扁且卷起来），将胶囊里的空气排出。排除胶囊里空气的目的是为防止运行中可能出现假油位的现象。

若油位计的油量过多（一般见到油位计有油位即可），则可打开油位计的放油螺栓，将多余的油排放掉，再关闭小胶囊室的塞子。但是，要注意油位计呼吸塞不应关得过紧，以保证油位计的空气能自由呼吸。该工序完成后再进行上述储油柜注油的操作。

第四节　案例分析

一、某变电站 3 号主变压器 A 相、2 号主变压器 C 相油位异常事件分析报告

（一）异常概况

5 月 10 日 8∶34，500kV 某变电站 3 号主变压器 A 相油位指示由 55% 降为 0，5 月 10 日 18∶30，2 号主变压器 C 相油位指示由 55% 降为 9%，截至 5 月 17 日，3 号主变压器 A 相油位多次出现由 0% 升降至 15% 的异常，3 号主变压器 C 相存在 9% 升降至 4% 间的异常。

2 号主变压器、3 号主变压器均由 ×× 公司生产，型号：ODFPSZ–250000/500。该主变压器油位计为日本进口 170 型，浮杆为铝质。

（二）前期处理情况

某变电站 2 号主变压器于 2021 年 4 月 13 日～ 26 日检修，3 号主变压器于 2021 年 4 月 27 日～ 5 月 4 日检修，2 号、3 号主变压器检修期间均因配合分接开关吊检开展本体部分排油改造低压侧升高座球阀，排油量约 1.5t，油务工序为：由本体排油至油枕，放油至本体，胶囊充干燥空气保压、排气，热油循环、静置排气。

5 月 10 日，2 号、3 号主变压器油位异常发生后，运维人员开展以下异常排查：①检查 2 号、3 号主变压器本体无渗漏点；② 2 号、3 号主变压器油枕部位红外测温及 U 型管实测油位，未见明显异常；③检查呼吸器呼吸正常，呼吸器顶部硅胶无油迹，胶囊应无异常。

（三）原因分析

2 号、3 号主变压器油位计浮杆为铝质材料，在本体注油至油枕过程中，胶囊压缩时浮杆被胶囊裹住偏离正中位置，在胶囊充干燥空气膨胀过程中，浮杆受侧向力易造成浮杆变形受损，运行中浮杆断裂脱落导致油位异常。

（四）后续措施

（1）运维人员每周对 2 号、3 号主变压器油枕开展红外测温，并对比分析。

（2）每天上、下午开展两次油位异常巡视，重点观察油位异常变化与负荷、温度的关系。

（3）已核实仓库现有同类型油位计2只，正采购其余备品，后续可结合停电对全部6只油位计更换。

（4）加装2号主变压器C相、3号主变压器A相辅助油位计。

二、220kV 某变电站一号变压器漏油故障

（一）故障概况

某变电站一号变压器型号为 SFP11-180000/220，产品代号 1TT710.20335，产品序列号 11B0102，是××公司2011年9月5日生产的变压器，所配的有载分接开关为2011年6月生产的 MD-Ⅲ 600-126/C-10193W 型分接开关，该变压器在2011年10月10日投入运行。

2012年3月27日19时2分，运行中的某变电站一号变压器发出本体轻瓦斯报警的信号，运行人员随即到现场检查发现，一号变压器连接有载分接开关的小油枕呼吸器出现严重的漏油现象，变压器本体油位已至警戒线，供电公司立即安排将一号变压器停电，退出运行状态进行临检。经检修人员对一号变压器检修及故障现象的分析，初步判断是有载分接开关灭弧室与变压器本体间的密封出现问题，使有载分接开关灭弧室与变压器本体形成贯通的油路，即变压器本体的绝缘油通过密封损坏处大量注入有载分接开关灭弧室内，再通过小油枕与有载分接开关灭弧室的连接管路注入小油枕，通过小油枕的呼吸器泄漏到油池内。

（二）故障原因分析

2012年3月28日，经检修及厂家人员现场对有载分接开关进行解体检查发现，有载分接开关灭弧室下部排油塞密封不良，变压器本体绝缘油沿排油塞密封面快速注入有载分接开关的灭弧室内，形成贯通的油路。随即对变压器本体进行微量抽真空后进行排油塞更换，更换后发现排油阀O型密封垫圈在变压器组装时未放在规定的限位槽，在变压器运行一段时间后，起不到密封的作用，造成变压器本体—有载分接开关灭弧室—小油枕构成贯通油路，从而造成变压器油泄漏的现象，如图7-36～图7-38所示。

经厂家人员现场整改，更换密封不良排油塞，补油到正常油位，投入运行。

图 7-36　油载分接开关灭弧室

图 7-37　密封不良的排油塞

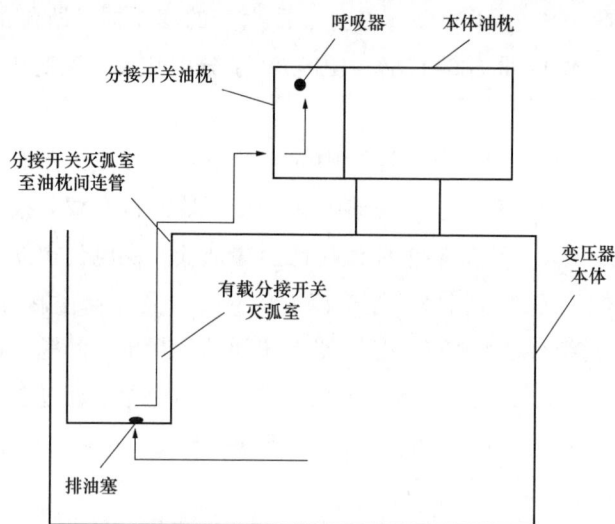

图 7-38　形成油路贯通的示意图

（三）暴露问题及反措建议

有载分接开关灭弧室底部排油阀 O 型密封垫圈在变压器组装时未放在规定的限位槽，安装工艺不良，驻场监造时未发现相关问题，造成设备投运后发生故障。建议加强设备驻场监造环节管理，提高设备验收质量。

（四）下一步工作

（1）严格执行设备监造的管理制度，尤其加大对大中型设备生产的监造力度，不能流于形式。

（2）加强对现场设备安装的管理和技术监督，严格按设备的安装工艺标准进行安装，严把设备安装的质量关。

（3）做好新设备投运前的验收工作，做到新设备在安装后，零缺陷投运。

（4）做好新设备投运后的技术跟踪工作，发现问题及时向上级部门汇报。

三、某变电站 2 号主变压器油枕油囊破裂故障

（一）事故经过

2011 年 6 月，某变电站检修工区油务化验班进行例行工作中对某变电站 2 号主变压器进行油品化验，在对油品进行化验的过程中总烃含量超标（其含量超出标准值的 20%）其他各项指标都正常。为了进一步追踪试验数据，油务化验专业特对在线滤油装置进行每 4h 采样一次，经过一个多星期的追踪观察分析，该主变压器的总烃增速严重超标，初步判断变压器内部有放电现象。

2011 年 7 月，经过超高压运检分公司和某供电公司相关生产技术部协调和周密安排后，对某变电站 2 号主变压器进行放油，安排检修人员和厂家钻进器身进行检查并进行相关的主变压器消缺工作。经过前期的详细准备后，开始用滤油机进行放油，在放油进行到 4 个小时后发现变压器本体油枕油位一直保持在一定的刻度，经过 6h 后主变压器本体抽油结束，但检修人员唯独查不出主变压器本体油位一直保持在原有的刻度不动。随后停机进行检查处理发现，主变压器充氮灭火装置的截流阀关闭，导致了主变压器本体油位不变，现场将主变压器截流阀打开后，本体油位逐渐下降，整个放油工作结束。经过 24h 的消缺处理工作，然后对主变压器开始抽真空注油，真空度连续抽取近 30min，主变压器本体箱盖上的真空表指针不动，停机检查滤油机及主变压器的各连接管路，均找不到致使真空压力无法增大的原因，检查所有蝶阀时发现，通向主变压器本体油枕的蝶阀没有关闭，打开油枕观察窗发现主变压器油囊破裂。

（二）事故原因分析

滤油机技术参数如下：

（1）该真空滤油机的主要技术指标。

工作电压：AC380V 50Hz；

控制电压：AC220V 50Hz；

抽油速度：150L/min；

真空泵电机功率：2.2kW。

（2）断流阀的作用及其结构。断流阀为一独立的器件，当主变压器发生着火或者主变压器内部发生故障时，断流阀配合充氮灭火装置来进行工作的。在正常情况下在工作位置，当变压器发生故障或者内部着火，油的流速达到动作流速时就会将挡板快速处于关闭位置，减少变压器油的无谓的损失；当变压器在停电临时检修时，将其位

置打在常开位置，便于对变压器进行放油或者进行相关的检修及消缺工作。该断流阀油流动作值为：75L/min。

（3）充氮灭火装置的组成及其动作流程。当变压器内部发生故障或着火时就会产生油流的涌动，油便通过油管流入油枕，此时重瓦斯动作，充氮排油口开始对变压器放油，放油管径远大于本体油管的管径，当放油速度达到 75L/min 时，断流阀内的挡板将断流阀关闭，将油枕里的油与变压器内部的油进行隔离，防止火灾进一步扩大，为企业或者厂站挽回经济损失。

在运检公司抽油时所用的滤油机的抽油速度为 150L/min，断流阀的动作流量为 75L/min。在从变压器底部抽油时，油的流速迅速达到断流阀的动作值，抽油的瞬间就使得断流阀关闭，本体油枕油位一直保持在固定刻度。

（4）油囊破裂分析。油囊的主要作用是防止变压器油受潮，杜绝空气和变压器油接触，减缓变压器油的氧化及劣化速度，在主变压器正常运行时油囊浮在变压器本体油枕油面的上方。当变压器油温升高时，油的体积增大挤压胶囊，胶囊呼出的气体经呼吸器排到空气之中；当变压器油温下降时，油的体积减小，此时油囊内呈现负压，空气经过呼吸器吸入油枕胶囊之中，通过呼吸器内的干燥剂对空气中的水分进行过滤和干燥。

在对变压器所有的消缺工作结束后，抽真空注油时由于没有将变压器通向油枕的蝶阀关闭，在真压度逐渐增大的同时油囊体积逐渐增大，当油囊体积增大到最大时，油囊在大的负压情况下迅速破裂真空度迅速下降，这就是现场检修人员在抽真空 30min 以后，真空表指针不动的原因。

（三）改进措施

针对上述事故分析，为了便于提高设备的稳定运行和缩短检修人员的应急处理措施的时间，提出在以后工作中变压器大修和消缺工作中的注意事项：

（1）在进行例行的检修或者相应的大修工作前，应明确工作任务和工作中容易出现问题的环节，熟悉待检修设备的运行状况和存在的问题；

（2）在对变压器进行放油时，准备工作应充分备品备件的数量留有相当的余量，应满足相关变压器放油的技术标准；

（3）在放油时依据变压器检修规程，对于 150000kVA 以上的变压器，退出变压器相关的非电量保护、控制电源、操作电源、交流电源，在放油时打开油枕放气塞与放油相关的阀门，将断流阀打在常开位置，放油时各连接管路正常连接；

（4）在用滤油机抽真空时，将所有通向散热器的蝶阀全部关闭，在抽真空时应时刻注意抽真空表的刻度显示（0.02MPa），防止真空度急剧升高将变压器油箱抽变形，此种形变将会使得变压器相关部件到箱壁的电气安全距离不够。

四、某220kV变电站1号变压器轻瓦斯发信

（一）故障概况

2016年1月23日7时28分，某220kV变电站一台180MVA变压器轻瓦斯发信，油位表指示在25℃位置，环境温度-10℃并有下降趋势，负荷电流、油温、绕组温度接近0℃，在确认变压器无渗漏油等异常情况后继续运行；24日2时16分，该主变压器重瓦斯保护动作跳三侧开关，其他保护均未动作，跳闸时外部环境温度-14℃，变压器负荷0.8MVA。经现场检查确认外观异常、无渗漏、油表油位正常，但核查真实油位时发现，真实油位低于在气体继电器底部400mm。

（二）原因分析

在这起故障发生时正经历寒潮速冻的洗礼，气温降到近10年来的低点，加之故障高抗处于冷备用、变压器负荷极少接近空载运行，再加上这两台设备正常运行时油位偏低。故障发生后及时进行本体油采样，气象色谱分析结果未见异常。结合现场勘察结果分析，判定这两起故障均属于油位异常降低造成的，但由于配置的气体继电器型号不同产生不同的后果。案例中的主变压器配置的是双浮球式气体继电器。在设备内部无故障的情况下油位降到低于气体继电器时，而案例中的气体继电器不但轻瓦斯动作发信，而且重瓦斯动作跳主变压器三侧开关。

变压器的油面正常变化（排除渗漏油）决定于变压器油温的变化，油温的变化直接影响变压器油的体积，从而使油表指示上升或下降。正常情况下影响油温变化的因素有负荷的变化、环境温度和冷却装置运行状态等。充油设备可能出现假油位，假油位不能反映变压器油位的真实情况。油位发生异常变化时应首先要确定是否是假油位，并迅速做出具有针对性的处理方案，避免事故扩大。一般如果油温变化正常而油位变化不正常、不变化或异常变化，则说明油面是假的，出现假油位的原因主要有：油表管堵塞、呼吸器堵塞、油位表卡塞、浮球进油等。该假油位就引起了运维人员的误判断，错失最佳处理时间，造成变压器停电事故。

若油位是真实油位，则油位的变化与油温、渗漏情况、初始油位及部分排油后的补油量等有关。在安装及维护时严格按照该设备的油温油位曲线正确调整油位，避免过高或过低。油位过高则在夏季高温满负荷时可能会溢出或引起压力释放阀动作喷油，过低则在冬季空载、停运或低负荷时油位可能低于气体继电器，引起轻瓦斯动作报警或重瓦斯动作跳三侧开关。案例真实故障原因就是油位偏低。

（三）处理方法

油位异常主要有：假油位、油位异常升高及油位异常降低。现场可通过液位平衡法或红外测温法等其他方法测量油位，再利用设备上的油温油位曲线判断油位表指示是否正确。

分析假油位形成的原因，采取针对性的处理方法。假油位形成的主要原因有：呼吸器堵塞、表计指针脱落失灵、油表连杆弯曲或断裂、油表浮球进油、胶囊外有残存空气及胶囊破裂等。呼吸器堵塞应检查呼吸器管路、消除堵塞部位，必要时可更换呼吸器硅胶；油位表或油位停留在某一点上，可更换指针卡塞油位表或疏通堵塞的管路；因浮球进油、连杆弯曲或断裂使指针回零的油位表可结合停电更换；胶囊破裂或胶囊外有残存气体产生假油位的，应尽快结合停电更换胶囊或清除残存气体，使油位指示真实准确。

设备存在长期渗漏及严重渗漏时，充油设备油位会出现异常降低，严重时油位会低于气体继电器引发轻、重瓦斯动作，若继续降低将会影响散热及设备绝缘造成设备损坏。发现因设备渗漏引起油位异常降低时，应及时联系停电消除渗漏，并将油位补充到油位曲线规定的位置。

若油位表反映真实准确、设备有无渗漏，在冬季低温空载、停运或冷备用时出现的油位异常偏低，应根据油温油位曲线迅速补油；对应负荷较轻或空载的变压器，可采用关闭风冷系统或适量几组散热器的方法进行应急处理，为确保操作安全、方便可只关闭散热器下蝶阀。降低散热效果、适当提高油温，确保油位在合理的高度，待负荷及环境温度升高时再打开关闭的蝶阀，使退出的散热器恢复运行。

夏季满负荷、过负荷或风冷系统故障及风道堵塞时，油温、油位会异常升高，若不及时处理可能会引发内部压力升高、储油柜溢油、压力释放阀动作等缺陷。处理方法主要是：改变运行方式转移部分负荷、自冷改风冷加装风扇、改变风冷系统运行方式将风扇全部投入运行、冲洗散热器疏通风道等措施。

应急措施：

（1）冷却器自动改手动，将冷却器全部投入运行；冲洗冷却器、清理冷却器管束间的异物、疏通冷却器风道；改善冷却条件、迅速降低油温；

（2）放出部分油降低油位，防止引发其他故障，然后再根据具体情况采取适宜对策；

（3）转移负荷，使负荷降低到合理空间。

（四）建议

（1）加强管理及员工培训，不断提高运维人员责任心及业务技能水平，建立油温油位及负荷档案，定期进行巡视比对，准确掌握设备运行状况，及时、准确判断油位是否异常。

（2）提高安装工艺，确保油位表传动杆长度满足储油柜要求，防止损伤胶囊，避免空气进入储油柜及胶囊裹挟油位表浮球等现象。

（3）制造厂应提供准确的油温油位表刻度线；优化储油柜结构，防止胶囊堵塞油管或呼吸口；优先用性能好、灵敏度高的油位表，并能满足真空注油的要求。

（4）运用红外精确测温技术，测量油枕油位，根据油温油位曲线判断油位是否存在异常。

（5）把好验收关，利用液位压力平衡法直接的测量真实油位，根据油温曲线判断油位是否合格，但测量时应确保胶囊内外压力平衡，防止出现假油位。

（6）定期清洗冷却器，改善通风条件。

第八章

变压器非电量缺陷分析

变压器非电量保护是电力变压器安全运行的关键。非电量保护是指那些不依赖于测量电量,而是基于其他物理量(如温度、压力、液位等)的保护措施。在电力变压器中,非电量保护主要包括瓦斯保护、压力保护、温度保护等。这些保护装置可以对电力变压器的异常运行状态进行检测和判断,并及时采取相应的保护措施,确保电力变压器的安全稳定运行。

随着科技的不断发展,变压器非电量保护也在不断进步和完善,未来的发展趋势主要有以下几个方面。

(1)智能化。随着智能化技术的不断发展,变压器非电量保护也在逐步实现智能化。未来,通过引入先进的传感器技术和人工智能技术,可以实现变压器非电量保护的自动化和智能化,进一步提高电力变压器的安全性和可靠性。

(2)高效化。随着电力系统规模的不断扩大和运行要求的不断提高,对变压器非电量保护的效率和速度也提出了更高的要求。未来,需要研究和开发更高效、更快速的变压器非电量保护装置和技术,以满足电力系统高效运行的需求。

(3)多元化。目前,电力变压器的非电量保护主要依赖于特定的物理量进行检测和判断,具有一定的局限性和不足。未来,随着技术的不断发展,可以研究和开发多种新型的非电量保护技术,如基于声学、光学、电磁学等多种物理量的检测技术,从而实现电力变压器全方位、多角度的非电量保护。

(4)集成化。目前,电力变压器的非电量保护装置大多为独立设备,这不仅增加了设备的数量和复杂性,也影响了保护效果和可靠性。未来,可以研究和开发集成化的非电量保护装置和技术,将多种非电量保护功能集成到一个设备或系统中,从而实现电力变压器非电量保护的集成化和简约化。

第一节　气体继电器

一、结构及分类（单、双浮球）

（一）单浮球气体继电器

单浮球气体继电器是一种广泛应用于气体检测和报警的装置，其主要通过监测气体压力的变化来控制电路的通断。如图 8-1 所示。

图 8-1　单浮球气体继电器

1. 浮球结构

单浮球气体继电器的核心部分是浮球结构。浮球一般采用耐腐蚀、耐高温、高强度的材料制成，以保证在各种环境下都能正常工作。浮球结构设计精巧，可以在气体压力变化时自由浮动。

2. 磁力系统

浮球内装有磁铁，磁铁的磁力线穿过继电器内的磁力感应器。正常情况下，磁力线在磁力感应器中产生的磁场不足以克服弹簧的弹力，继电器处于关闭状态。

3. 密封性能

继电器外壳的密封性能对其工作至关重要。外壳一般由耐腐蚀、高强度的材料制成，以保证在各种环境下都能保持密封。良好的密封性能可以防止外部气体侵入，防止内部气体泄漏，保证继电器的正常工作。

4. 传感信号

继电器内设有压力传感器，可以实时监测周围气体的压力变化。当气体压力达到一定值时，浮球受到的压力也相应增加，浮球下沉，磁力线发生变化，磁力感应器接收到信号并触发继电器动作。

5. 触发机制

当磁力感应器接收到磁力线变化信号后，会触发电路系统进行相应的动作。具体触发机制取决于电路设计。一般而言，电路设计中会包含比较器、放大器等组件，以实现对微弱信号的放大和处理。

6. 电路设计

电路设计是单浮球气体继电器的重要组成部分。电路一般包括传感器接口、信号处理电路、比较器和放大器等部分。传感器接口用于接收压力传感器的信号；信号处理电路对接收到的信号进行处理；比较器用于比较处理后的信号与预设阈值；放大器用于放大信号并驱动执行机构。

电路设计还需考虑电源管理、防爆性能等因素。例如，应选择低功耗的电子元件以降低整个系统的功耗；采用防爆设计以保障设备在易燃易爆环境下仍能安全运行。

7. 防爆性能

单浮球气体继电器在易燃易爆环境下工作时，必须具备可靠的防爆性能。为此，应采取一系列防爆措施，如选用防爆型电子元件、对电路进行防爆隔离等。这些措施旨在确保单浮球气体继电器在易燃易爆环境中仍能稳定运行，并及时发出警报，保障人员和设备安全。

（二）双浮球气体继电器

双浮球气体继电器是一种常用的气体检测和保护装置，在工业生产、电器设备等领域得到广泛应用，如图 8-2 所示。

1. 浮球结构

双浮球气体继电器中的浮球主要包括上浮球和下沉球两部分，两者之间通过连接杆相连接。此外，浮球的形状也各有不同，常见的有球形、半球形等，以适应不同场合的需要。

2. 原理

双浮球气体继电器的工作原理主要基于气体泄漏检测和浮球运动机制。当继电器所在区域内气体压力发生变化时，浮球会相应地上浮或下沉。当浮球运动

图 8-2　双浮球气体继电器

到一定位置时，会触动继电器内的感应器，进而导致电路的通断。具体而言，当气体压力升高时，上浮球会上浮，下沉球会下沉，从而使得感应器的感应面积发生变化，触发电路断开。相反，当气体压力降低时，上浮球会下沉，下沉球会上浮，使得感应器的感应面积再次发生变化，触发电路导通。

3. 结构特点

（1）浮球之间的相互作用：双浮球气体继电器中的上浮球和下沉球之间通过连接杆相连接，相互作用力的大小和方向可以通过连接杆的长度和角度进行调整，以适应不同场合的需要。

（2）电路部分的组成：双浮球气体继电器的电路部分主要由感应器、比较器和执行器组成。感应器负责检测浮球的位移；比较器用于比较感应器输出的信号与设定值；

执行器则根据比较器输出的信号来控制电路的通断。

（3）密封性能：双浮球气体继电器具有良好的密封性能，能够防止外部气体侵入和内部气体泄漏，保证其正常工作。继电器的密封性能主要取决于密封件的设计和加工精度。

二、工艺关键环节（制造、安装、运检）

（一）单浮球气体继电器的制造工艺关键环节

1. 材料准备

制造单浮球气体继电器需要准备以下材料和设备。

（1）电子元器件：包括传感器芯片、电路板、电阻、电容等电子元件。

（2）导线和绝缘材料：用于电路板连接和绝缘处理。

（3）浮球和支架：根据设计要求选择适当的浮球和支架材质，如不锈钢、塑料等。

（4）其他配件：如密封圈、螺丝等。

2. 结构设计

单浮球气体继电器的结构设计包括以下方面。

（1）外形设计：确定继电器整体外形尺寸和外观结构。

（2）内部结构：包括浮球、密封件、电路板等零部件的位置和连接方式。

（3）材质选择：根据使用环境和功能要求选择适当的材质，如不锈钢、塑料等。

3. 加工制造

单浮球气体继电器的加工制造过程包括以下步骤。

（1）剪板：根据设计要求，将电子元器件、浮球、支架等材料进行剪裁和加工。

（2）折弯：将金属板材按照设计要求进行折弯操作。

（3）焊接：将电子元器件、浮球、支架等材料进行焊接，确保电路导通、结构稳定。

（4）清洗：完成焊接后，对产品进行清洗，去除表面残留物。

4. 组装调试

单浮球气体继电器的组装调试过程包括以下步骤。

（1）组装：将电子元器件、浮球、支架等材料按照设计要求进行组装，确保结构正确、稳定。

（2）调试：根据产品规格书和调试参数，对组装好的继电器进行调试，确保性能稳定、符合要求。

5. 检验测试

单浮球气体继电器制造完成后，须进行严格的检验和测试，包括以下方面。

（1）外观检查：检查产品外观是否符合设计要求，是否存在划痕、变形等问题。

（2）参数测试：根据产品规格书，对继电器的各项参数进行测试，如灵敏度、响应时间等，确保产品性能符合要求。

（3）寿命测试：对产品进行寿命测试，检查在规定的使用条件下，继电器能否正常工作，以评估其可靠性和稳定性。

6. 包装运输

为确保单浮球气体继电器在运输过程中不受损坏，需采用适当的包装方式。

（1）包装材料的选择：根据继电器的特点和运输要求，选择适当的包装材料，如泡沫、防震材料等，以保护产品在运输过程中不受损坏。

（2）运输方式的确定：根据订单需求和客户要求，选择合适的运输方式，如陆运、海运、空运等，确保产品按时、安全送达目的地。

总之，单浮球气体继电器的制造工艺需要经过多个环节的精细操作才能完成，从材料准备到包装运输，每个环节都需严格把关，确保产品质量和客户满意度。

（二）单浮球气体继电器的关键安装工艺环节

1. 准备工具和材料

在安装单浮球气体继电器之前，需要准备以下工具和材料。

（1）工具：螺丝刀、平口螺丝刀、电钻、手电钻、套筒扳手等。

（2）材料：密封胶、清洁剂、润滑剂、继电器底座、螺丝、导线等。

此外，请务必确保安装区域清洁、干燥、无尘，并具备适当的通风条件。

2. 检查继电器性能

在安装之前，请检查单浮球气体继电器的性能，确保其正常工作。具体步骤如下。

（1）检查继电器外观是否完好无损，无明显损伤或缺陷。

（2）按照继电器制造商提供的操作说明书，进行性能测试，确保瓦斯传感器功能正常。

（3）检查继电器连接线是否完好，无破损或断路等情况。

3. 定位安装位置

根据单浮球气体继电器的安装示意图，确定最佳安装位置。通常情况下，继电器底座应放置在便于维护和安全可靠的地方，例如墙壁或支架上。同时，要确保继电器能够覆盖需要检测的区域。

4. 固定继电器

在确定安装位置后，开始固定单浮球气体继电器。首先，将继电器底座固定在预定位置，然后使用准备好的螺丝将继电器牢固地安装在底座上。

5. 连接线路

连接线路前，请确认使用的线路规格与继电器接口匹配。然后，参照继电器制造商提供的操作说明书，正确连接电源、信号线等。连接完毕后，务必用绝缘胶带固定好线路，防止松动或意外触碰。

6. 测试与调试

完成线路连接后，进行测试以验证单浮球气体继电器是否正常工作。具体步骤如下。

（1）通电前，检查电源是否正常，以及线路是否正确连接。

（2）给单浮球气体继电器通电后，观察继电器是否正常工作。例如，观察浮球是否能够自由移动并触发相应的报警装置。

（3）根据需要调整继电器的工作状态。例如，调整报警阈值、传感器灵敏度等参数。确保在适当的瓦斯浓度下，继电器能够准确触发报警装置。

（4）进行一段时间的测试，验证单浮球气体继电器是否能够稳定工作。如有需要，对继电器的位置、角度等进行微调，以便更好地检测瓦斯浓度。

7. 清理现场

完成测试和调试后，对现场进行清理以保持整洁。具体步骤如下。

（1）用清洁剂清除安装区域表面的灰尘和污垢。

（2）检查现场是否有遗留的工具或其他物品，确保场地安全无障碍。

（3）关闭所有工具电源，并妥善存放以备后续使用。

（三）单浮球气体继电器的运维检修工艺关键环节

为了确保其正常运行，需要进行日常检查、定期维护、故障处理、校准与试验、更换周期、应急预案、运行记录和安全措施等方面的运维检修。

1. 日常检查

日常检查是确保单浮球气体继电器正常运行的重要环节。检查内容包括浮球位置、接线端子是否松动或破损、密封情况以及设备表面是否清洁等。检查周期一般为每天一次，发现异常情况时应及时处理。

2. 定期维护

定期维护包括更换润滑油、清洗设备、更换密封圈等。根据设备使用情况和周围环境，一般每三个月至半年进行一次维护。维护时需将继电器从墙上拆下，用软布擦拭表面，检查密封圈是否老化，必要时进行更换。

3. 故障处理

故障处理是指在设备出现故障时进行的分析和维修方式。遇到故障时，应先准确判断故障类型，如接线端子故障、浮球卡滞等，然后采取相应的措施进行维修。无法修复的设备应及时更换。

4. 校准与试验

校准与试验是指通过特定标准进行设备精度和功能的检验，确保设备正常工作。一般每年进行一次校准和试验，以确定设备的准确性和灵敏度。如有需要，可请专业机构进行校准和试验。

5. 更换周期

更换周期是指根据设备使用情况和维护情况而定的更换时间。一般情况下，单浮球气体继电器的使用寿命为三年左右，到期后应及时更换。同时，对于经常发生故障无法修复的设备，也应尽快更换。

6. 应急预案

为应对可能出现的设备故障和紧急情况，需要制订应急预案。应急预案应包括故障类型、应急措施、人员组织、通信联络等方面的内容。一旦出现紧急情况，应立即按照应急预案采取相应措施，确保工作正常进行。

7. 运行记录

运行记录是指将设备的运行情况记录下来，方便后续分析和维护。记录的内容包括日常检查、定期维护、故障处理、校准与试验等信息。这些记录可以帮助分析设备可能出现的问题，并为维修提供依据。

8. 安全措施

为确保设备正常运行和工作人员的安全，需要采取一系列安全措施。工作人员在操作单浮球气体继电器时，必须佩戴防护装备，如防护手套、防护眼镜等。此外，应制定安全操作规范，明确操作步骤和注意事项，避免因操作不当导致安全事故。

（四）双浮球气体继电器的制造工艺关键环节

双浮球气体继电器是一种高灵敏度的气体传感器，用于检测空气中是否存在有害气体。双浮球气体继电器的制造工艺主要包括以下方面。

1. 材料准备

制造双浮球气体继电器需要准备以下原材料及工具。

（1）线圈：采用高灵敏度的线绕制而成，用于检测气体的电信号。

（2）浮球：通常由聚乙烯或聚氯乙烯等材料制成，根据设计要求选择合适的大小和形状。

（3）密封材料：如硅胶、橡胶等，用于密封继电器接口，确保气体不泄漏。

（4）工具镊子、老虎钳等：用于制作和调整继电器。

2. 线圈制作

制作线圈是双浮球气体继电器制造的关键步骤之一，具体步骤如下。

（1）选材：选用具有高灵敏度的线材，如镍丝、铜丝等。

（2）裁剪：根据设计要求，将线材裁剪成合适的长度。

（3）绕制：将线材绕制在骨架上，可以采用手工或绕线机进行绕制。

（4）绝缘处理：在线圈外包裹绝缘材料，以防止线圈直接接触浮球。

3. 浮球安装与调整

浮球是双浮球气体继电器的重要组成部分。在安装浮球之前，需要选择合适的大小和形状，并根据设计要求进行安装和调整，具体步骤如下。

（1）浮球选择：根据继电器型号和应用场景选择合适大小和形状的浮球。

（2）安装位置：将浮球安装在继电器内部，确保其不与线圈接触。

（3）调试和校准：根据设计要求，调整浮球位置，确保其能正确触发报警装置。

4. 密封处理

密封处理是双浮球气体继电器制造的另一个关键步骤。此步骤需选择合适的密封材料，将其涂抹在继电器接口处，确保气体不泄漏。具体步骤如下。

（1）密封材料选择：根据继电器型号和应用场景选择合适的密封材料，如硅胶、橡胶等。

（2）涂抹位置：将密封材料涂抹在继电器接口处，确保涂抹均匀、无气泡。

（3）气密性试验：在涂抹完密封材料后，须进行气密性试验，确保气体不泄漏。

5. 气体检测

双浮球气体继电器作为一种气体传感器，需要进行气体检测。在制造过程中，需要选择合适的检测气体和检测方法，具体步骤如下。

（1）选择检测气体：根据应用场景选择需要检测的气体，如二氧化碳、甲烷等。

（2）选择检测方法：根据需要选择合适的检测方法，如电化学检测、光学检测等。

（3）检测气体浓度：在制造过程中，须对气体浓度进行检测，以确保其符合设计要求。

6. 调试与校准

在完成双浮球气体继电器的制造后，需要进行调试和校准，以确保其正常工作，具体步骤如下。

（1）调整浮球位置：根据设计要求，调整浮球位置，使其能在不同气体浓度下正确触发报警装置。

（2）电路参数调整：如果继电器带有电路板，需根据设计要求调整电路参数，如报警阈值、测量范围等。

（3）误差补偿和稳定性处理：根据调试结果，对继电器进行误差补偿和稳定性处理，以提高其测量准确性和稳定性。

7. 包装与出厂

完成调试和校准后，需要对双浮球气体继电器进行包装和出厂处理，具体步骤如下。

（1）成品检查：对每个继电器进行成品检查，确保其符合设计要求和质量标准。

（2）包装：根据客户要求和运输条件，选择合适的包装方式，如纸盒、木箱等。

（五）双浮球气体继电器的安装工艺关键环节

1. 准备材料

在安装双浮球气体继电器之前，需要准备以下材料。

（1）双浮球气体继电器：1个。

（2）专用工具：1套（包括螺丝刀、平口螺丝刀、套筒扳手等）。

（3）密封胶：适量。

（4）清洁剂：适量。

（5）润滑剂：适量。

（6）电缆：根据需要选择合适规格的电缆。

（7）接线端子：根据电缆规格选择合适的接线端子。

（8）过滤器：根据需要选择合适的过滤器。

（9）防爆管：根据需要选择合适的防爆管。

（10）支架：根据需要选择合适的支架。

2. 安装位置选择

在选择安装位置时，需要考虑以下因素。

（1）使用目的：根据实际需要，确定双浮球气体继电器的安装位置，确保其能够覆盖需要检测的区域。

（2）环境因素：考虑到湿度、温度、风雨等环境因素，选择一个相对稳定、可靠的位置进行安装。

（3）设备参数：根据双浮球气体继电器的参数要求，选择一个合适的安装位置，确保其能够正常工作。

3. 电缆连接

在连接电缆之前，需要先确定电缆的规格和长度，然后进行以下步骤。

（1）剥离电缆的外皮，露出内部的导线。

（2）将导线按照接线端子的规格进行剥削，确保长度合适。

（3）将导线插入接线端子中，确保连接牢固。

（4）用螺丝刀等工具将接线端子固定在双浮球气体继电器上。

（5）检查电缆与继电器之间的连接是否紧密、牢固，防止松动或接触不良。

4. 调试校准

在安装完双浮球气体继电器之后，需要进行调试和校准，以确保其正常工作，具体步骤如下。

（1）调整继电器灵敏度：根据实际需要和设备参数，调整双浮球气体继电器的灵敏度，使其能够正确地检测到气体浓度变化。

（2）检查报警功能：在调试过程中，需要检查双浮球气体继电器的报警功能是否正常工作，确保其能够在气体浓度达到设定阈值时触发报警装置。

（3）记录数据：在调试过程中，需要记录相关数据，如气体浓度、报警时间等，以便后续分析和调整。

5. 固定安装

根据安装位置选择合适的固定方式，确保继电器安装牢固、防水、防尘等，可以考虑以下几种固定方式。

（1）支架安装：在墙上或立柱上安装支架，将双浮球气体继电器固定在支架上。

（2）底盘安装：将双浮球气体继电器安装在底盘上，再将其固定在地面上。

（3）吊装：对于高空安装或移动设备的情况，可以考虑使用吊装方式将双浮球气体继电器吊装到指定位置。

6. 接线规范

按照规格选择接线方式，并确保接线紧密、安全。可以考虑以下几种接线规范。

（1）并联接线：将电缆按照相同的颜色和规格连接在一起，采用并联方式进行接线。

（2）分支接线：将电缆按照不同的颜色和规格分成几组，每组之间相互独立，采用分支方式进行接线

7. 安全措施

在安装双浮球气体继电器时，需要注意以下安全事项。

（1）佩戴防护用品：工作人员需要佩戴手套、口罩、护目镜等必要的防护用品，以避免在安装过程中受到伤害。

（2）检查电源是否断开：在开始安装之前，需要先检查电源是否已经断开，确保工作安全。

（3）确保操作规范：在安装过程中，需要严格遵守操作规范，避免误操作导致设备损坏或者发生危险。

8. 验收检查

在双浮球气体继电器安装完成后，需要进行验收检查，以确保其正常工作。具体验收流程和检查内容如下。

（1）检查外观是否完好无损：检查双浮球气体继电器的外观是否完好无损，没有

划痕、变形或其他损伤。

（2）检查安装位置是否合适：检查双浮球气体继电器的安装位置是否合适，是否符合安装要求。

（3）检查电缆连接是否正常：检查电缆连接是否正常，是否有松动、接触不良等现象。

（六）双浮球其他继电器的运维注意事项

1. 设备检查与维护

（1）外观检查：检查继电器外部是否有损坏或异常现象，如浮球是否平稳、电缆是否破损等。

（2）内部清洁：定期对继电器进行内部清洁，以去除灰尘、杂质等，确保其正常工作。

（3）定位调整：根据实际需要对浮球位置进行调整，使其能够正确地检测气体浓度。

（4）密封检查：检查继电器接口的密封性能，确保气体不泄漏。

2. 设备调试与校准

（1）调整参数：根据实际需要，对继电器的报警阈值、测量范围等参数进行调整。

（2）仪器校准：定期使用标准气体对继电器进行校准，确保其测量准确度。

（3）数据管理：建立继电器运行数据记录，以便对设备运行状况进行监控和分析。

3. 常见故障与排除

（1）电路故障：如出现电路故障，应检查电路板连接是否正常，或更换故障元件。

（2）机械故障：如出现机械故障，应检查浮球、感应器等部件是否正常工作，或更换故障部件。

4. 安全注意事项

（1）通风安全：在有害气体环境中使用双浮球气体继电器时，必须确保现场有良好的通风条件，以避免对人体造成危害。

（2）设备故障时的处理方法：当设备出现故障时，应及时停用并采取相应措施，以避免对人员和设备造成损害。

5. 维修工具与备件

（1）维修工具：在进行双浮球气体继电器维修时，需要准备螺丝刀、平口螺丝刀、套筒扳手等工具。

（2）备件：为了方便维修，通常需要准备一些常用的备件，如感应器、电路板等。

备件的种类和数量可以根据实际需要来确定。

6. 操作流程与步骤

（1）设备的使用：在使用双浮球气体继电器时，需要先进行外观检查和密封检查，以确保设备处于正常工作状态。

（2）维护和保养：为了保持双浮球气体继电器的正常工作状态和提高其使用寿命，应定期进行内部清洁、调整定位和仪器校准等维护和保养工作。

（3）故障处理：当双浮球气体继电器出现故障时，应及时停用并采取相应的处理措施。可以先根据常见故障与排除的介绍进行检查和修复，如果无法解决，则可以联系专业的维修人员进行维修。

（4）数据记录与分析：建立双浮球气体继电器运行数据记录，并定期对数据进行检查和分析。如果发现数据异常或报警情况，应及时处理并记录在案。

（5）更换备件：当备件不足或损坏时，应及时进行更换。在更换备件时，应注意与原有备件型号和规格的匹配，避免出现不兼容的情况。同时，还需要按照维修工具与备件的说明进行操作。更换备件后应进行设备的调试与校准步骤，确保设备正常运行。

三、XX 变电站 1 号主变压器 35kV 本体轻瓦斯动作检查处理缺陷分析

（一）缺陷情况描述

2022 年 2 月 10 日，检修人员在 ×× 变电站进行 1 号主变压器本体轻瓦斯告警检查处理。检修人员打开主变压器本体端子箱检查发现有载瓦斯与本体瓦斯信号线并连，后台显示本体轻瓦斯告警。

（二）设备相关信息

主变压器型号为 SZ9–16000/35，出厂日期为 2001 年 3 月。

（三）处理过程描述

检修人员打开本体瓦斯并排气无气泡，本体瓦斯内配接线完好，检修人员对本体轻瓦斯告警信号线断开并进行摇绝缘，绝缘正常，本体轻瓦斯告警信号线断开后，对本体瓦斯接线柱进行测量，瓦斯正常断开，后台光字依然存在，排除主变压器本体瓦斯故障。检修人员进一步检查发现有载瓦斯与本体轻瓦斯告警信号线短接（见图 8-3），后台显示本体轻瓦斯告警。检修人员立即对有载瓦斯进行检查，发现有载瓦斯中有气泡，经排气后光字消失，二次人员将有载瓦斯与本体轻瓦斯告警信号线短接线拆除（见图 8-4）。后台光字消失，故障消除。

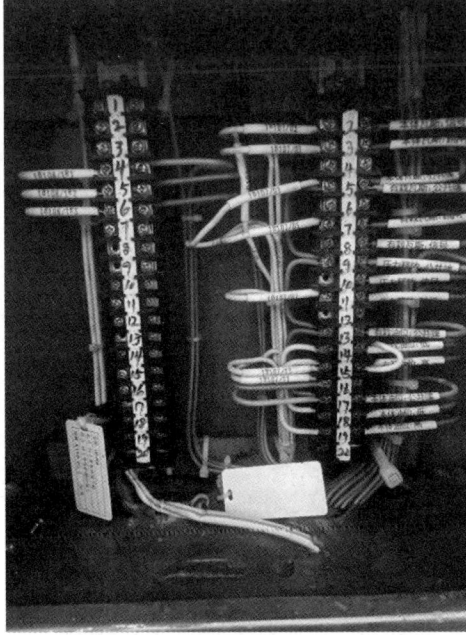

图 8-3　有载瓦斯与本体轻瓦斯告警信号线短接

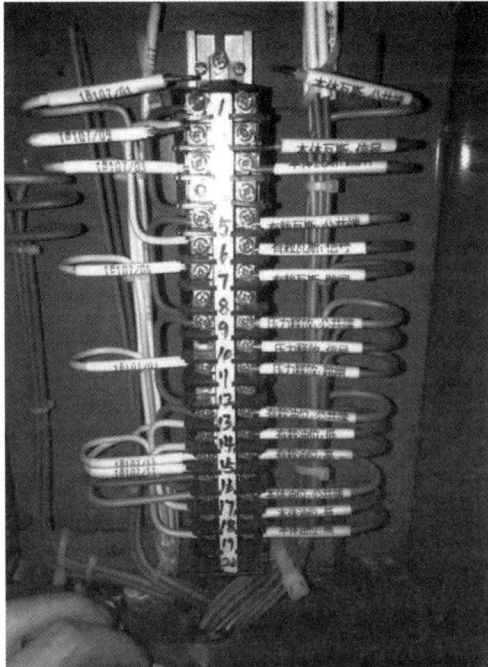

图 8-4　有载瓦斯与本体轻瓦斯告警接线拆除

（四）缺陷原因分析

结合现场分析，有载瓦斯与本体轻瓦斯告警信号线并接，有载瓦斯中存在气泡导致后台出现本体轻瓦斯告警光字。

（五）建议与措施

由于该缺陷在巡视时较难发现，建议后续综合检修过程中加强端子箱检查工作。

第二节　压力释放阀

一、结构及分类

变压器压力释放阀是一种关键的设备，主要用于防止变压器内部的压力过高。这种设备具有保护变压器、防止故障发生的重要作用。变压器压力释放阀如图 8-5 所示。

（一）结构

变压器压力释放阀的基本结构主要包括阀体、阀座、阀瓣和弹簧等部件。

1. 阀体

这是压力释放阀的主要结构，通常由坚固的金属材料制成，用于承载变压器内部的气体或液体压力。

图 8-5　压力释放阀

2. 阀座

这是阀体的一个重要部分，通常与变压器的出口连接。

3. 阀瓣

这是压力释放的核心部件，通常由耐磨材料制成，可与阀座形成紧密的密封。

4. 弹簧

在正常状态下，弹簧会推动阀瓣与阀座紧密接触，以实现密封。当变压器内部压力上升到一定值时，弹簧会被压缩，使阀瓣打开，压力得以释放。

（二）分类

1. 根据作用原理分类

（1）直接作用式压力释放阀：这种类型的阀门直接受变压器内部压力的影响，当压力达到一定值时，阀瓣自动打开，压力释放。

（2）间接作用式压力释放阀：这种阀门受外部装置（如压力传感器）的控制，当变压器内部压力上升时，外部装置会触发阀瓣打开，压力释放。

2. 根据安装位置分类

（1）顶部安装式压力释放阀：这种阀门安装在变压器的顶部，用于释放顶部聚集的压力。

（2）底部安装式压力释放阀：这种阀门安装在变压器的底部，用于释放底部聚集的压力。

3. 根据材质分类

（1）金属压力释放阀：这种阀门主要由金属制成，具有较高的强度和耐腐蚀性，但价格较高。

（2）非金属压力释放阀：这种阀门主要由非金属材料制成，如塑料或橡胶，价格较金属压力释放阀便宜，但耐压能力和耐腐蚀性可能较差。

4. 根据外形分类

（1）普通型压力释放阀：这种阀门的形状和结构较为简单，主要用于小型变压器的压力释放。

（2）特殊型压力释放阀：这种阀门为了满足特定需求，形状和结构可能较为复杂，如防爆型、防水型等。

二、工艺关键环节（制造、安装、运检）

（一）变压器压力释放阀的制造工艺关键环节

1. 材料选择

制造变压器压力释放阀的主要材料包括钢材、铝合金、铜合金等。其中，钢材用于制造阀体、阀芯等主要部件，铝合金用于制造阀盖、阀座等部件，铜合金则用于制造导电部分。在选择材料时，需要综合考虑材料的机械性能、耐腐蚀性、电气性能等因素，同时根据产品设计要求确定材料的规格和型号。

2. 结构设计

变压器压力释放阀的结构设计主要包括内部部件布置和外形设计。内部部件主要包括阀体、阀芯、阀座、弹簧等，这些部件的几何形状和相对位置需要满足产品的功能要求和性能指标。外形设计则主要考虑与变压器接口的匹配性，同时要保证安装方便、美观大方。此外，阀芯材质的选择也十分重要，需要具有足够的硬度以保证其耐磨性和抗腐蚀性。

3. 模具制作

制作变压器压力释放阀的模具需要先进行设计，根据产品结构和生产规模来确定模具的结构和加工精度。在模具制作过程中，需要保证模具的配合尺寸精度，以使生产出的产品符合设计要求。此外，为了延长模具的使用寿命，需要选用具有高强度、耐磨性和抗腐蚀性的材料来制作模具。

4. 表面处理

对变压器压力释放阀进行表面处理可以增强其防腐蚀性和美观度。常见的表面处理方式包括镀锌、喷涂、氧化等。具体的处理流程包括预处理、清洁、去油、除锈等，为后续表面处理做好准备。经过表面处理后，产品的外观质量将得到显著提升，同时也能有效延长产品的使用寿命。

5. 装配调试

装配是变压器压力释放阀制造过程中非常重要的一环，需要按照一定的顺序将各个部件组装在一起。在装配过程中，需要注意保证各部件的配合尺寸精度，确保产品的密封性和可靠性。调试则是为了检查产品的性能是否达到设计要求，通常需要进行压力测试和电气性能测试。在调试过程中，要记录详细的数据以备后续分析，对于不合格的产品要及时进行返工或报废。

6. 检验检测

为了确保变压器压力释放阀的质量符合要求，需要进行严格的检验和检测。检验项目应涵盖外观质量、尺寸精度、密封性能、电气性能等多个方面。检测方法可以采用常规的测量工具和检验设备，如卡尺、千分尺、压力表等。对于关键的尺寸和性能指标，则需要采用先进的检测设备和技术进行更为精确的检测。检验和检测完成后，需要将相关数据记录在案，以便后续对产品进行质量分析和跟踪。

7. 包装运输

变压器压力释放阀在运输前需要进行妥善的包装，以保护产品在运输过程中不受损伤和污染。包装材料应选择质地坚硬、防潮防震的材料，如纸箱、木架等。在包装过程中，要确保产品稳固固定在包装箱内，避免在运输过程中发生位移或碰撞。此外，为了方便客户使用，可以在包装上印制产品名称、规格型号、生产日期等重要信息。

在运输过程中，要选择可靠的运输方式和运输工具，确保产品安全及时地送达目的地。对于长途运输，要特别注意防潮防震措施，避免产品在运输过程中受到损坏。在运输途中，如遇恶劣天气或不可抗力因素导致运输延误或损坏时，应及时与相关部门联系并采取相应补救措施。

（二）变压器压力释放阀的安装工艺关键环节

1. 准备工具和材料

在进行变压器压力释放阀安装前，需要准备以下工具和材料。

（1）扳手：用于拧紧和松开螺丝。

（2）螺丝刀：用于拧紧和松开螺丝。

（3）测电仪：用于检查电路是否带电。

（4）压力释放阀：需要安装的设备。

（5）润滑剂：用于润滑阀芯和阀座。

（6）清洁剂：用于清洁安装表面。

2. 清理和检查

在开始安装前，需要对变压器进行清理和检查。首先，移除变压器周围的杂物，确保安装表面干净整洁。然后，检查压力释放阀是否有损坏或脱落现象，如有问题应及时更换。最后，检查阀芯和阀座是否磨损或堵塞，确保阀芯能够自由移动。

3. 安装

在进行安装时，需要遵循以下步骤。

（1）确定安装位置：根据产品手册选择合适的安装位置，并标记出来。

（2）固定阀芯：使用扳手将阀芯固定在变压器上。

（3）连接管道：将压力释放阀的管道与变压器的管道对接，确保连接处不漏气。

4. 紧固

在安装完成后，需要对固定装置进行紧固，以避免漏气和异常情况。使用扳手将螺丝拧紧，确保阀芯与变压器固定牢固。

5. 测试

完成安装后，需要进行测试，以确保压力释放阀能够正确工作和可靠。首先，使用测电仪检查电路是否带电。然后，对压力释放阀进行压力测试，确保在正常压力范围内能够正常工作。最后，进行功能测试，检查阀芯是否能够自由移动，以及是否出现渗漏等现象。

6. 防护

在安装过程中应采取以下防护措施：避免压力释放阀被污染，在安装前应对阀芯和阀座进行清洁，防止灰尘或其他杂质进入管道内部。

7. 记录

在进行安装过程中，需要对以下内容进行记录。

（1）安装时间：记录安装的具体时间。

（2）安装人员：记录参与安装的人员姓名。

（3）安装过程：记录安装过程中遇到的问题及解决方案。

（4）测试结果：记录测试的结果，包括压力值、电路状态等。

（5）其他细节：记录安装过程中的其他细节问题，如天气条件等。

8. 安全

在安装和维护过程中，需要注意以下安全事项。

（1）禁止带电操作：在安装或维护时，应先切断电源再进行操作，以免发生触电事故。

（2）使用合适的工具：在操作时使用合适的工具，避免使用不合适的工具造成损伤或损坏设备。

（3）遵循产品手册：在安装或维护时，应遵循产品手册或相关技术文档进行操作，避免不当操作导致意外情况。

（4）定期检查和维护：定期对压力释放阀进行检查和维护，及时发现并解决问题，确保其正常运转。

（三）变压器压力释放阀的运维注意事项

1. 定期检查

定期检查是变压器压力释放阀运维检修的基础，可以及时发现并处理存在的问题。定期检查的主要内容包括。

（1）记录压力释放阀的温度和位置，判断其是否正常工作。

（2）观察压力释放阀是否出现漏油、破损等现象，如有异常应及时处理。

（3）检查密封件是否完好，如发现损坏或老化应及时更换。

2. 性能测试

性能测试可以评估压力释放阀的工作状态，主要包括以下几方面。

（1）带电测试压力释放阀的电压和电流是否正常，以判断其电气性能是否达标。

（2）测量压力释放阀的电阻和功率，以评估其负荷能力和能耗。

（3）进行气密性试验，以检测压力释放阀是否存在泄漏现象。

3. 清理维护

定期清理和维护可以保证压力释放阀的正常工作，主要包括以下几方面。

（1）定期清理压力释放阀表面的灰尘和污垢，以避免影响其正常工作。

（2）发现密封件损坏时应及时更换，以保证压力释放阀的密封性能。

（3）定期检查各连接处的紧固情况，以避免因松动而引发故障。

4. 更换密封件

更换密封件是保证压力释放阀正常工作的关键步骤，需要注意以下几点。

（1）确认需要更换的密封件，如发现老化或损坏应及时更换。

（2）准备合适的工具和材料，以保证更换过程的顺利进行。

（3）按照说明书或专业人员的指导进行更换，以确保新密封件的安装准确无误。

5. 调整压力

在某些情况下，可能需要调整压力释放阀的压力，主要包括以下几方面。

（1）确认需要调整压力，如发现压力异常或达到设定值上限时应及时进行调整。

（2）准备合适的工具和设备，如压力表、扳手等，以保证调整过程的顺利进行。

（3）按照说明书或专业人员的指导进行压力调整，确保调整后的压力值在规定范围内。

6. 记录分析

记录和分析是变压器压力释放阀运维检修的重要环节，主要包括以下几方面。

（1）记录压力释放阀的工作状态，包括定期检查、性能测试、清理维护、更换密封件、调整压力等方面的记录。

（2）定期对记录进行分析，总结经验教训，发现异常时及时处理，以避免问题的扩大化。

（3）根据实际情况制定相应的预防性维护计划，以保证变压器压力释放阀的长期稳定运行。

总之，变压器压力释放阀的运维检修工艺是保证其正常工作的关键，需要定期进行检查、测试、清理维护、更换密封件、调整压力和记录分析等方面的工作。只有这样，才能确保变压器的安全稳定运行，从而保障电力系统的可靠性。

三、缺陷案例分析

2022年10月16日6时24分，3号发变组带负荷40MW运行过程中，3号主变压器压力释放阀动作，3号主变压器高压侧开关跳闸，3号机组出口断路器跳闸，事件发生时3号主变压器油面温度1为63.5℃、油面温度2为63.7℃，绕组温度为73.7℃，因储油柜波纹管有漏点油位计一直处在9格处。事故原因分析如下：

事故发生后检查发变组保护柜内变压器保护装置报"压力释放动作跳闸"，无其他保护动作信号，现场检查3号主变压器2个压力释放阀有轻微喷油现象，检查3号主变压器冷却水系统各阀门正常，开启3组冷却水试验，水压、流量均满足要求，检查3号主变压器油循环管路各阀门位置正确，开启3组油泵电机试验，油泵电机运行正常，检查3号主变压器本体无异常现象，检查储油柜时发现其临时防渗油措施上的塑料管在绑扎的上部有折弯，绑扎处有变形现象，检查气体继电器集气盒内无气体。因此，初步认为变压器内部无故障，由于储油柜呼吸器临时防漏油措施所用塑料管有明显的折弯，根据变压器储油柜的工作原理可以认为3号主变压器在长时间满负荷运行情况下，由于温度升高使得主变压器油箱内的油膨胀向储油柜内压缩，但是因为呼吸用的塑料管有折弯，使得呼吸器管路排气不畅，金属波纹管不能得到有效的压缩，导致主变压器内的压力越来越高，从而导致压力释放阀达到动作值动作。

查阅监控报文显示"05：41：263 号主变 3# 冷却器故障动作""05：41：263 号主变冷却器水中断动作""06：24：003 号主变 3# 冷却器故障复归""06：24：003 号主变冷却器水中断复归""06：24：003 号主变冷却器运行复归""06：24：003 号主变压力释放动作""06：24：003 号主变高压侧操作箱第一组跳闸动作""06：24：003 号主变高压侧操作箱第二组跳闸动作""06：24：003 号机组发电机出口断路器分闸位置动作"。10 月 16 日 0 时 31 分，3 号机组开始带 40MW 负荷运行，其油面温度 1 为 53.6℃、油面温度 2 为 53.7℃、绕组温度为 62.5℃，跳闸时与加负荷时的温度对比油面温度 1 上涨 9.9℃，油面温度 2 上涨 10℃，绕组温度上涨 11.2℃，上涨时间为 5 小时 57 分；查上位机监控报表，3 号发变组在 8 月 8 日带 40MW 负荷运行，加负荷时油面温度 1 为 50.7℃，油面温度 2 为 51.2℃，绕组温度为 56.8℃，降负荷时油面温度 1 为 56.8℃，油面温度 2 为 57.5℃，绕组温度为 66.7℃，降负荷时与加负荷时的温度对比油面温度 1 上涨 6.1℃，油面温度 2 上涨 6.3℃，绕组温度上涨 9.9℃，上涨时间为 10 小时；经过对比可以看出在带相同负荷情况下，此次油面最高温度比前期相同负荷时增加了 6.2℃，绕组温度增加了 7℃，温度上升速度比前期带相同负荷时快了 4 个小时。询问现场值班运行人员，了解到在报 3 号主变压器 3 号冷却器故障动作后，现场值班人员到现场检查发现 3 号冷却器示流信号器显示无流，其余 2 台冷却器运行正常，现场运行人员关闭 3 号冷却器进、出水阀后对 Y 型过滤器进行了清理，因此，可以判断出 3 号冷却器在运行过程中出现了堵塞情况才导致 3 号主变压器温度上升速度较正常时快，最高温度比正常运行时偏高。

综上所述，3 号主变压器此次压力释放阀动作主要原因是由于储油柜波纹管存在漏点，而采取防止渗油漏出的塑料管出现折弯，导致变压器在带额定负荷运行过程中温度升高，油箱内的油向储油柜压缩，而储油柜内的金属波纹管因为排气的管路出现折弯，不能及时排气进行压缩，随着温度的升高，使得油箱内的压力越来越大，从而使得压力释放阀动作；次要原因是因为 3 号主变压器 3 号冷却器有堵塞现象，运行人员未能及时发现和进行清理，导致 3 号主变压器油面温度和绕组温度上升过快，油箱内压力增大，由于储油柜呼吸器塑料管折弯使得储油柜内压力不能正常调节，从而使压力释放阀动作。

第三节　油位计

一、油位计的结构及分类

变压器运行时应保持正常油位。为了监视变压器的油位，变压器的油枕上装有玻璃管油位计或磁针式油位计。油位计（表）是用来指示储油柜中的油面的。对于胶囊式储油柜，为了使变压器油面与空气完全相隔绝，其油位计间接显示油位。这种储油柜是通过在储油柜下部的小胶囊袋使之成为一个单独的油循环系统的。当储油柜的油面升高时，压迫小胶囊袋的油柱压力增大，小胶囊袋的体积被缩小了一些，于是在油表反映出来的油位也高起来一些，且其高度与储油柜中的油面成正比；相反，储油柜中的油面降低时，压迫小胶囊袋的油柱压力也将减小，使小胶囊袋体积也相对地要增大一些，反映在油表中的油面就要降低一些，且其高度与储油柜中的油面成正比。换句话说，它是通过储油柜油面的高低变化，导致小胶囊袋压力大小发生变化，从而使油面间接地、成正比例地反映储油柜油面高低的变化。结构可分为板式油位计、管式油位计及磁力式油位计等。

（1）板式油位计。板式油位计只是在小型的配电变压器上才使用。板式油位计安装在储油柜的端面上，有机玻璃板与反光镜之间的油道与储油柜相通。这种油位计结构简单，以油位计的反光镜显示油位，故油位指示不够清楚，有机玻璃板容易开裂，如图 8-6 所示。

（2）管式油位计。小型变压器上使用的小型管式油位计是用一根固定在储油柜端面上玻璃管，玻璃管的上、下端分别与储油柜的上部和下部相通。根据连通管的原理，用玻璃管中的油位指示储油柜内部的油位。这种结构由于玻璃管中的油受阳光照射容易劣化，从而影响变压器内部的油质，如图 8-7 所示。

（3）磁力式油位计。磁力式油位计以储油柜隔膜为感受元件，其连杆与隔膜上支板铰链连接，连杆的另一端与表体的传动机构相连，如图 8-8 所示。由于隔膜随油面作垂直升降，通过连杆把油面上、下位移变成连杆绕固定轴的角位移，再通过齿轮等传动机构使指针转动，从而间接显示出油位，磁力式油位计还带有刻度 0 和 10 的最低和最高油位报警指示装置。

图 8-6　板式油位计

图 8-7　管式油位计

图 8-8　磁力式油位计

二、关键工艺（制造、安装、运检）

（一）板式油位计的制造工艺关键环节

1. 原材料采购

在制造变压器板式油位计时，原材料的采购是首要环节。首先，需要选择具有稳定供货能力和可靠质量的供应商，确保原材料的质量和交货期。在采购过程中，需对原材料进行严格的检验，包括材质、尺寸、表面质量等方面，确保符合设计要求。检验合格的原材料方可入库，供后续生产使用。

2. 油位计设计

油位计设计是制造过程中的关键环节，主要包括确定油位计的规格、传感器和显示器的设计等。根据变压器的具体需求，设计人员需确定油位计的尺寸、结构和工作原理。同时，需考虑传感器和显示器的选型及安装位置，确保油位计的可靠性和易于维护性。在设计过程中，需要与变压器制造商密切沟通，确保油位计与变压器本体的一体化设计和兼容性。

3. 油位计加工

油位计加工主要包括板料的切割、冲压、焊接等环节。在加工过程中，需要严格控制各项参数，如板材厚度、冲压力度、焊接温度等，以确保油位计的质量和稳定性。同时，加工过程中需要注意防止板材变形、开裂等问题，避免对油位计的性能产生不良影响。在完成加工后，需要对油位计进行严格的外观检查和尺寸测量，确保符合设计要求。

4. 油位计组装

油位计组装是将加工好的零部件进行组装、连接和调试的过程。在组装过程中，需注意保证各零部件的安装位置和配合精度，确保传感器、显示板等关键部件的正常工作。同时，需注意避免组装过程中出现误差，如传感器安装不到位、显示板与本体配合不良等问题。对于可能出现的误差，应及时分析原因并采取措施进行纠正，确保油位计的整体质量和性能。

5. 油位计调试

调试是制造过程中的重要环节，主要对组装好的油位计进行传感器的标定、显示板的调校等工作。在调试过程中，需要逐项检查油位计的各项功能和性能指标，如传感器灵敏度、显示准确性等。同时，需要根据不同型号的油位计积累的调试经验，对调试过程中出现的问题进行及时的修正和改进，确保油位计的稳定性和可靠性。调试完成后，需对油位计进行严格的性能测试，确保其各项指标均达到设计要求。

6.油位计检测

油位计检测是制造过程的最后环节，主要是对完成的油位计进行质量检查和性能测试。检测过程中，应按照相关标准和规范进行逐项检查，如外观检查、尺寸检查、性能测试等。对于检测出的不合格产品，需进行返工或报废处理，避免不良产品流入市场。同时，在检测过程中应注意积累有效的检测方法和处理技巧，提高检测效率和准确性。

7.油位计清洁与涂装

清洁和涂装是油位计制造的最后环节，主要对油位计进行清洁和涂装处理，以增加其美观度和使用寿命。在清洁过程中，应使用专业的清洁剂和工具，对油位计表面进行彻底清洁，确保表面无灰尘、污渍等杂质。涂装处理时，需根据设计要求选择合适的涂料和涂装工艺，对油位计进行喷涂、刷涂等处理。涂料应具有耐磨、耐腐蚀等特性，以确保油位计在使用过程中的稳定性和耐久性。

（二）板式油位计的安装工艺关键环节

1.拆除原变压器油位计

在进行安装前，首先要拆除原有的变压器油位计。首先关闭变压器电源，释放掉油箱内部的压力，然后拆除连接管路和传感器等部件。在拆除过程中要小心操作，避免对变压器造成损伤。

2.确认安装位置

安装位置是影响板式油位计使用效果的重要因素。在确定安装位置时，需要考虑以下因素。

（1）板式油位计的活动空间：安装位置需要足够的空间，以便于观察油位变化和进行维护。

（2）安装质量：要选择坚固、平整的安装表面，避免安装后出现晃动或倾斜等情况。

（3）油位变化的影响：应避免安装在油位变化剧烈的地方，以减小对测量精度的影响。

3.对安装表面进行清理

在安装前，需要对安装表面进行清理，包括打磨、除锈、刷漆等步骤。这可以确保板式油位计能够良好地固定在变压器上，提高安装质量。

4.将板式油位计按照厂家提供的结构图进行组装

在安装前，需要按照厂家提供的结构图将板式油位计进行组装。在组装过程中，要确保每个部件都安装到位，以避免安装后出现晃动或漏油等情况。同时，要确保组装质量符合要求，避免因组装不当导致设备无法正常使用。

5. 将组装好的板式油位计安装到变压器的正上方

将组装好的板式油位计按照厂家提供的结构图安装在变压器的正上方。在安装过程中，要确保板式油位计的水平度和仰角准确，以减小测量误差。根据实际情况，可能需要调整板式油位计的仰角，以确保最佳的测量效果。

6. 调整板式油位计的仰角

调整板式油位计的仰角是非常重要的步骤。在调整仰角时，需要确保仰角与水平面保持一定的角度，以使板式油位计能够正确地测量油位。一般来说，仰角的大小应根据实际情况进行调节，以获得最准确的测量结果。

7. 固定油位计

为了确保板式油位计的稳定性和安全性，需要使用管路和阀门等附件将其固定在变压器上。在固定过程中，要确保管路和阀门的连接牢固可靠，以避免出现漏油或晃动等情况。此外，良好的安装质量可以保证设备的正常使用，延长其使用寿命。

（三）板式油位计运检的注意事项

1. 定期检查

定期检查油位计对于变压器的正常运行至关重要。建议至少每月进行一次检查，以确保油位计的正常运行。检查内容主要包括观察油位计的指示是否准确、油位计管路是否有漏油现象以及设备外表是否清洁等。

2. 油位计清洁

保持油位计的清洁可以有效防止设备故障和误差。一般而言，应至少每季度对油位计进行一次清洁。清洁过程中，应使用软布擦拭油位计表面，并使用适量的变压器油进行维护。切勿使用强酸强碱清洁剂，以免对设备造成损害。

3. 校准油位

为确保油位计的准确测量，应定期进行油位校准。一般而言，至少每年进行一次校准。校准过程中，需使用专业的校准工具对油位计进行校准，并确保与储油柜油位保持一致。如发现误差较大，应立即进行调整。

4. 防止渗漏

渗漏是油位计常见的故障之一。为防止渗漏，应定期检查油位计的密封件是否老化或损坏，发现问题及时更换。此外，还要检查油位计的连接处是否紧固，避免因松动导致渗漏。

5. 保持油位稳定

油位计的稳定运行对于变压器的正常工作至关重要。为保持油位稳定，应避免在变压器附近进行剧烈震动或撞击。此外，要定期检查油位计的工作状态，确保其指示准确、运行稳定。

6. 留意油位变化

留意油位的变化可以及时发现油位计的异常。正常情况下，变压器油的消耗量较小，油位变化不大。如发现油位变化异常，可能是由于油位计故障或其他问题导致，须立即进行检查和维修。

7. 避免污染

避免污染可以延长油位计的使用寿命。为避免污染，应定期检查周边环境是否整洁，防止灰尘、杂质等污染物进入油位计。同时，要使用合格的变压器油，避免使用劣质油导致设备污染。

8. 维护周边设施

周边设施的维护对于油位计的正常运行也至关重要。应定期检查变压器及其他周边设施是否正常工作，如发现问题及时维修。此外，要保持周边设施的整洁卫生，避免对油位计产生干扰。

9. 检查密封性

为确保油位计的正常运行，必须检查其密封性。应定期检查油位计的密封件是否完好无损，如发现密封件老化或损坏应及时更换。同时，要确保油位计连接部位的紧固，以防止渗漏现象的发生。

（四）管式油位计制造工艺关键环节

1. 材料准备

制造变压器管式油位计需要以下主要材料和设备。

（1）密封材料：例如丁腈橡胶、聚氨酯等，用于密封和防漏。

（2）紧固件：例如螺栓、螺母、垫圈等，用于连接和固定各个部件。

（3）管件：例如钢管、铜管等，用于构成油位计的主体结构。

（4）仪表：例如浮子、连杆、杠杆等，用于测量油位并传递信号。

2. 切割和加工

制造变压器管式油位计需要按照设计要求对材料进行切割和加工，具体步骤包括：

（1）管件的加工。根据设计要求，使用切割机、打磨机等设备对管件进行切割、打磨等加工，以便后续的焊接和装配。

（2）仪表的安装。将浮子、连杆、杠杆等仪表部件按照设计要求组装在一起，确保测量准确度和稳定性。

3. 焊接和连接

在制造变压器管式油位计的过程中，需要将管件和仪表等部件连接在一起。具体步骤包括：

（1）焊接方式。采用氩弧焊、手工电弧焊等方式将管件和仪表部件连接在一起，确保焊接质量和稳定性。

（2）焊接材料。选择合适的焊接材料，例如焊丝、焊条等，以确保焊接强度和密封性。

（3）连接方式。除了焊接外，还可以采用法兰连接、螺纹连接等方式将管件和仪表部件连接在一起，以满足不同的安装和使用要求。

4. 表面处理

为了提高变压器管式油位计的美观度和使用性能，需要对表面进行处理，具体步骤包括：

（1）抛光。使用抛光机对表面进行抛光处理，以提高表面的光洁度和美观度。

（2）清洗。使用清洗剂对表面进行清洗，去除表面的污垢和杂质。

（3）涂装。在表面涂装一层保护层，例如油漆、防锈油等，以保护表面不受腐蚀和损伤。

5. 油位传感器安装

变压器管式油位计的油位传感器需要安装在变压器油箱上，具体步骤包括：

（1）安装位置。选择适当的安装位置，例如油箱顶部或侧面，以便准确地监测油位。

（2）安装方式。采用法兰连接、螺纹连接等方式将油位传感器与油箱连接在一起，确保安装牢固可靠。

（3）连接方式。将油位传感器与变压器二次仪表或控制系统连接在一起，以便实时监测油位并传递信号。

6. 油箱清洗

变压器油箱在使用前需要进行清洗，以确保其中的杂质和有害物被清除干净，具体步骤包括：

（1）油箱内部清洗。使用清洗剂和高压水枪对油箱内部进行清洗，去除杂质和有害物。

（2）油箱密封性检测。检测油箱的密封性能是否符合要求，防止油箱在使用过程中发生泄漏。

7. 油位检测

变压器管式油位计在使用前需要进行油位检测，以确保其准确性和可靠性，具体步骤包括：

（1）零位检测。检测油位计的零位是否准确，避免误差过大影响测量结果。

（2）量程检测。检测油位计的量程是否符合要求，以保证能够覆盖实际油位的测量范围。

（3）精度检测。检测油位计的精度是否符合要求，例如误差是否在允许范围内。

8. 密封性检测

变压器管式油位计在使用前还需要进行密封性检测，以确保其在使用过程中不会发生泄漏，具体步骤包括：

（1）气密性检测。采用压缩空气对油箱进行充气，检测是否有气体泄漏。

（2）防水性检测。采用水压测试对油箱进行加压，检测是否有水泄漏。

9. 包装出厂

变压器管式油位计需要进行包装出厂，以确保其在运输和存储过程中不受损伤。选择适当的包装方式，如采用木箱、纸箱等方式进行包装。

（五）管式油位计的安装工艺关键环节

1. 准备工具和材料

在开始安装之前，需要准备以下工具和材料：

（1）扳手（开口扳手、梅花扳手等）；

（2）螺丝刀（十字螺丝刀、梅花螺丝刀等）；

（3）老虎钳；

（4）绝缘胶带；

（5）清洁剂；

（6）棉纱或抹布；

（7）安装说明书。

2. 安装位置确定

在选择安装位置时，需要考虑以下因素：

（1）便于观察和维护，易于安装和拆卸。

（2）确保油位计的安装高度合适，以便于测量和读数。

（3）尽量远离热源和磁场干扰，确保测量准确性和安全性。

（4）考虑管路长度和弯头等因素，避免安装空间不足或对测量结果产生影响。

3. 安装板固定

安装板通常采用膨胀螺栓固定在变压器油箱上，以下是固定步骤：

（1）根据安装说明书的要求，确定膨胀螺栓的直径和长度，并准备足够的数量。

（2）使用螺丝刀和老虎钳卸下变压器油箱上原有的安装板，并清理表面。

（3）使用冲击钻在安装位置上打孔，孔的深度和直径要与膨胀螺栓相匹配。

（4）将膨胀螺栓插入孔中，使用扳手等工具将其紧固，确保安装板牢固可靠。

4. 油位计安装

油位计的安装包括管路连接、密封检查和油位计调整等步骤，以下是详细步骤：

（1）将油位计放置在安装板上，确保位置和高度正确，然后使用螺丝刀等工具进行固定。

（2）将变压器油箱上的气管与油位计连接，确保管路连接紧密、不漏气。

（3）进行密封检查，确保油位计和气管的连接处无泄漏。

（4）根据安装说明书的要求，调整油位计的零点和满刻度，以确保测量准确性和易于读数。

5. 连接管路

连接管路包括卡套的安装、管路的弯曲和连接等步骤，以下是详细步骤：

（1）根据安装说明书的要求，选择合适的卡套并安装在气管上。

（2）根据需要弯曲气管，确保长度合适、不扭曲。

（3）将气管连接到油位计上，确保连接紧密、不漏气。

6. 密封检查

在连接管路完毕后，需要进行密封检查以确保不漏气。详细步骤为：使用气体密封性能测试仪对整个气管路进行密封性测试，以确保无泄漏。如果发现泄漏，需要检查各个连接处并重新拧紧或更换卡套等部件，直至完全密封在确认无泄漏后，进行管路压力测试以进一步验证密封性能。

7. 油位计调整

完成密封检查后，需要对油位计进行调整以确保其准确性和易于读数。详细步骤为：根据安装说明书的要求，调整油位计的零点，以确保与实际油位相符。调整油位计的满刻度，以使其与最大油位相对应。根据需要调整其他参数，例如报警阈值等，以确保油位的监控符合实际需求。

8. 清洁处理

在安装完毕后，需要对安装表面和管路进行清洁处理，以确保测量准确性并延长设备使用寿命。详细步骤：使用棉纱或抹布蘸取清洁剂等溶剂，擦拭安装表面和气管表面，去除油脂、污垢和其他杂质。用清水冲洗干净后，用干净的棉纱或抹布擦干水分。

（六）管式油位计运检的注意事项

1. 定期检查

定期检查油位计是保证其正常工作的必要措施。建议至少每个月进行一次检查，以确保油位计的指示准确、运行稳定。检查的内容包括观察油位计的外观是否清洁、有无渗漏现象，以及连接处是否紧固。同时，要检查油位计的读数是否与实际油位相符，以及是否出现异常波动。

2. 油位计清洁

油位计的清洁度对它的正常运行至关重要。应定期对油位计进行清洁，以防止灰尘、杂质等对油位计的正常运行产生影响。在清洁过程中，应使用柔软的布料擦拭油位计的表面，避免使用粗糙的布料或化学清洁剂，以防止对油位计造成损伤。

3.保持油位稳定

油位的稳定是油位计正常工作的基础。应关注环境温度和负荷变化等因素对油位的影响，采取相应的措施保持油位的稳定。例如，在高温环境下，油位计的油位可能会升高，需要适时放油；在低温环境下，油位可能会下降，需要适时加油。

4.防止渗漏

渗漏对变压器安全运行的影响非常大，因此需要采取预防措施并发现渗漏后及时处理。对于油位计的连接处，应定期检查并紧固螺栓，以防止出现渗漏。同时，要关注密封件的老化情况，及时更换老化的密封件。如果发现渗漏，应立即采取措施进行堵漏，并检查变压器的其他部分是否有受到影响。

5.监视油位

监视油位是确保变压器安全运行的重要措施之一。需要通过定时测量和观察油位计的读数，以及留意油位的异常变化，对油位进行实时监控。在正常情况下，油位的波动范围应该在一定范围内，如果超出这个范围或者出现异常波动，应立即采取措施进行检查和处理。

6.异常处理

在运检过程中，如果发现油位计出现异常情况，应立即进行处理。常见的异常情况包括指示不准确、运行不稳定、渗漏等。对于这些问题，可以采取相应的措施进行调整和修复，例如重新校准油位计、更换损坏的部件等。如果在紧急情况下需要快速处理问题，应按照应急预案进行处理，如紧急放油或紧急加油等。

7.油质管理

油质管理是保证变压器安全运行的重要环节之一。需要对变压器油的品质进行定期监测，确保其中没有杂质、水分和氧化产物等有害物质。同时，要控制变压器油的温度和湿度，以防止对油的品质产生影响。如果发现油质出现问题，应及时采取措施进行处理，如更换变压器油等。

（七）磁力式油位计的制造工艺关键环节

1.磁力系统制造

制造磁力系统的步骤如下：

（1）材料选择。选用具有高磁导率的磁性材料，如钕铁硼等，以确保磁力系统具有较高的磁场强度和磁场稳定性。

（2）加工工艺。采用先进的加工工艺，如精密铣削、磨削等，以获得高精度的磁极表面和准确的磁极间距。

（3）表面处理。对磁极表面进行镀层处理，如镀铬、镀镍等，以提高磁极的耐腐蚀性和耐磨性。

2. 油位感应器制造

制造油位感应器的步骤如下：

（1）材料选择。选用具有较高绝缘性能和耐高温性能的绝缘材料，如环氧树脂、玻璃纤维等。

（2）加工工艺。采用先进的加工工艺，如精密铸造、注塑等，以获得高精度的传感器结构。

（3）表面处理。对传感器表面进行抛光处理，以提高传感器的灵敏度和准确性。

3. 变压器油道制造

制造变压器油道的步骤如下：

（1）材料选择。选用具有较高强度和耐腐蚀性能的金属材料，如不锈钢、铝合金等。

（2）加工工艺。采用先进的加工工艺，如数控机床切割、氩弧焊等，以获得精确的油道尺寸和稳定的油道结构。

（3）表面处理。对油道表面进行抛光处理，以提高油道的流动性和密封性。

4. 油位传感器安装

油位传感器安装的步骤如下：

（1）安装流程。将油位传感器牢固地安装在变压器油箱上，确保传感器与油箱内部的油位同步变化。

（2）密封性能检测。在安装过程中，要保证传感器与油箱之间的密封性能，以防止变压器油的泄漏。一般采用气密性试验或水密性试验等方法检测密封性能。

5. 磁力系统与油位感应器的组装

磁力系统与油位感应器组装的步骤如下：

（1）接线工艺。根据设计要求，将磁力系统和油位感应器的接线端子正确连接，确保信号传输的稳定性和准确性。

（2）安装流程。将组装好的磁力系统和油位感应器按照设计要求安装在变压器油箱内，确保安装牢固可靠。

（3）检测。在组装完成后进行功能检测，确保磁力系统和油位感应器能够正常工作，同时检查连接处是否紧固、密封。

6. 油道与油位传感器的连接

油道与油位传感器连接的步骤如下：

（1）管路连接。将油道和油位传感器之间通过合适的管路进行连接，确保油流畅通无阻。一般采用金属软管或塑料管等具有较好柔性和密封性的管材。

（2）密封性能检测。在连接完成后，要确保油道与油位传感器之间的密封性能，以防止变压器油的泄漏。同样可以采用气密性试验或水密性试验等方法检测密封性能。

7.密封性能检测

密封性能检测是确保变压器磁力式油位计质量的关键环节之一。常用的检测方法包括气密性试验和防水性试验等。具体方法如下：

（1）气密性试验。将整个油位计放入一个封闭的气密容器中，逐渐增加容器内的压力至规定值，然后关闭所有可能的泄漏口并保持一段时间，观察容器内的压力变化情况。如果压力没有明显下降，说明产品具有良好的气密性能。

（2）水密性试验。将整个油位计浸入水中，在规定的压力和时间内观察是否有水渗入产品内部。如果未发现明显的水分渗入，则说明产品具有良好的防水性能。

（八）管式油位计的安装工艺关键环节

1.准备工具和材料

安装变压器管式油位计前，需要准备以下工具和材料。

（1）扳手：用于拧紧和松开螺丝。

（2）螺丝刀：用于拧紧和松开小螺丝。

（3）老虎钳：用于夹紧和调整金属部件。

（4）管子钳：用于安装和调整金属管道。

（5）清洁剂：用于清洁油箱内部和油位计表面。

（6）润滑剂：用于润滑油位计轴承和金属表面。

（7）棉纱或抹布：用于擦拭和清洁油箱内部和油位计表面。

2.安装位置确定

在安装油位计之前，需要确定其安装位置。应选择变压器油箱合适的位置，确保油位计的传感器能够准确反映油位的实时情况。在确定安装位置时，需要注意以下事项：

（1）确保油位计的安装孔与油箱上的安装孔对齐。

（2）检查油箱内部是否平整，无凸起或凹陷。

（3）确保油位计的安装高度符合设计要求，便于维护和观察。

3.安装板固定

安装板用于固定油位计传感器和连接管道。在固定安装板时，需要使用扳手和螺丝钉，按照以下步骤进行操作：

（1）在油箱上选定合适的位置，用铅笔标记安装孔的位置。

（2）使用管子钳将安装板牢固地固定在油箱上，确保安装板与油箱表面平齐。

（3）使用螺丝刀和螺丝钉将安装板与油箱进一步紧固。

4. 油位计安装

在安装油位计时，需将传感器按照以下步骤进行操作：

（1）将油位计放置在安装板上，确保油位计的孔与安装板的孔对齐。

（2）使用扳手和螺丝刀将油位计固定在安装板上，确保油位计牢固不松动。

（3）检查油位计的显示面板是否与安装板平齐，如不平齐，可使用扳手微调。

5. 连接管路

安装完油位计后，需要连接管路。根据实际情况，可以使用快速接头或其他连接方式进行连接。以下是连接管路的步骤：

（1）清理油箱内部的杂质，确保连接处无异物阻挡。

（2）使用老虎钳将快速接头与油位计传感器和油箱连接处对齐。

（3）用扳手拧紧快速接头的螺丝，确保连接处不漏油。

6. 调试校准

完成管路连接后，需要对油位计进行调试和校准，以确保其正常工作并显示准确数据。以下是调试校准的步骤：

（1）将变压器置于空载状态，并确保油位计连接管路无漏油现象。

（2）查看油位计的显示面板，观察初始显示的油位数据是否准确。

（3）在变压器满载状态下，观察油位计显示的油位数据是否准确，如有偏差，可使用微调螺钉进行调整。

（4）在调试校准过程中，注意观察油位计的传感器是否灵敏，如有异常，需进行检查并调整。

7. 密封性试验

完成调试校准后，需要进行密封性试验，以确保油位计在使用过程中不漏油。以下是进行密封性试验的步骤：

（1）将变压器置于空载状态，并关闭所有阀门和开关。

（2）用清洁剂清洗油箱内部和油位计表面，然后用棉纱或抹布擦干。此时应注意不要留有任何纤维或颗粒物。

（3）用润滑剂润滑油位计轴承和金属表面，以确保密封性能良好。

（4）用扳手拧紧所有螺丝和螺栓，确保密封面平整且无间隙。在拧紧过程中应对称均匀受力，避免产生额外的应力。

（九）管式油位计运检的注意事项

1. 定期检查

定期对油位计进行检查，包括外观、紧固件、阀门和连接管等。检查周期可根据具体情况确定，例如每日巡检或每周一次。在检查时，要确保油位计的读数与变压器正常工作时的油位相符，如发现异常应及时处理。

2. 清洁油位计

定期清理油位计表面的灰尘、污渍和其他杂质，以防止这些污染物对油位计的正常运行产生影响。同时，要保持油位计内部的清洁，防止油垢和其他沉积物对测量结果产生误差。

3. 保持油位稳定

为避免油位计在工作中出现过度振动，应采取措施保持油位稳定。可以在油箱上安装减振器来减小震动，确保油位计在变压器运行过程中能够稳定工作。针对不同种类的变压器，应选择合适的液位控制装置，以便更好地保持油位稳定。

4. 防止渗漏

要防止油位计出现漏油现象，必须拧紧所有可能出现的泄漏点，如阀门、连接处等。同时，要定期检查各连接处的密封情况，确保密封良好。一旦发现渗漏，应立即采取措施进行修复，防止油液流出造成环境污染和其他安全隐患。

5. 合理调整油位计

当发现油位计读数异常时，应及时调整。在调整时，应遵循一定的顺序和技巧，如先调整高度，再调整水平等。不同形式的油位计，其调整方法可能不同，因此要熟悉相应的操作步骤和注意事项。调整完毕后，要对油位计进行复查，确保读数准确可靠。

6. 检查油色油质

通过观察油位计中的油色和油质，可以判断变压器油的品质和是否出现异常情况。要确认油位计中的油位和温度补偿是否正常，如发现异常情况应及时进行处理。此外，要关注变压器油的劣化程度，定期进行取样检测，并根据检测结果进行相应的处理。

7. 注意油温变化

在变压器运行过程中，要关注油位计的温度变化。正常情况下，变压器油的温度会随着环境温度的变化而变化，但不应出现过大的温差。如果发现油温过高或过低的现象，应立即采取措施进行调节，避免对变压器和油位计造成损害。可以使用散热器、冷却器等设备来降低油温，或者采取其他措施进行保温。在操作过程中要谨慎小心，注意维护保养，避免出现异常情况。

三、缺陷案例分析

（一）××变电站1号主变压器35kV本体油枕注油管法兰渗油处理缺陷

1. 缺陷情况描述

2022年2月10日，检修人员在××变电站进行1号主变压器本体油枕注油管法兰渗油处理。主变压器本体油枕注油管上法兰连接处渗油，需将油枕内油抽空更换密封圈，主变压器本体油位表计油位显示正常，后台无本体油位异常光字。

2. 设备相关信息

主变压器型号为 SZ9-16000/35，2001年3月出厂。

油位计型号为 UZF2-175，2001年4月出厂。

3. 处理过程描述

检修人员因处理渗油需将本体油枕油抽空进行密封圈更换，密封圈更换时运维人员进行现场关键点见证。检修人员咨询运维人员后台是否有本体油位低告警光字，运维人员经后台检查未出现任何光字。检修人员认为存在异常，本着认真负责的态度对该异常现象进行检查，二次接线正常，进一步打开油位计发现其内部油位低内配干簧信号线断裂（见图8-9），导致无法发出油位低告警信号，运维人员日常巡视无法发现该缺陷。工区暂无配品，等配品到货以后结合下次停电进行消缺。检修人员随后将油注入本体油枕，发现油位计指针未转动（见图8-10），将本体油位计进行拆除发现是油位计内部连接的浮球断在油枕内（见图8-11），导致油注入油枕后油位计指针无法动作。随后对浮球进行更换（见图8-12）并注油，油位计指针正常转动，油位计指针恢复至标准油位（见图8-13）。

图 8-9　表计内部油位低内配干簧信号线断裂

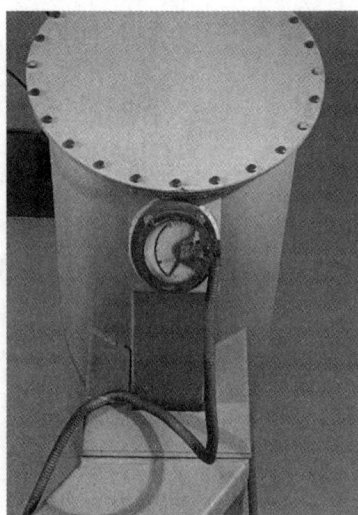

图 8-10　油位处于最低位

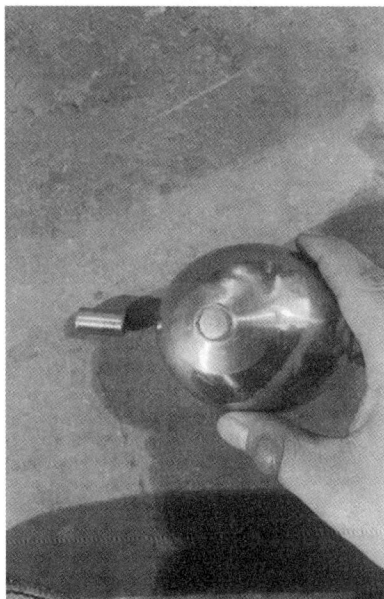

图 8-11　浮球断裂

图 8-12　更换浮球

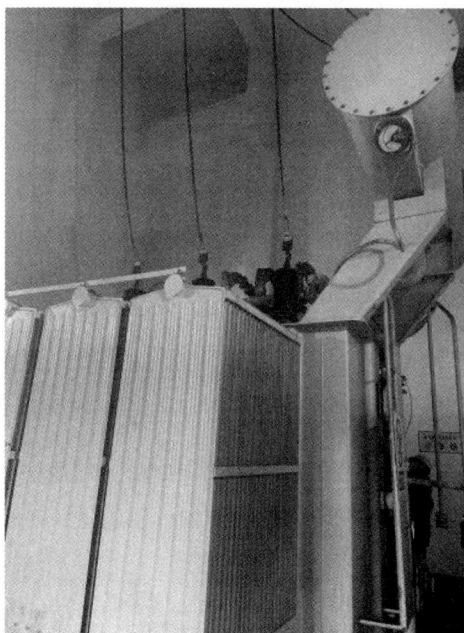

图 8-13　油位补至标准油位

4.缺陷原因分析

油位计年限较长，易产生氧化，导致内部油位低内配干簧信号线断裂。内部浮球因渗油原因，造成油位下降，内部胶囊长时间挤压浮球，浮球材质为不锈钢产品，焊接工艺不完善，运行年限过长易导致浮球与连接杆连接处断裂。

5. 建议与措施

（1）由于该缺陷在巡视时较难发现，建议后续综合检修过程中加强油位计内部状态检查工作。

（2）该主变压器胶囊运行年限已 21 年，容易老化导致渗漏油，建议后续更换油位计时同步开展主变压器油枕大修工作。

（二）××变电站 1 号主变压器本体油位异常检查处理

1. 缺陷情况描述

2022 年 1 月 28 日，××变电站 1 号主变压器油位异常告警，二次人员对有载分接开关和本体油位进行摇绝缘，绝缘均正常，接线恢复后光字消失。29 日，因天气原因，本体油位从 20 降至 18，油位异常光字再次出现，且主变压器本体低压侧 b、c 相漏油。本体油枕表计处理前指示刻度如图 8-14 所示。

图 8-14　本体油枕表计处理前指示刻度

2. 油位异常处理及注意事项

二次人员在 29 日重新对有载油位表计和本体油位表计摇绝缘，绝缘正常。检修人员检查发现本体油位二次接线单独接入时出现异常光字，确定由本体油位计发出油位低异常光字。

打开本体油位表二次接线盒，检查发现二次接线正常。为确定故障原因，打开油位表发现指针螺帽松动，且指针与表盘之间存在卡涩，导致指针无法正常转动，一直卡在正常油位指示刻度。

检修人员将螺帽固定后，指针正常转动，且瞬间转动至最低位置，如图 8-15 所示。手动将指针转到正常油位，异常光字消失，在最低点和最高点正常发异常信号，由此判断表计正常。综合漏油情况进行判断其本体油枕油基本漏光，油位计正常发出油位低告警信号，需进行补油处理（见图 8-16）。

本体补油时需注意本体的呼吸器应松开，新加入的油应检测合格后再进行注入。补油量应适量，油位应与变压器当时的油温相适应。加油后，注意检查气体继电器，及时排气，并及时将本体呼吸器复原。

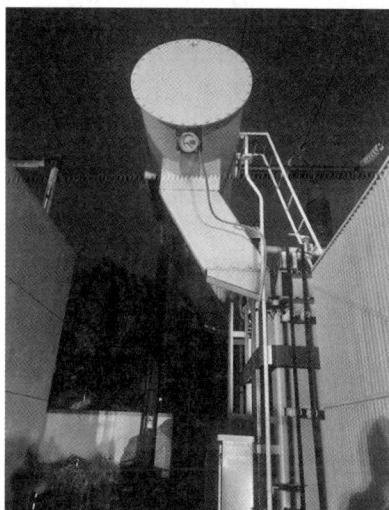

图 8-15　主变压器本体表计螺帽固定后　图 8-16　主变压器本体加油后表计正常

3. 缺陷原因分析

油位表计大多数年限较久，故障原因都为表内机械或二次接线故障所导致，极易出现假油位现象。1 号主变压器因 BC 套管漏油现象存在已久，且指针螺帽卡死，导致本体油位无法判断，只能先排查二次接线及本体油位计故障。此次原因为变压器长期套管渗漏油及本体表计指针卡死所导致。

4. 建议与措施

（1）检修时如遇主变压器停电应加强对主变压器和有载油位计的检查，排查表计可能会出现的隐患和故障。

（2）运维人员在巡视时应多观察油位状况，发现问题及时上报。

第四节　温度计

一、温度计的结构及分类

变压器温度计用于测量油面和绕组的温度，当温度值超过整定值，发出告警或者跳闸信号，是一种用来测量变压器内部温度的装置。它通过测量变压器内部不同部位的温度，可以判断变压器的运行状态，及时发现异常情况，避免事故的发生。变压器信号温度计广泛应用于各种类型的变压器中，特别是大型变压器、高压变压器、油浸式变压器等，这些变压器在运行过程中容易受到负载变化、温度波动等因素的影响，容易产生异常，因此需要采用可靠的温度监测装置。变压器信号温度计通常采用电阻式温度传感器，它通过测量变压器内部的温度来监测变压器的运行状态。当变压器内部温度升高或异常波动时，传感器将发出警报，并通过信号输出到监控系统，提醒维护人员及时处理。变压器信号温度计可以及时发现变压器内部温度变化或异常波动，对于保护变压器的安全、延长使用寿命具有重要作用。它可以避免变压器发生过热、漏油、火灾等安全事故，对于维护电网的安全稳定运行也具有重要意义。变压器信号温度计是一种非常实用的温度测量设备，它可以帮助维护人员及时发现变压器内部的异常情况，保护变压器的安全，延长使用寿命。在电力系统中，变压器信号温度计的应用将更加广泛，为电力设备的安全和稳定运行提供有效保障。结构可分为油温温度计、绕组温度计等。

（1）油温温度计。变压器油温温度计是用于监测变压器油温的重要设备。准确及时的油温监测对于变压器的正常运行至关重要，其主要组成部分，包括感温部件、传感器、变换器、显示器、测量线路、绝缘材料、安全防护结构以及校准装置，如图 8-17 所示。

（2）绕组温度计。变压器的绕组温度计是用于监测变压器绕组温度的重要设备。其主要组成部分，包括温度传感器、温度计、温度读数仪、数据记录仪、校准设备、电源供应、数据分析和抗干扰能力等方面，如图 8-18 所示。

二、关键工艺（制造、安装、运检）

（一）油温温度计的制造工艺关键环节

1. 材料准备

制造变压器油温温度计所需的主要材料包括传感器、电路板、壳体、紧固件等。

在准备这些材料时，需要确保它们符合设计要求，如材料质量、尺寸精度等。此外，还需要准备相应的工具和设备，如加工设备、测试仪器等。

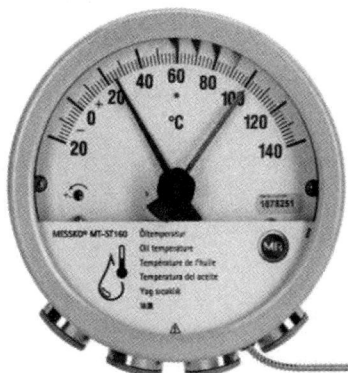

图 8-17　油温温度计

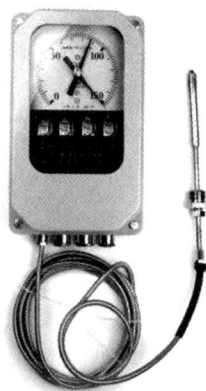

图 8-18　绕组温度计

2. 油温传感器制造

油温传感器是变压器油温温度计的核心部件，其制造过程包括以下步骤：

（1）设计传感器的结构，确定其尺寸和外形；

（2）选择合适的材料，如热敏电阻、导热材料等；

（3）按照设计图纸进行加工和装配；

（4）进行传感器性能测试，确保其准确性和稳定性。

3. 壳体制造

壳体是变压器油温温度计的外部结构，其制造过程包括以下步骤：

（1）设计壳体的结构，确定其尺寸和外形；

（2）选择合适的材料，如铝合金、不锈钢等；

（3）按照设计图纸进行加工和装配；

（4）进行壳体质量测试，确保其符合设计要求。

4. 电路板制造

电路板是变压器油温温度计的控制系统核心，其制造过程包括以下步骤：

（1）设计电路板的结构，确定其尺寸和外形；

（2）选择合适的材料，如覆铜板、电子元件等；

（3）按照设计图纸进行加工和装配；

（4）进行电路板功能测试，确保其正常工作。

5. 温度计组装

将传感器、电路板、壳体等部件进行组装，形成完整的变压器油温温度计。在组装过程中，需要注意各部件的连接和固定，保证整体的稳定性和密封性。同时，需要进行必要的调试和校准，确保温度计的测量准确性和可靠性。

6. 温度计测试

完成组装的温度计需要进行严格的测试，以验证其性能和可靠性。测试内容包括以下几个方面：

（1）基本性能测试。检查温度计的基本功能是否正常，如显示是否清晰、按键是否灵敏等。

（2）精度测试。在各种不同的温度和油温条件下，测试温度计的测量精度是否符合设计要求。

（3）稳定性测试。在长时间的工作状态下，测试温度计的性能是否稳定，是否存在漂移等现象。

（4）环境适应性测试。模拟各种恶劣环境条件，如高温、低温、湿度等，测试温度计是否能够正常工作。

7. 包装出货

经过测试合格的变压器油温温度计需要进行包装，以保护产品并方便运输。包装材料一般选用抗震、防潮、防尘的材料，如泡沫、纸箱等。同时，需要在包装上注明产品名称、型号、生产日期等信息。在出货过程中，需要注意保护产品，避免在运输过程中损坏。

8. 质量控制

为了确保变压器油温温度计的制造质量和可靠性，需要进行严格的质量控制。质量控制包括以下方面：

（1）来料检验。对进厂的原材料和电子元件进行检验，确保它们符合设计要求和质量标准。

（2）过程控制。在制造过程中，进行定期的质量检查和抽检，确保各工序的质量符合标准。

（二）油温温度计的安装工艺关键环节

1. 选定安装位置

在选定安装位置时，应考虑以下因素：

（1）便于安装和日后维护，如便于读取和调试等。

（2）尽量选择在变压器顶部位置，以便于安装和日后维护。

（3）尽量远离高温、潮湿、震动等恶劣环境，确保温度计的正常工作。

2. 安装支架

在选定安装位置后，需要按照规格要求安装支架，具体步骤如下：

（1）确保支架的稳定性和牢固性，能够承受温度计和附属设备的重量，并防止设备脱落。

（2）确保安装角度合理，便于观察和检修。

3. 连接电源

（1）确保电源线绝缘良好，不漏电。

（2）将电源线与支架固定牢固，防止电源线脱落或损坏。

4. 校准温度计

在连接好电源后，需要按照要求进行校准，具体步骤如下：

（1）一般建议使用标准温度计进行校准，也可以使用专业人员进行校准。

（2）将温度计与标准温度计或专业人员提供的标准温度信号进行比较，调整温度计的测量精度。

5. 插入温度计

在完成校准后，需要将温度计插入支架中，具体步骤如下：

（1）确保温度计插入深度合适，一般要求温度计感温部分与变压器油充分接触。

（2）检查温度计固定部分的牢固性，防止温度计脱落。

6. 检查回路

在插入温度计后，需要检查回路，具体步骤如下：

（1）确保回路畅通，无堵塞或短路现象。

（2）检查温度计与支架、电源线等的连接处，确保无接触不良或漏电现象。

7. 调试运行

在完成上述步骤后，可以开始进行调试运行，具体步骤如下：

（1）观察温度变化情况，检查温度计是否能够正确反映变压器油温。

（2）随时进行调整，确保温度计的测量准确性和稳定性。

8. 记录数据

在温度记录稳定后，可以开始记录数据，具体步骤如下：

（1）确保记录的准确性和完整性，记录内容包括时间、油温等。

（2）一般建议按照时间间隔进行记录，例如每小时或每两小时记录一次数据。

（3）使用专门的记录本或电子表格进行记录，便于对数据进行整理和分析。

（4）在记录数据的同时，也要注意观察温度变化情况，及时发现异常并进行处理。

（三）油温温度计运检的注意事项

1. 安装准确

安装变压器油温温度计时，应确保安装位置的准确性和测量范围的适应性。要选择合适的安装位置，如变压器顶部或侧面，以便于温度的监测和读取。同时，要确保温度计的测量范围与变压器的正常运行范围相匹配，以避免测量误差或故障。

2. 经常校准

为保证变压器油温温度计的准确性和稳定性，应定期进行校准。一般建议每月至少进行一次校准，并确保校准操作规范和准确。在校准过程中，要使用标准温度计或已知精度等级的温度计作为参考，以便比较和调整温度计的测量精度。

3. 油质监控

变压器油的品质对变压器的正常运行至关重要。要定期检查油的品种、温度、黏度、酸值等参数，以了解油的品质和变化情况。根据监控结果，及时采取换油等维护措施，以防止油质劣化对变压器的影响。

4. 报警设置

报警设置是变压器油温温度计的重要功能之一。应合理设置报警参数，如温度过高、过低等，以确保及时发现问题。同时，要确保报警装置的准确性和灵敏性，以便在温度异常时能够及时发出报警信号。

5. 巡检到位

为确保变压器油温温度计的正常运行，应制定详细的巡检计划，包括巡检周期、内容、方法等。巡检人员要按照计划执行巡检任务，并注意安全，避免事故发生。在巡检过程中，要检查温度计的连接部位、电源线等，确保其完好无损。

6. 维护周期

根据实践经验，应制定合理的维护周期，及时对变压器油温温度计进行维护和保养，确保设备正常运行。一般建议每季度或每半年进行一次维护检查，包括清洗传感器、检查电路等。

7. 记录完整

记录完整是指应做好相关数据的记录和保存，包括温度记录、维护记录、检修记录等。通过记录的分析，可以更好地制定未来的维护和检修计划。要使用专门的记录本或电子表格，记录各项数据，并注意数据的准确性和完整性。

8. 安全操作

在操作变压器油温温度计时，应遵守相关安全规定，确保操作安全。例如，应穿戴相应的防护装备，如绝缘鞋、手套等，以避免触电或烫伤等危险。在操作过程中，要避免接触过多的热量和危险电压，以确保人员和设备的安全。

（四）绕组温度计的制造工艺关键环节

1. 材料准备

制造变压器绕组温度计需要以下材料：

（1）温度计。用于测量绕组温度的传感器。

（2）热敏电阻。用于感应绕组温度变化的元件。

（3）绝缘材料。用于绕组绝缘处理和固定。

（4）导电材料。用于导线连接。

（5）其他辅助材料。如导线、绝缘套管、焊锡等。

2. 绕组安装

绕组是变压器的重要组成部分，其安装质量直接影响变压器的性能。以下是绕组安装的步骤：

（1）清理变压器壳体，确保表面干净。

（2）根据设计要求，将绕组放置在变压器壳体内，确保位置准确。

（3）对绕组进行绝缘处理，如使用绝缘材料进行包裹。

（4）将绕组绑扎固定，确保其稳定性和安全性。

3. 校准传感器

为了确保温度计准确测量绕组的温度，需要进行校准。以下是校准传感器的步骤：

（1）零点调整。将温度计放置在参考温度下（如 0℃），调整传感器的零点。

（2）量程调整。将温度计放置在标准温度下（如 100℃），调整传感器的量程。

（3）精度调整。在多个温度点下校准传感器，确保测量准确度。

4. 密封处理

为了防止变压器内部元件受到外界环境的影响，需要对绕组及其他元件进行密封处理。以下是密封处理的步骤：

（1）选择合适的密封材料，如硅胶、环氧树脂等。

（2）将密封材料涂抹在需要密封的部位，如绕组边缘、进出线端口等。

（3）确保密封材料固化，以保证密封性能。

5. 检测绝缘性能

绕组的绝缘性能对变压器的安全运行至关重要。以下是检测绝缘性能的步骤：

（1）使用兆欧表测量绕组的绝缘电阻，确保符合设计要求。

（2）检查绕组是否有泄漏电流，以确保其电气性能稳定。

6. 导线连接

导线连接是变压器制造过程中重要的一环，以下是导线连接的步骤：

（1）根据设计要求，选择合适规格的导线。

（2）将导线焊接在热敏电阻和温度计的引脚上，确保连接稳定可靠。

（3）对焊接点进行质量检查，防止虚焊、漏焊等现象。

7. 检测外观

外观检测是确保变压器质量的重要环节，以下是外观检测的步骤：

（1）检查绕组外观是否符合设计要求，如排列整齐、无损伤等。

（2）检查表面处理是否良好，如无毛刺、光滑等。

（3）检查外观整洁度，如无灰尘、油污等。

8.成品检验

成品检验是对变压器制造过程中各个环节的综合性检查，以下是成品检验的步骤：

（1）检查成品是否符合设计要求，如尺寸、结构等。

（2）检查成品是否达到预期的功能效果，如绝缘性能、传输效率等。

（3）对成品进行型式试验，以确保其性能稳定可靠。

（五）绕组温度计的安装工艺关键环节

1.准备工具和材料

在开始安装温度计时，需要准备以下工具和材料：

（1）工具。钳子、镊子、螺丝刀、测温仪等。

（2）材料。温度计、导热硅脂、绝缘材料、清洁剂等。

2.检查温度计

在安装温度计之前，需要检查其精度和校准。确保温度计的测量范围符合变压器绕组的温度范围，并且能够准确测量温度。同时，检查温度计的外观是否有损坏或裂痕，确保其质量良好。

3.安装温度计

将温度计安装在变压器绕组表面，需要使用测温仪辅助安装。根据测温仪的指示，将温度计放置在变压器绕组表面，确保测温探头与绕组表面紧密接触。然后，使用绝缘材料将温度计固定在变压器上，确保其稳定和安全。

4.连接导线

将温度计的导线连接到变压器的接线端子上，导线的类型和颜色应符合变压器的规格和设计要求。如果导线不符合要求，应立即更换，以防止出现安全问题。

5.调整温度计

在安装完成后，需要对温度计进行调整，使其工作在最佳状态。根据变压器的设计和使用要求，调整温度计的测量范围、精度等参数。同时，检查温度计的显示和数据传输是否正常。

6.测试温度计

在调整完成后，需要对温度计进行测试，以确保其正常工作。可以使用测温仪对变压器绕组进行加热或冷却，观察温度计的显示和数据传输是否准确。如果温度计出现异常，应立即进行维修或更换。

7. 记录数据

在测试完成后，需要将测试结果记录在数据表格和图示中。记录内容包括变压器绕组的温度范围、温度计的测量范围、精度等参数，以及测试过程中出现的异常情况。这些数据可以为变压器的运行和维护提供参考和依据。

8. 安全措施

在安装和测试温度计的过程中，需要注意以下安全措施：

（1）在操作前，需要确认电源已经断开，以防止触电事故的发生。

（2）在安装和测试过程中，需要避免用力过大或使用过硬的工具，以防止损坏变压器或温度计。

（3）在测试过程中，需要避免过载或过热，以防止烧毁变压器或温度计。

（4）在记录数据时，需要保持清洁和整洁，以防止数据混乱或错误。

（5）在安装和测试过程中，需要注意现场安全，遵守相关规定和操作流程。

（六）绕组温度计运检的注意事项

1. 安装正确

在安装绕组温度计时，应严格按照生产厂家的说明进行操作，确保探头位于绕组热点处，同时避开磁场干扰区域。安装位置的选择也要合理，以便于温度测量和数据传输。

2. 定期校准

为确保绕组温度计的测量准确性和可靠性，需定期进行校准。建议参照厂家提供的校准方法，定期检查和调整温度计的零点、量程等参数，以保证其长期稳定性。

3. 清洁维护

保持绕组温度计的清洁，定期清理维护，以避免灰尘等杂质影响测量精度。在维护时，建议使用防爆材料和工具，注意操作安全。

4. 检查探头

经常检查温度计的探头，确保其接触良好、工作正常。如发现探头磨损或变形，应及时更换。同时，应注意保护探头，避免其受到剧烈震动或过度弯曲。

5. 监控环境

绕组温度计的正常工作受环境温度的影响，因此应关注环境温度的变化。在温度过高或过低时，应及时采取措施，如安装散热器或加热器等，以确保温度计能够正常工作。

6. 记录数据

记录绕组温度计的工作数据，包括最高温度、最低温度、工作状态等，并进行整理和分析。这些数据可以为变压器故障分析和预防提供重要依据。

7. 注意安全

在使用绕组温度计时，应遵守安全规定，确保工作人员不会受到过度温度或电压的影响。在设备异常或故障时，应及时断电并联系专业人员进行维修，避免私自拆卸或修理。

8. 遵守规定

在使用绕组温度计时，应遵守相关规定，确保温度测量结果的准确性和可靠性。同时，应保护自然环境，避免过度使用能源和破坏生态环境。在废弃时，应按照相关法规进行分类处理和回收再利用。

三、220kV 某变电站主变压器温度二次回路受到感应电压干扰引起的主变压器温度跳变缺陷分析

××电网 220kV 某变电站 220kV 2 号主变压器温度测量方式为：2 只压力式油面温度计（BWY-804ATH）进行主变压器温度测量、显示及风冷控制。配有 2 个温度远传测点，使用 Pt100 铂电阻测温经温度变送器接入主变压器测控装置至后台。变电运行部门填报缺陷为：220kV 2 号主变压器后台监控机显示 54.2℃，现场温度控制器显示 61.0℃，并有跳变现象，主变压器风扇运转正常，后台监控机显示主变压器温度与现场温度不一致。

（一）现场检查

主变压器温度温控器就地显示值为 61.0℃，将主变压器本体端子箱三根 Pt100 电阻信号二次线（回路名：810、812、814）解开，现场测得主变压器温度为 63.2℃。在主变压器测控屏断开热电阻输入回路，以及温度变送器输出回路，进行温度变送器校验以及主变压器测控直流测点的校验，均合格。但是在主变压器本体端子箱处恢复回路名为 810、812、814 的三根接线后，后台 2 号主变压器温度显示为 54.2℃，初步判断主变压器热电阻回路存在干扰。现场检查确认，发现该主变压器温度测量与主变压器风冷控制共用一根 KVVP 屏蔽电缆，但未采取强弱电分离的抗干扰措施。主变压器温度启停风冷回路（强电）与主变压器 Pt100 温度测量回路（弱电）混用一根屏蔽电缆。断开主变压器测控屏处温度变送器电源，在主变压器端子箱处断开 Pt100 温度回路，在回路 810 与 812 之间测得 10V 交流感应电压，在主变压器本体端子箱至油面温度计热电阻 810、812、814 端子处测得对地 55V 的交流感应电压。断开主变压器风冷控制电源后，该感应电压消失。

（二）原因分析

主变压器热电阻测温回路存在强弱电混缆所致的电磁感应干扰，初步判断该干扰

是由主变压器测温二次回路与风冷控制回路共用一根电缆。强弱电交直流混缆，长电缆的分布电容和分布电感把低频电磁场干扰引入电缆芯线产生的感应电压引起的干扰，进而导致温度跳变。断开主变压器风冷控制电源后，该感应电压消失。说明确实存在强弱电共用一根电缆而引起的电磁感应干扰。

第五节　冷却系统

一、冷却系统的结构及分类

变压器冷却系统是保障变压器稳定运行的重要组件。变压器冷却系统的作用是将变压器在运行过程中产生的热量转移出去，防止变压器过热而导致损坏，为了保障变压器的稳定运行而设计的。变压器在运行过程中会产生大量的热量，如果这些热量不能得到有效的转移，将会导致变压器过热，从而损坏变压器的内部元件，甚至引起变压器烧毁。因此，变压器冷却系统的作用是至关重要的。结构可分为自然冷却、风冷、强迫油循环。

自然冷却是指变压器通过周围自然的空气流动来散热的方式。这种冷却方式主要适用于小型变压器和低功率变压器，通常不需要额外的冷却装置。但是，自然冷却方式受环境温度、潮湿度和邻近物体的影响较大，不适用于高温、潮湿或密集场所，如图 8-19 所示。

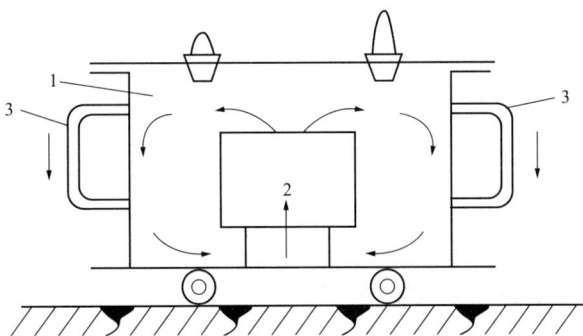

图 8-19　自然冷却系统
1—油箱；2—铁芯与绕组；3—散热管

风冷是指利用外部空气对变压器进行冷却，通过风扇或风道将冷却空气强制引入变压器内部，以加速变压器的冷却。这种冷却方式适用于大型变压器和高功率变压器，在高温天气下，变压器可能会过热，使用风冷技术可以有效地解决这个问题。但是，风冷技术需要使用散热器和风扇等设备，成本相对较高，同时存在外部设备运转不稳定或出现故障的风险，如图 8-20 所示。

强迫油循环是一种变压器冷却方式，通过外部设备将变压器内部的油循环起来，加速了热量的散发。这种冷却方式主要适用于大型变压器和高功率变压器，因为这些变压器通常需要更高效的冷却系统来保持稳定运行。强迫油循环一般需要使用油泵、油过滤器、油冷却器等设备，可以将变压器内部的油循环多次，使得热量得到更好的散发。同时，这种冷却方式还可以根据变压器的实际情况进行定制，具有较高的灵活性和适应性。但是，强迫油循环需要使用外部设备，增加了维护成本和故障风险，同时还需要考虑设备的安装和布局问题，如图 8-21 所示。

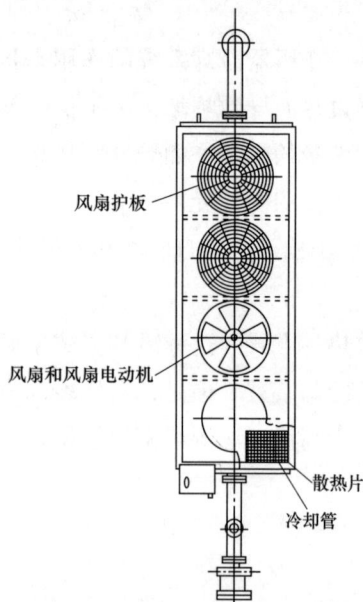

图 8-20 风冷系统

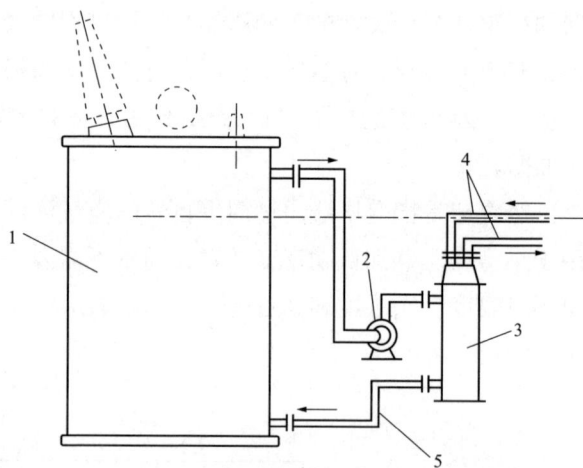

图 8-21 强迫油循环水冷系统

1—变压器；2—潜油泵；3—冷油器；4—冷却水管；5—油管道

二、关键工艺（制造、安装、运检）

（一）自然冷却的制造工艺关键环节

1. 设计散热结构

根据变压器的规格和运行环境，设计出合适的散热结构，如散热片、通风口等。

2. 组装散热结构

在组装过程中，将散热结构与变压器铁心、线圈等部件组装在一起。

3. 测试散热性能

在出厂前或安装后，对变压器的散热性能进行测试，以确保其能够有效地散发热量。

4.安装与维护

在安装过程中，确保变压器能够正常运行，并定期进行维护和检修，以确保其长期稳定运行。

（二）自然冷却的安装工艺关键环节

1.确认电源参数

在安装变压器之前，首先需要确认电源的电压和频率参数，以及保护措施是否齐全，以避免安全事故的发生。同时，应确保电源参数与变压器的额定参数相匹配，以确保变压器的正常运行。

2.选择合适的位置

选择合适的位置对变压器的安装至关重要。应充分考虑变压器的重量、安装空间、建筑结构等因素，同时应避免靠近产生大量热量或潮湿环境的安装。在选择位置时，应确保安装位置的安全性和稳定性。

3.准备安装工具

在安装过程中，需要准备相应的安装工具，例如：液压操作工具、测量工具等，以确保安装过程中的操作安全。此外，还需要准备必要的防护用品，如手套、安全帽等，以确保安装人员的安全。

4.检测变压器状态

在安装前，需要对变压器的状态进行检测，包括绝缘性能、负荷能力等。这可以确保变压器在运输和安装过程中不会受到损坏，并保证变压器的正常运行。同时，应避免带病作业。

5.安装固定变压器

根据安装位置选择合适的安装方式，并固定变压器，确保其稳定性和安全性。在安装过程中，应确保变压器的水平度和垂直度符合要求，以避免在运行过程中出现问题。此外，还需要在变压器周围设置保护措施，以避免外部因素对变压器的影响。

6.连接线路

在安装过程中，需要连接线路，注意确保连接可靠，避免过热和短路。应根据变压器的额定参数选择合适的线径和连接方式，并按照相关标准进行连接。此外，还需要对线路进行绝缘测试，以确保变压器正常运行。

7.测试运行

安装完成后，需要对变压器的各项参数进行测试，包括电流、电压、温度等，以确保设备正常运行。测试过程中，应观察变压器的运行状态，检查是否存在异常现象。如果发现有问题，应立即停机检查，并及时采取措施进行处理。只有经过测试并证明正常运行后，变压器才可以正式投入使用。

（三）自然冷却运检的注意事项

1. 保持环境清洁

良好的工作环境是保障变压器自然冷却运检的前提条件。应定期清理变压器周围的灰尘和杂物，保持环境整洁干燥。这可以有效避免因环境因素而导致的故障，例如灰尘堵塞散热口或与潮湿空气结合导致设备锈蚀等。

2. 确保通风口畅通

在变压器自然冷却运检过程中，确保通风口畅通至关重要。通风口堵塞会导致变压器散热不良，长时间运行可能会导致设备过热甚至损坏。因此，需定期检查通风口是否被异物堵塞，并及时清理杂物，保证通风效果。

3. 定期检查温度

温度是影响变压器正常运行的关键因素之一。在自然冷却运检过程中，应定期检查变压器的温度，包括上部和下部温度。当出现异常温度升高时，应及时切断电源进行维修和保养，以防止设备过热而受到损害。

4. 留意异常声音

在变压器自然冷却运检过程中，异常声音也是需要关注的重点之一。当变压器出现异常声音时，很可能是由于内部结构发生变化或者是有生物在内部栖息。一旦出现异响，应立即切断电源，进行维修和保养，以避免造成其他损失。

5. 监测负荷电流

在变压器自然冷却运检过程中，负荷电流也是影响设备正常运行的因素之一。负荷电流过大可能导致设备过载而受到损害，因此需要定期监测设备的负荷电流。当发现负荷电流过大时，应及时采取措施进行调节，例如调整设备运行参数或增加负载能力等。

6. 防止过电压

在变压器自然冷却运检过程中，过电压也是导致设备故障的重要因素之一。过电压会使变压器内部绝缘层受到损害，导致设备短路或漏电等故障。因此，在操作过程中必须按照规范进行，避免出现过高的电压造成设备损坏。

7. 定期更换绝缘油

在变压器自然冷却运检过程中，绝缘油也是需要关注的重点之一。绝缘油的主要作用是提高变压器内部绝缘性能，防止设备发生电击穿或短路等故障。一般而言，绝缘油需要每三年更换一次，以确保设备的正常运行。在更换绝缘油时，应选择符合设备规格的优质绝缘油，并进行充分的过滤和清洗，以保证新更换的绝缘油的质量和性能。

（四）变压器风冷的制造工艺

1.结构设计

变压器风冷的结构设计包括箱体、散热器、管道和密封件等部分。箱体是变压器的外壳，通常由钢板焊接而成，具有良好的保护作用；散热器是变压器风冷的重要组成部分，一般采用铝或铜合金制成，通过增大散热面积来提高散热效率；管道则是连接散热器和变压器的通道，用以传递热量；密封件主要用于箱体和管道之间的密封，需具备高度的密封性和耐腐蚀性。

2.材料选择

制造变压器风冷时，材料的选择至关重要。钢板和钢管一般选用优质碳素钢或不锈钢，这些材料具有优良的强度、耐腐蚀性和焊接性能；橡胶材料则应选择耐油、耐高温和耐老化性能好的种类，以确保密封件在各种环境下都能保持良好的性能；密封材料主要选用耐高温、耐磨、抗腐蚀的材质，如聚四氟乙烯等。

3.热设计

热设计是变压器风冷制造过程中的关键环节之一，其主要目的是提高变压器的散热效率。在散热器设计过程中，应充分考虑散热器的表面积、气流通道以及与变压器的连接方式等因素；管道布置应尽量使气流顺畅，避免出现涡流等现象；密封材料的选用需与散热器和管道相匹配，以保证良好的密封性能。

4.制造工艺

变压器风冷的制造工艺主要包括焊接、加工、热处理和表面处理等环节。焊接过程中需采用先进的焊接技术，如气体保护焊等，以保证焊接质量和效率；加工阶段需对散热器、管道和密封件等进行精确加工，确保各部件的尺寸精度和表面质量；热处理环节主要是为了提高材料的力学性能和耐腐蚀性能，需严格控制加热和冷却速率；表面处理主要是为了增强各部件的耐腐蚀性和美观度，一般采用喷漆、镀层等方法。

5.质量检测

完成制造工艺后，需要对变压器风冷进行严格的质量检测，以确保产品符合相关标准和规定。质量检测主要包括外观检查、密封性测试和耐压测试等方面。外观检查主要是观察各部件是否有明显的损伤或变形，是否符合设计要求；密封性测试主要是为了检测密封件的密封性能，保证无泄漏现象；耐压测试是对变压器风冷进行高电压下的运行测试，以确保其在高压环境下能够正常运转。

6.安装调试

安装调试是变压器风冷制造的最后环节，也是关键环节之一。在安装过程中，应遵循安装注意事项，如确保安装位置的准确性和稳定性、避免安装过程中对各部件造成损伤等。调试步骤主要包括检查电源参数、测试变压器的各项性能指标、调整变压器的运行参数等。在调试过程中，应密切关注变压器的运行状态，确保其各项性能指标均达到设计要求。

7. 维护保养

变压器风冷的维护保养对于其正常运转和使用寿命具有重要意义。在日常检查中，应定期观察各部件是否有异常现象，如漏油、变色等，并及时采取相应的措施进行维修和更换；在维护过程中，应注重保持设备清洁，定期清洗散热器、管道等部件，避免积尘对设备性能造成影响；此外，在变压器风冷的使用过程中，应严格按照使用说明书进行操作和维护，避免违规操作对设备造成损害。

8. 包装运输

包装运输是变压器风冷制造的后续环节之一。在包装过程中，应根据变压器的实际情况选择合适的包装材料，如木箱、纸箱等，以确保运输过程中不会对产品造成损伤；同时，在包装上应明确注明产品的名称、型号、数量等重要信息，以便于运输和管理。在运输过程中，应遵循运输注意事项，如采用适当的运输方式、确保运输过程中的安全性和稳定性等，以确保变压器风冷能够安全到达目的地。

（五）变压器风冷的安装工艺关键环节

1. 准备工具和材料

安装变压器风冷需要准备以下工具和材料。

（1）扳手：用于拧紧和松开固定散热风扇和电源控制线路的螺丝。

（2）螺丝刀：用于拧紧和松开螺丝，包括但不限于散热风扇、电源控制线路等。

（3）电缆：用于连接电源和控制线路，包括电源线和信号线等。

（4）橡胶垫圈：用于在安装散热风扇时增加摩擦力，以保证固定效果。

（5）清洁剂：用于清洁散热器及相关部件，确保安装质量。

（6）润滑剂：用于润滑螺丝和相关部件，以便更好地安装散热风扇。

2. 检查和清理散热器

在安装变压器风冷前，需要检查散热器是否完好无损，并清理其表面灰尘和杂物，以保证散热效果。具体步骤如下：

（1）检查散热器是否有损坏或变形等情况，如有问题应及时更换。

（2）用清洁剂清洗散热器表面，去除灰尘和杂物。

（3）检查散热器表面是否有锈蚀或油污等情况，如有应进行相应处理。

（4）在散热器表面涂上适量的润滑剂，以方便后续安装操作。

3. 安装散热风扇

散热风扇是变压器风冷的核心部件，其安装步骤如下：

（1）确定散热风扇的安装位置，一般应选择在散热器底部附近，以保证最佳的散热效果。

（2）用扳手将散热风扇固定在预定的位置，并拧紧螺丝。

（3）检查散热风扇电源和控制线路是否连接正确，并进行固定。

（4）将电源线穿过散热器底部预留的孔洞，并将其与电源连接。

（5）将控制线路与变压器风冷的控制面板连接，并进行固定。

4. 连接电源和控制线路

在安装变压器风冷时，需要连接电源和控制线路以确保正常工作。具体步骤如下：

（1）根据变压器风冷的电源规格，选择合适的电源线。

（2）将电源线穿过散热器底部预留的孔洞，并将其与电源连接。

（3）将控制线路与变压器风冷的控制面板连接，并进行固定。

（4）检查所有线路是否连接正确、牢固，以免影响后续使用。

5. 测试和调试

完成安装后，必须对变压器风冷进行测试和调试，以确保其正常工作。具体步骤如下：

（1）接通电源，开启变压器风冷，并观察其工作状态。

（2）检查散热风扇是否运转正常，如有问题应及时处理。

（3）检查控制线路是否正常，如有问题应及时调整。

（4）对变压器风冷进行调试，使其达到最佳工作状态。

6. 防护措施

为了保证变压器风冷的安全和稳定运行，需要采取以下防护措施：

（1）定期检查散热器和风扇是否清洁，并清理表面的灰尘和杂物。

（2）定期检查螺丝和固定件是否松动，并进行加固。

（3）定期检查电源和控制线路是否正常，并进行维护。

（4）在变压器风冷周边设置警示标识，以防止意外伤害。

（5）在安装和使用过程中，应严格遵守相关规范和标准，以确保安全和质量。

（六）风冷运检的注意事项

1. 确保电源供应

在进行变压器风冷运检时，要确保电源供应正常。这包括确保输入电压稳定、选择合适的输出电压版本，以及为设备提供足够的功率余量。电源的波动或不稳定，可能会对变压器的运行产生不良影响，甚至造成设备的损坏。

2. 防止过载

要防止过载情况的发生。过载会导致设备发热、效率降低，严重时甚至可能导致设备烧毁。在进行变压器风冷运检时，应根据设备的额定负载情况，合理设置负载参数，避免使用多台设备时同时出现过载情况。

3. 定期检查

要定期对变压器的运行情况进行检查。这包括测量变压器的温度、观察风扇运转情况等。通过定期的检查，可以及时发现潜在的问题，并采取相应的措施进行维修和保养，确保设备正常运行。

4. 保持清洁

保持清洁是变压器风冷运检的必要条件。灰尘和污垢的堆积可能导致设备散热不良，甚至引发故障。因此，要定期清理设备的表面、风扇叶片以及所有其他部位的灰尘和污物。同时，还要注意对设备内部的清洁，防止灰尘或其他杂质进入设备内部。

5. 及时维修

及时维修可以避免潜在的问题变得更加严重。当设备出现故障或异常时，应立即切断电源，避免设备进一步受损。同时，要遵循正常的维护和维修程序，尽可能保留适当的维修工具和配件，以便及时进行维修。如果无法自行修复，应联系专业的维修人员进行检修和处理。

6. 保持安全

保持安全是变压器风冷运检至关重要的方面。在设备运行过程中，要确保设备周围留出足够的空间，避免人员或物体与设备接触。另外，要正确安装所有安全保护装置，并定期检查其工作状态，确保在出现异常情况时能够及时切断电源或启动相应的保护措施。此外，操作人员必须经过专业的培训，具备相应的知识和技能，并严格遵守使用说明书中关于安全注意事项的指示。

（七）强迫油循环的制造工艺关键环节

1. 结构设计

在结构设计阶段，需要考虑到油循环的方式、压力释放通道、内部密封结构以及外部冷却系统等。这些因素将直接影响到变压器的冷却效果和性能稳定性。

2. 材料选择

材料的选择对变压器强迫油循环的制造工艺至关重要。应考虑变压器的工作环境、使用寿命以及材料之间的匹配性等因素，包括绝缘材料、导电材料、散热材料和密封材料等。

3. 制造和装配

制造和装配过程应考虑各个环节之间的匹配性和顺序，以确保组装过程中的精度和稳定性。同时，还要严格控制制造过程中的温度、湿度和尘埃等参数，以保证变压器的质量。

4. 变压器绕组

绕组是变压器的重要组成部分，其缠绕方式、导线直径、绝缘厚度等都直接影响着变压器的性能和寿命。在制造过程中，需要精心设计并严格控制绕组的制作工艺。

5. 油道设计

油道设计是指强迫油循环变压器中导油槽、储油罐等的设计。其结构形式和容积率直接影响着油循环的效果和效率。合理设计油道可以使变压器更好地散热，并确保变压器的稳定运行。

6. 油箱制作

油箱制作过程需要注意密封性和冷却效果，同时应考虑箱体厚度、散热面积、附件安装等问题。制作完成后，应进行严格的检验，确保油箱的质量和安全性。

7. 组装调试

组装调试过程需要逐一检查各个部件的安装情况，确保安装精度和稳定性。同时，需要在实验台上进行测试，验证其符合设计要求。调试过程中发现问题应及时采取措施解决，以保证变压器的性能和质量。

8. 检验与试验

检验与试验过程需要按照相关标准和工艺流程进行，确保变压器产品的质量和性能符合要求。检验人员应对每个环节的产品进行严格的检查，包括外观质量、电气性能、散热效果等。试验阶段需对变压器进行长时间运行测试，以验证其在各种条件下的稳定性和可靠性。

9. 防护处理

防护处理是为了防止变压器在运输和储存过程中受到损害。需采取一定的防腐措施，确保变压器能够长久保持良好的性能。例如，可以在变压器表面涂覆防锈涂层，或者在关键部位使用防锈材料，以增强变压器的耐久性。

10. 包装运输

包装运输是为了方便变压器的后续处理和运输。需要选用合适的包装材料和运输方式，确保变压器能够安全且长久地保持良好性能。包装前应将变压器擦拭干净，并将重要部件进行固定，以防止运输过程中的振动和碰撞。对于大型变压器，可能需要采用专门的运输设备或者进行拆分运输。

（八）强迫油循环的安装工艺关键环节

1. 准备工作

在开始安装工艺之前，需要做好以下准备工作：

（1）确保施工现场的场地条件符合要求，包括地面平整、开阔，且易于进行安装和操作。

（2）根据安装人员配备情况，组织相应的技术、管理人员和工人。

（3）准备所需的安全措施，如安全帽、安全带、灭火器等，并确保其处于良好状态。

2. 安装基础

在进行变压器强迫油循环装置的安装前，需要完成以下基础工作：

（1）根据设计要求，安装台架并进行调平。台架应稳定可靠，能够承受装置的重量和运行时的振动。

（2）按照规定的位置和深度，埋设地脚螺栓。地脚螺栓应垂直且无弯曲，与台架连接牢固。

（3）铺设垫板和侧壁板。垫板应平整无翘曲，侧壁板应垂直且无扭曲，以确保装置安装后的稳定性和密封性。

3. 设备检查

在安装前，需要对以下设备进行检查：

（1）检查油泵、阀门、仪表等设备的完好性和清洁度，确保无损坏、锈蚀或杂物。

（2）检查设备的密封件是否完好、紧固，防止泄漏。

（3）检查油泵、阀门等设备的润滑情况，确保设备转动灵活，无卡滞现象。

4. 变压器就位

根据设计要求，将变压器放置在台架上，并固定好。确保变压器的摆放位置合理，以方便后续的油循环操作。此外，还需要根据实际情况调整油循环方式，如采用单向或双向油循环等。

5. 强迫油循环装置安装

按照安装步骤，逐步完成强迫油循环装置的安装：

（1）根据设计图纸，连接油管路，确保连接正确、牢固，防止泄漏。在管路上安装阀门，以便于操作和控制。

（2）将油泵安装在预定位置，并连接电源线路。确保油泵与管路连接正确，运转平稳无异响。

（3）按照设计要求，安装温度传感器和压力表等仪表，以监测装置的工作状态。

6. 连接线路

将强迫油循环装置与变压器连接起来，具体步骤如下：

（1）根据设计图纸，选用合适的电缆将变压器与控制柜连接起来。确保电缆规格匹配，连接牢固可靠。

（2）采用正确的连接方式，将电缆连接到变压器的对应端子上。如采用螺栓连接、插接等方式，确保连接稳固、接触良好。

7. 调试

完成线路连接后进行调试，以检查装置是否能正常工作：

（1）在通电前，对整个线路进行检查，确保电源开关处于断开状态。同时检查各连接处是否牢固可靠。

（2）逐渐接通电源，并按照规定步骤操作控制柜和油泵等设备，检查其工作状态和指示是否正常。

（3）逐渐提高油泵的转速，观察油循环是否顺畅，以及各仪表的读数是否符合设计要求。如有异常情况，及时进行调整和排除。

8. 验收

调试完成后进行验收，以确认强迫油循环装置的工作性能：检查验收标准是否符合设计和规范要求。验收内容应包括装置的外观、各部件的完好性、安装质量以及功能测试等方面。

（九）强迫油循环运检的注意事项

1. 确保油泵正常

油泵是强迫油循环的关键设备，必须保证其正常运转。日常巡视中，应注意检查油泵运转声音是否正常，油泵温度和流量是否在规定范围内。如发现异常应及时处理，保证油泵正常运行。

2. 检查油循环通道

油循环通道是保证变压器散热的重要设施，必须定期检查其是否畅通无阻。日常巡视中，应注意检查油管是否漏油，油管接头处是否紧固，保证油质流通畅通。同时要防止杂物进入油循环系统，以免堵塞油路。

3. 监视油温油位

油温油位是保证变压器正常运行的重要参数，必须定期进行监视和记录。在日常巡视中，应注意观察油位变化是否正常，以及监视油温是否处于合理的范围内。如发现异常应及时处理，防止变压器过热。

4. 定期更换机油

机油是保证变压器正常运行的关键材料，必须定期更换。更换机油时，需同时更换过滤器，以保证机油品质。应按照规定的机油型号和更换周期进行更换，避免使用低质量机油。

5. 防止过负荷运行

过负荷运行会导致变压器温度过高，严重时会导致变压器烧毁。应避免变压器过负荷运行，同时也要及时排除其他故障，以保证变压器正常运行。在高温高负荷季节，应增加巡视次数，监视变压器运行状况。

6. 检查变压器连接

变压器连接的正确性是保证设备正常运行的重要因素，必须定期进行检查和记录。在日常巡视中，应注意检查各个连接处是否紧固，避免出现松动或脱落现象。同时要避免短路等现象的发生，确保变压器正常运行。

7. 定期进行维护

定期的维护和保养是保证变压器正常运行的关键措施，必须定期进行。除了一些基本的外，还要注意避光、防尘、防潮等措施。应按照规定的维护周期和内容进行保养，确保变压器正常运行。

8. 学会读懂仪表

仪表是保证变压器正常运行的重要工具，必须学会读懂。在日常巡视中，应注意观察仪表数值是否正常，同时也要注意避免破坏仪表等行为。应按照规定的周期进行仪表校准，确保仪表准确可靠。

9. 保持环境清洁

良好的环境清洁度是保证变压器正常运行的关键因素，必须保持清洁。在日常巡视中，应注意清除变压器表面的灰尘、杂质等，以保证变压器正常运行。同时要避免在变压器周围放置杂物，保持环境整洁。

三、缺陷案例分析

（一）事故现象

某变电站 3 号主变压器冷控箱冷却器工作电源转换开关 KK 把手打到"Ⅰ"工作位时，工作电源联络接触器 C 不能吸合，有一半的风扇不能正常工作。主控室没有光字牌被点亮，而将 KK 把手打到"Ⅱ"工作位上时，所有风扇均正常工作。

（二）事故分析

该变电站主变压器冷控箱冷却器控制回路及信号回路如图 8-22～图 8-24 所示。由图可知，Ⅰ工作电源操作回路的工作流程应是这样的：当转换开关 KK 把手打到"Ⅰ"工作位时，转换开关接通。1YJ 励磁，其动合触点闭合，1sJ 励磁。则图 8-23 中的 1SJ 的动合触点闭合，1ZJ 励磁。图 8-22 中的动断触点分开，信号回路不发信号。通过上面的分析，结合没有信号送到中央控制屏可知 1RD 所在的回路应该是没有问题的。而根据运行人员所报的工作电源联络接触器 c 不能正常吸合的现象，将排查的重点放在了接触器 C 所在回路上。回路上有这么几个元件：熔断器 3RD、继电器 2FJ 的动断触点，接触器 C、1FJ 的动合触点，"Ⅱ"工作电源交流接触器 2c 的动断触点，转换开关 KK。对继电器 2FJ 和 IFJ 的节点首先进行排查。将转换开关 KK 把手置停止位，并用万用表交流电压挡对继电器 2FJ 的节点两端进行测量，确定两端均无电压后，用万用表通断挡测继电器 2FJ 在未励磁的情况下动断触点是否导通。结果显示 2FJ 的动断触点工作正常。接着，将转换开关把手打到"Ⅰ"工作位，根据图 8-24 分析 1FJ 励磁，其动合触点应该导通。将万用表换到交流挡测 IFJ 动合触点两边的电位，结果显示均为零。再转换到通断挡测，两个节点是导通的。由此可知，继电器应该是没有问题的。接触器 c 不能正常励磁，有两种情况：一种是接触器 c 的线圈被烧坏了；另一种就是回路电压没有正常送到。转换开关 KK 把手还是处于"Ⅰ"工作位上，万用表用交流电压挡测线圈连接到回路上两点的电位，其两点电位均为零。说明是后一种情况。再结合前面的分析可得出：熔断器 3RD 有问题的可能性很大。用万用表分别量取 3RD 的两端，结果显示：3RD 前端对地有 220V 电压，而 3RD 后端对地则为 0V。把 3RD 的熔丝取出发现已断。运行人员换上好的熔丝，风扇全部正常运行。

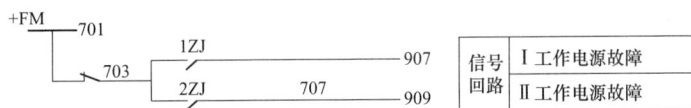

图 8-22　主变压器冷却器信号回路图

图 8-23　主变压器冷却器工作电源联锁回路图

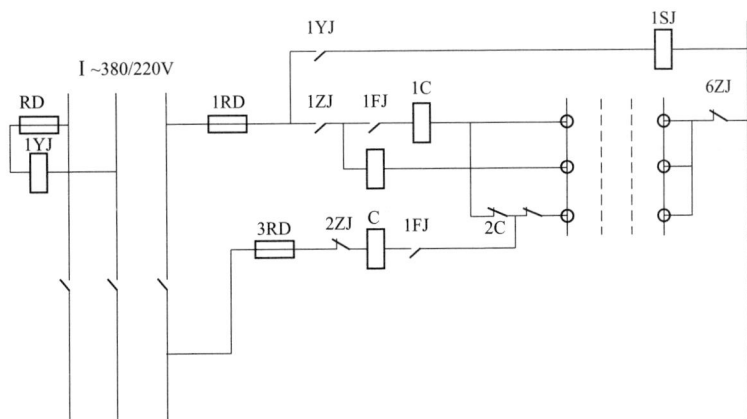

图 8-24　主变压器冷却器部分控制回路图